1→∞

1→∞，从象到形重构利益

老K 著

上海三联书店

自　序

　　移动互联网时代,是万物现象现形的时代,是形体变形变态的时代,是打造圈子建立社群的时代。在各种颠覆、各种风口与各种十下,年轻人冲到前面说:现在,我们接管这个世界。或许,老年人们不这么看。

　　在技术改变商业,进而改变生产、生活方式的同时,也在重构人与人之间的关系。技术尤其是信息技术对生产生活方式的改变,是通过对生产要素、生产过程、生产工具的虚拟化、自动化、智能化完成的,其结果就是生态的自组织、自运行、自服务。在万物互联的趋势下,人与人的连接成为所有连接中最具有决定性意义的连接。所有的连接都是为了促成人与人之间的交易。人与人之间的关系就是交易关系。

　　到什么山唱什么歌,在什么时代说什么话,对什么人扮演什么角色。移动互联网时代,就得用网络语言来解释象与形,权衡利与弊。大数据时代,数据的本质就是降解形体——软化、溶解,互联网的本质就是融合虚拟与现实世界,在标准之下、平台之上、应用之中去共享与交换然后重构美丽新世界。上天在造出一个现实的世界后造了人。现在人类将虚拟化这个世界,然后虚拟与现实一一对应,完成阴阳匹配之后,将万物调成一个人为可控的频率。在虚拟化之前,人通过自己移动来认识世界;虚拟化之后,世界就会在人面前移动起来。我们所定义的移动互联网世界追求的就是"我动与不动,世界都围着我动","我"成为网络节点,"网红、大咖"

成为中心节点,"我们"成为网络单元。在群体网络的暗黑世界里,充满着桥、结构洞、中心节点。越来越平的世界里,其实群体之间、群体内个体之间越发地分化。精英更加突出,群众更加扁平。为了区别彼此,人们设计出不同的概念,让这个世界更加具有立体感与层次性。不安的是,原本世界上的万物生长都有各自的节奏。有一天,人却对万物说,走两步,一二一,一二一,……

从狩猎时代、农耕时代、工业时代到信息时代,人类希望越来越接近真相,企图越来越靠近上天。或许,而上天不会这么想。科技的生命与人类的性命孰强孰弱?直到有一天,机器与人的结合会出现科技的生命无涯,而人类的性命有涯。人类一直进化到下一个智能生物的出现。前者已经自生长、自组织、自运行起来,后者却不断退化与萎缩。人依靠群体的分工合作才能够得以生存。群体成为一种生产、生活方式。在"大众创新、万众创业"形势下,如果我们的口力胜过脚力,能力配不上野心,德性承载不了所得,奢谈颠覆与改变都是一种然并卵的话题。尤其是那些成天散布创新创业鸡汤,布道成功学的投资人与创业者。同时,他们对于人性之恶的执念甚于人性之善,凸显它们的罪孽深重。这直接导致我们这个社会的浮躁、背叛、暴戾,影响个体并最终殃及其他群体。

在这个世界越来越拟人化的同时,群体对利益的争夺已经白热化。时代已经进入到一群人对另一群人的战争。这种战斗更加残酷、更加吊诡。在一个所谓方向比位置重要的时代,个体把思考权交给了精英,自己甘于成为仆人与看客。人类的天空如同一所教堂或者寺庙,古圣先贤们被高高地镶嵌在屋顶或者柱子、墙壁上供人瞻仰,众生如同垫脚石一样,默默地承载一切。但有一天他们都会共同被埋入地下,没有分别也不加分别。

在这样一个兜售情怀与贩卖思维的时代,各种思想、主义、理论与观点一茬接一茬生长然后悄无声息地死去。各种派、各种教、各种说借助网络井喷。它们在我们的四块屏幕上火拼,威胁、利诱、劝导、教唆、怂恿我们跟他们而去,成为他们的奴仆,接受他们的洗脑并且心甘情愿地供养他们。他们要么单独作战,要么组团忽悠。万变不离其宗,其象可见、其形可辨。纷纷扰扰的背后,都是为了利益,无论是从过去的零和游戏模式到现在的共赢模式。

毫无疑问,我们进入到了虚拟—现实的时代。现在的"大众创新、万众创业"大潮让很多人冲进来。我接触到一些创业者,他们动不动就要改变世界。在他们眼里,实体经济已经每况愈下,该虚拟经济来主导了。无论是IT,还是DT,都是在进一步地实现虚拟与现实的一一对应。人类通过分——解构的方式认识了世界,然后通过合——虚实结合的方式重构世界。目前,移动互联网井喷。究其原因在于,虚拟化进程中,现实的世界也在同步进化。虚拟化必须同步实现两个目标,一个是将现实虚拟化,一个是将虚拟化的现实进一步虚拟化,最终形成一种同步,使得现实与虚拟的节奏对应起来。每一个形体、形态都是如此。尽管当前很热,但现实中没有的,虚拟中也不应该有。虚拟无法超越现实,只能对应现实。虚拟对于现实的重构,必须基于现实。

在这样一个时代,与时俱进、入乡随俗、因人而异已经跟不上节奏。为了认识一个细节,我们需要纵观全局;为了认识一个人,我们需要认识一群人。为了认识一群人,我们需要认识整个社会。为了认清现在,我们不仅要考究过去,还要判断未来。宏观十微观的结合,象与形的切入直击利益的生产、分配,不为概念所扰。本书是一种宏观思维的梳理与个人感悟的小结。将利益、阴阳、维度、现象、形体结合起来看世界,追求"尊天时、重地利、尽物用、求人和、得法全,达到阴阳平衡的境界"。以"利益为一,利好与利差为利之阴阳二性,利的象限与形体为三"。遵循"道生一、一生二、二生三、三生万物",从利益为核心,在追求利益过程中辨识各种象、各种形,帮助我们看自己、看世界,帮助我们不罔、不争、不痴。

从过去创业到现在做投资,依旧是放不下、忘不了、舍不得心里的情怀。但毕竟不同于年轻时的血气方刚,不知天高地厚,现在有了更多敬畏。"心存敬畏、身无顾忌"或许是此时的写照。如果自己做不了的事,不妨帮别人一起做成。本书虽然写的是利益,其形态、形体,但是,大致可以帮助创业者在追逐梦想的过程里,如何去"取势、明道、优术",如何构建自己的命运共同体和利益共同体,如何见天下、见众生、见自己,如何在一个概念纷飞的泡沫里,保持清醒。

其实,认清人与认识自我也并没有多大意义,一旦维度变化,三维世界里的爱恨情愁,利益纠葛都变得不存在。但至少在相当长的时间里,我们都应努力学会做好一个"人"。

目　录

一　绪论 ·· 1
　　第一章　概要 ······································· 3

二　人间正道是利 ······························· 9
　　第二章　什么是利 ······························· 15
　　第三章　为什么是利 ··························· 18

三　趋利避害是天理人性 ··················· 21
　　第四章　利的形态 ······························· 23
　　第五章　利的变态 ······························· 31

四　利的象形 ······································· 35
　　第六章　利的现象 ······························· 37
　　第七章　在天成象 ······························· 41
　　　　第一节　擎天——势道象数术 ········· 41
　　　　第二节　问天——五类天人 ············· 62
　　　　第三节　德天——过程即结果 ········· 80
　　　　第四节　周天——人生只有五天 ····· 83
　　　　第五节　五天——天只有五色 ········· 87
　　第八章　在地成形 ······························· 90
　　　　第一节　地形——局域圈界场 ········· 91

第二节　地方——上下左中右 ………………………………… 112

第三节　地位——五个平凡人 ………………………………… 126

第四节　地势——五大江湖 …………………………………… 129

第五节　地距——距离即关系 ………………………………… 135

第九章　人性本利 ……………………………………………… 150

第一节　五需——人的五种需求 ……………………………… 151

第二节　五人——身边的五种人 ……………………………… 154

第三节　五常——人的五种内核 ……………………………… 182

第四节　五观——人的五个维度 ……………………………… 187

第五节　五后——人的五种能力 ……………………………… 196

第十章　物性皆人性 …………………………………………… 204

第一节　水——最佳连接体 …………………………………… 208

第二节　木——最佳工具 ……………………………………… 226

第三节　火——最佳动能 ……………………………………… 235

第四节　土——最佳载体 ……………………………………… 240

第五节　金——最佳体验感 …………………………………… 247

第十一章　错综复杂 …………………………………………… 249

第一节　本——错综复杂 ……………………………………… 266

第二节　分——即降维 ………………………………………… 269

第三节　合——即升维 ………………………………………… 275

第四节　虚——即为用象 ……………………………………… 286

第五节　实——即为乘用 ……………………………………… 293

第十二章　万物的模样 ………………………………………… 301

第一节　定位＋助手——零维点 ……………………………… 301

第二节　通道＋连接——一维线 ……………………………… 321

第三节　展示＋支撑——二维面 ……………………………… 331

第四节　代表＋包含——三维体 ……………………………… 338

第五节　包容＋辐射——四维系 ……………………………… 347

目　录

第十三章　六形变化 ················· 353

　　第一节　利的形体 ················· 353

　　第二节　六形变化 A ················· 368

五　1→∞ ················· 369

　　第十四章　利生无象无形 ················· 371

后　记 ················· 375

随　笔 ················· 379

　　附文 1：人生只求一个字，当！ ················· 379

　　附文 2：人生最美是互不相欠 ················· 382

　　附文 3：社群的联合与群体的组合 ················· 384

　　附文 4：契约人的如约组合 ················· 386

　　附文 5：我是无数个我搞成的一个我 ················· 388

　　附文 6：什么是真正的把对地事情做对 ················· 391

　　附文 7：时间管理是个伪命题 ················· 394

　　附文 8：科技是什么？ ················· 399

　　附文 9：量化世界，是福是祸？ ················· 402

　　附文 10：我们本来一无所有，现在却拥有全世界 ········ 405

　　附文 11：互联网企业的"罪"与互联网用户的"恶" ········ 407

一

绪　论

第一章 概　要

苏格拉底说：认识你自己！奥古斯特·孔德说，要认识你自己，去认识历史吧！为了认识自己，需要认识历史。而历史就是过去的人在过去的时空里发生的人作用于人与自然的事件。在越来越快节奏的时代，我们需要透过现象看本质地认识世界。几千年以来，《易经》已经成为中国人的思维DNA。百经无不是对《易经》的展开与解释。《道德经》主张"人法地，地法天，天法道，道法自然"，核心是"无为"，即阴阳媾和；《论语》主张"吾道一以贯之"，一就是太极，太极的核心就是阴阳，《论语》的核心是"中庸"即阴阳调和；《孙子兵法》开篇名义道："一曰道、二曰天、三曰地、四曰将、五曰法，兵者诡道也……"核心是"奇正"结合即阴阳结合。在当下的中国，儒道释三家早已慢慢相互渗透与融合，形成独有的中华文化体系。即便后来传入的佛教、基督教、伊斯兰教等，也并未影响大体。我们不断吸收着这些文化中有利于我们体系的元素，最终形成"中学为体、西学为用"的认识论。国学解决人的问题，西学解决事的问题。前者从体系全局入眼，后者从点线从局部入手，一个治本一个治标。

太极生两仪、两仪生四象、四象生八卦，八卦重叠形成六十四卦。每卦都有六爻，反应事务变化的递进过程，并且贯穿始终的还有阴与阳的辩证统一。六为事物演进之中从量变到质变的数理。事不过三，二合为六。所谓用六必有反转。有阴必有阳，有阳必有阴。《孙子兵法》曰："阴在阳之内，不在阳之对"就是这个道理。《易》曰：阳卦多阴，阴卦多阳。本书遵循阴阳变化原理，以时分空分人分方式解构聚合,形成纵向为时间线横向为空间线人为中轴线,以阴阳为核心的一个模型。每一个象都进行六个层次的解构,分别是点、线、面、体、系、宇。每个象有五个子象,共计二十个子象。每个子象都有五个层阶,合计是一百二十四个形变。

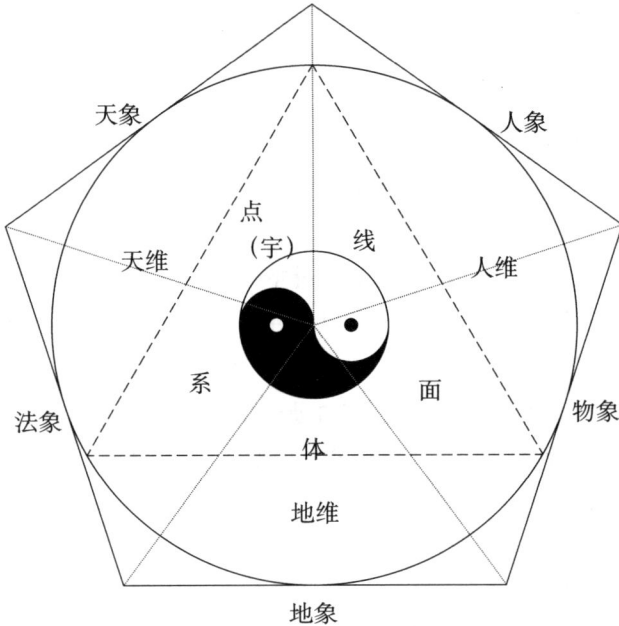

图 1.1　五象六形简图

任何事情都发生在一定的时间、空间维度之下,都是对特定的人或物进行的作用与反作用。这种作用就是获取或释放能量的过程。本书的核心是群与体如何演绎能量的获取与释放,并且在这一过程中呈现何种形态与形体。在本书中就是围绕能量即利这一核心展开。因此,判定天时、地利是进行宏观、微观分析的前提。天象是方向,地象是载体,人象是主体,物象是对象,法则是人作用于物、人与人、物与物相互作用的法则。所谓"在天成象,在地成形"即此理。

象其实是同主体与客体在时空环境下相互作用的集合。五个象限分别是天象、地象、人象、物象以及法象。其中天、地、人三象按照天地人三层关系来划分。你中有我，我中有你。既是时空环境，又是主体客体。法是方法论集合。形体是这一相互作用过程中主客体所呈现的状态。分为点、线、面、体、系、宇六个形体。

本书就对象之间的关系以利益尺度进行划分。本书尊崇"天下熙熙，皆为利来；天下攘攘，皆为利往"的观点。但对于利益的内涵进行了复原，利益包括阴阳两个层面，跨时空维度。如有形与无形层面，集体与个体层面，现在与未来层面，自己与他人层面等等。同时，本书以"群"的概念描述人象，在社会化分工大形势下，个体将利益的实现载体寄托在"群"上面，"群"也依靠个体的存续别于其他"群"。个体与群体追求自己的合法利益是天经地义的事情。问题在于获利的方式与利益的分配比例。同时，任何人都不应该获得比其他任何人更多的名誉、财富、权力。因为个体依靠群体，群体支撑了个体。群体则依赖个体。这个世界所倚重的权力、财富、名誉等都是人在认识自我过程中的一种形体。成功的个体与群体做交易，平凡的个体与其他个体做交易。总有一天，我们的世界会成为一个，对每一个个体都有科学计量与评价的世界。不再有江湖与庙堂，精英与草根。因为人类社会的矛盾不再是物质层面的供需。这种划分并非自然意义上的阴阳。未来，我们的生态就是自然的阴阳生态。更重要的是，我们提倡一种无形层面的利益需要被肯定与发扬。有形利益与无形利益如同利益整体的两个部分，两者应该是均衡的，这一点对于当前物质主义盛行的社会有很大的意义。有形与无形是利的阳与阴，我们不鼓励大公无私，也不赞同人为财死、鸟为食亡。

关于两仪，阴与阳，阴承阳为吉。阴性形体的维度更低，阴性形体是一种虚拟的、跨时空的、随时形变的超能力变形体，具有穿透、覆盖、撕裂、重组、渗透、融入等无数无形无体、无声无息、无味无界、可重复、可循环、可复制的特性。正如新近发现的引力波一样证实物质会受到强力、弱力、引力等干扰，要研究宇宙间天体的起始，只能从这些隐形的力入手。了解了无形的东西才更好认知再形的世界。所以《道德经》指出：强大处下、柔弱处上。但阴性需要具化到阳性上，有形有体、有声有色、有味有界。这就是移动互联网时代的原理。互联网＋，在某种程度上是一种阴乘阳而非阴承阳。世界就是在这样的阴阳变化，相辅相成中循环往复。万物从阴到阳的显性固化，然后阳性增加，阳性固化特征逐渐明显直到最高峰，然后逐渐递减，阴性特征逐渐加重，直至阳性消亡，一个新的个体新生，阳性特征增加阴性减弱，循环往复。这种阴性力量可以通过具化固化在最核心的有形无形形体上得以流转、传播、复制，抑或继续以原有的形体或者另一种阴性形体作用于阳性形体而体现存在。

本书从《易经》之易理——阴阳、三才、象数理、六爻而来。遵从太极生两仪、两仪生四象、四象生八卦的路径。因此从《易经》的天人合一出发，结合时空的多维理论，推测出本书。按照"一元二极三才四象五行六合七星八卦九宫十方"，推演出"一利二性三才四维五象六形"的模型。本书的体系概要就是"一利为核（利益为唯一核心标准），二性为形态（分为阴阳两种属性），三才为元（天、地、人），四维为空间（零维、一维、二维、三维、四维），五象为体（天象、地象、人象、物象、法象），六爻为形（点、线、面、体、系、宇）"。一利是天地之间的核心——"获利"（物质获取能量以维持运动），二性是阴阳两性（物质运动的两种状态，趋利避害），三才是天地人（三种物质主体），四维是三维空间加一维时间（物质运动的载体与范围），五象是天地人物法（是物质本身以及运动的方式），六爻是点线面体系宇（物质运动时的形体）。其中，一即利，利分为阴阳、三才；一生二，即五象；二生三，即六形。然后五象六形不断演变生出万物。三才与五象为一阴一阳关系，四维与六形为一阴一阳关系。因此，简言之就是，利益是太极，利好与利差是两仪，三才＋五象是四象，四维＋六形是八卦。然后彼此组合形成无穷无尽的利益交换与共享载体与工具。

本书宣扬的观点是"尊天时、重地利、尽物用、求人和、得法全，达到阴阳平衡的境界",这种境界的最高状态是维持天地人持续的平衡。这种合一就是追求平衡的过程,合一包括分与合、集与散等阴与阳。无论天、地、人、物、法哪一象,都需要涉及阴阳两面,四个维度,五种体,六种形态,完成目标分析、战略选择、实施、控制、评估,实现资源的最大化可持续化配置。

本书给出的是一种认识论、方法论。不涉及人生观、价值观、世界观等意识层面。在本书的观点看来,世界上没所谓的对与错、好与坏,没有放之四海皆准的认识,一切都要因时、因地、因人、因物、因法变化而变化。它作为一种认识论、方法论,可以适用于个人、家庭、企业、国家等但凡有人的地方,有人的地方就有竞争、合作,就涉及利害冲突与利益分配。因此,它本质上是一种认识论。

本书一利、阴阳两性、三才＋五象、四维＋六种形态排列起来如下:

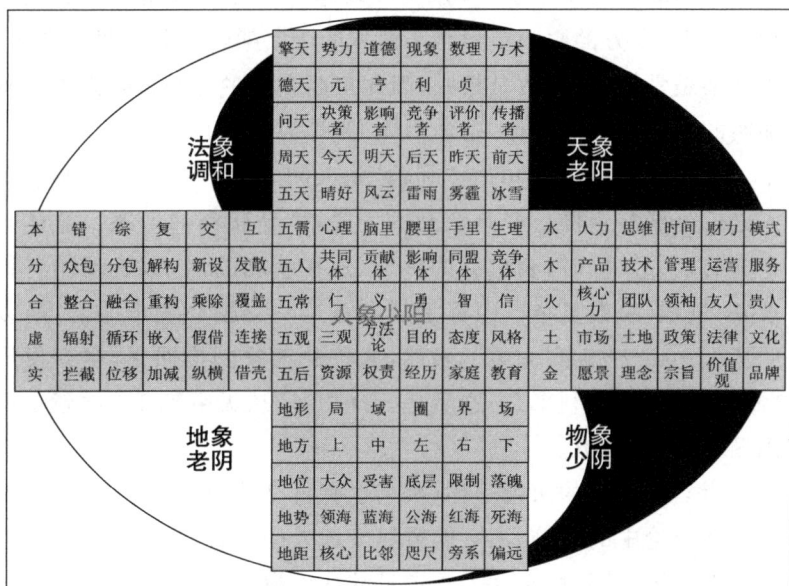

图 1.2　象形完整图

系系	体系	面系	线系	点系
系体	体体	面体	线体	点体
系面	体面	面面	线面	点面
系线	体线	面线	线线	点线
系点	体点	面点	线点	点点

图 1.3   六形完整图

如上图,在中心方框内以白色框为一条斜线,中轴本位形体上面的部分为阴性,下面的部分为阳性。阴性主收缩、静止、常态、虚拟、内部、负面、雌性、死亡、破坏,阴性形态或者阴性形体是讲解维度之后的现实世界的对应;阳性主扩张、运动、变化、实体、外部、正面、雄性、存活、建设,阳性形态或阳性形体是现实物质世界的真实反应。不能说它囊括了一切,但可以作为一种分析型工具。从某种程度上,东方的阴阳鱼形状与西方的十字架形状是有机融合的,十字架是骨架,阴阳鱼是核心,因此东西方的融合必将是人类未来文明的方向。有点类似"中学为体、西学为用"的味道。

简单言之,本书讲的是"利益"是人间之道,为了"趋利避害",人进行分群与合群。群是获利的手段,体是获利的形态。群体是本书的核心。同时,利也有两种形态,在获利的当中,表现出各种现象、过程,纷繁复杂。但都是从利益这一个核心发出去的,所以叫从 1→∞——1 到无穷。当然,从各种现象倒推回来,也会发现"熙熙攘攘,皆为利来"。这个是 ∞→1——从无穷到 1。这就是阴阳循环,阴阳之道。

当然跟其他的法则一样,本书也有自己的缺憾与不足,它只是众多认识论中的一种,不可能穷尽天地人的所有,甚至也有不少界定值得商榷。同时,它并不是定量的认识模型,本质上还是一种定性认识模型,作为方法论的一种参考。

二

人间正道是利

《道德经》："道生一，一生二，二生三，三生万物。"道生一，天道化生出一气，即混沌状态。一，就是太极。太极是什么？极，是点的意思。南极、北极，取的就是此意。太，其实是两个字合二为一。一个是大字，居上位，方向是向下延伸，无穷大；一个是小点，居下位，方向向上受到大字局限，无穷小。所以，太极就是大到无穷，小到无穷，用别人的话说就是大到无外、小到无内。极大极小并不是两个单独的存在，一个茫茫宇宙内必定由无数的"小"组成，无数的"小"组成构成无穷大的空间。一个组成无穷大的宇宙的无穷小物体如一粒稻谷，从分子到原子、电子、中微子、夸克以至于到无法分下去的什么希格斯波色子，说明肉眼所见的无穷小其实也是一个无穷大。这也是小点包含于大体系，大体系以个体存续在更大体系的依存。从另一个层面看，太字是天地人的合体。一横为天，人居中间，小点为地。所以，太极的道理就是包含了天地人的道理。

　　一生二。太极生出两仪。仪，其实是一个人与一个爻的合体。爻是变的意思。爻的上部分 X 简化成为了小点。人通过观察两仪变化来预测事物走向。以前，这种预测行为是很严肃、正式、公开的，久而久之这种预测的行为就成为仪式。两仪是一阴一阳。阴阳二性又两两细分为老阴、老阳、少阴、少阳。中间没有不阴不阳的东西，万物都是既阴又阳的东西，因为"阴在阳之内，阳在阴之内"。天地之间万事万物都是对应的，好坏、强弱、大小、黑白、男女、雌雄等都是如此，所以知道一生二，就会明白一分为二，就明白

"月有阴晴圆缺、人有悲欢离合",学会换位思考、逆向思维。要有同理心。

二生三。三是阴阳调和。调和的结果不是一个明确的、固定的类别、形态。也就是说,阴阳调和的结果在开始时阴阳属性并不明显。如少阴、少阳。少阴是阴阳共存中阴比阳多一些,少阳是阴阳共存中阳比阴多一些。阴多阳,阳多阴。明白二生三,就会懂得万事万物其实不是那么极端,不是非黑即白。都是你中有我、我中有你、共同依存的。两仪是万事万物变化的两个极点,中间的状态是两个极点之间的过程。因此,"二生三"中的"二"(极点)是非常道,"三"调和是常道。

说完"道生一、一生二、二生三",就知道万事万物有个不变的核心——道,它从混沌状的"太极"逐渐变成明显的一对事物,然后两两结合成为更多的事物。任何一个理论体系,都有一个维系其存在的核心——道。儒家是"中庸",道家是"无为",法家是"权柄",墨家是"兼爱"等等,有一个核心思想才能围绕其进行展开形成体系。就如苹果、葡萄、荔枝、桃等都有核一样,政党的纲领、企业的愿景、人的价值观都是如此。

子曰:"吾道,一以贯之"。本书是利以贯之。利同道,道在人间的存在状态就是利,所以有精于利道之说(本文在有些具化指代之处,用天、地、人分别对应时间、空间、人间)。如《道德经》"道,可道、非常道;名,可名、非常名"一样。其中一种大意是"道啊,有常道,就有非常道。有一般情况,就有特殊情况;能说具体的形状出来,也有说不出来具体形状的"。就是说,道在不同的场景有不同的体现。茶道、剑道、天道、人道等等。但无论何种道,都是围绕利展开。所以,道在人间终极代表就化身为利,就像货币一样,美国是美元、英国是英镑、欧盟是欧元,中国是人民币,但本质都是货币,都是交换媒介与价值尺度。遵从人性趋利避害的天性就是遵从人间之道。用文中的话就是:洞悉人心,然后吃定人性。与人方便，于己方便。所以，那些社交类、口才类、管理类的书都提倡克己复礼，严于律己、宽以待人差不多都是满足别人后再实现自己。

利作为人群分类标准与人群行为的动机，贯穿始终。对于人类自身而言，利就是阳，害就是阴。对于万物而言，利是获取能量，害是耗费能量。正向能量就是利，负向能量就是害。利是人与物存续的本源，害是人与物消失的本源。现在流行的正能量就是一种正向利益，经济学叫正外部性。不仅对于自身，而且对于周边的群体也是一种正向利益，是可循环可再生的能量，是一种叫和谐社会、生态系统的能量。

在讲利之前，还有一个工作要做。要讲利必先区分群体和类别。因为利是有指向性与主体性的。没有无方向性的利，也没有无主体的利。主体是利益的施受体。《荀子》：人与兽的区别在于：人能群而彼（兽）不能，人能群因为人能分而彼（兽）不能分；人能分因为人有义而彼（兽）没有义。大致理解就是，人能合作也能独处，能共事也能分工，分分合合都是"人法地、地法天、天法道、道法自然"。个体绞尽脑汁地勾心斗角，群体挖空心思地尔虞我诈，最后都会尘归尘、土归土。所以，讲利之前，有必要对主体作简单介绍，虽然下面我们有一章专门讲人象，但是此处先点一下。

人必属于群体，物必归于类别。即"方以类聚，人以群分"。人与物在时空环境下的自我运动、自我满足以及彼此触动、彼此满足，这一过程就是群体的分合与物体的重构。分合就是聚散，方式就是群体之间的共享与交换，标的就是利。因为天地人三才中，天是变易（变化无常）、地是不易（厚德载物）、人是交易（交换共享）。交易就是有条件的共享与有偿的交换。交是过程与方式，易是结果。因此，人与人之间的相互满足就是易。用白话就是沟通。沟通＝有条件的共享＋有偿的交换。并且最完美的人生是两两交易且互不相欠。不仅如此，万事万物的生死循环都是相互满足、因果循环，都是易。这就是天理。易，顾名思义为日月，即天地宇宙之间的万事万物此消彼长。易遵循的就是道,交易遵循公平合理、场景、价值等"道",不沾人便宜,也不纵容别人占便宜。而重构是物质的解构与聚合,就是物质的形体变化与位置移动。物质是有生命的,无论是无机物还是有机物。一棵树、一株草的生死与一块石头、一片水塘也是如此。石头会分化,水塘会干涸。房子也有生命周期,车子也会从新到旧然后报废,报废回收后再次利用。这里面就是元素的循环利用与能量守恒。用生命周期的眼光去看待万事万物,就能看到易,就能感悟道。而无论是物质,还是物质的形体,都必须要有能量支撑,都需要持续地获利,需要规避害。趋利避害是生物的天性。人总是善于夸大自己的善意和仇恨,却羞于谈自己的欲望。欲望就是获利动机。这一点,人比动物要做得文明一些。从野蛮到优雅,就是获利的手段多样化与方式的优雅度。而人本质还是有七情六欲,还是一样需要被满足。坐在宝马车里、睡在豪华别墅里的人跟摆地摊、种庄稼的人一样要吃饭睡觉,吸收的都是蛋白质、氨基酸等,排放的都是二氧化碳。不同的不过是,庄稼人吃的是白米饭与白馒头,而有钱人吃的是各种奇珍异兽,山珍海味。不同在于体验感而已。而我们这个时代过于夸大体验感却忽视了约束感。

所以,利就是人间的道。君子爱财、取之有道。追求个人与他人的共同发展就是有道,损人利己、损人不利己的就是无道,损己利人的是歪门邪道。这些都是负外部性。

第二章　什么是利

《说文》：利。（会意字。从刀，从禾。表示以刀断禾、收获谷物的意思。本义：刀剑锋利，刀口快。引申义：收获谷物、得到好处。）所谓"天下熙熙，皆为利来；天下攘攘，皆为利往"。获得好处，就是获取能量。避免损失，就是避免耗费能量。人为财死，鸟为食亡。财对于人与食对于鸟而言就是利。一般而言，我们以利来统称利害、利益。利好、益处是利的阳面，利差、害处是利的阴面。跟硬币的两面一样。

利是能转化为能量的物质（有形的物质与无形的如磁场、电波等），持续转化用以维系物质的运动。有些物质并不能直接充当为能量，或者对于某些物种而言不是。石油是能源，但不是能量。只有当石油被提炼成为汽油、柴油时才可以称之为汽车的能量。小麦只有被加工成面包才可以是人的能量。一个企业竞标成功一个项目，只有当该项目交付获得客户认可收到钱款之后才转化为能量。同样，对于不同的人而言，同样的物质不一定同样是能量。同样听到一句哲理，甲理解并付诸行动收到了益处，这句哲理就是利，而乙没有理解没有行动就不会转化为能量，就是无利。我们小时候读书，亲戚朋友逢年过节总会问期末考试考了多少之类，要是考得不好，他们就说"还给老师了"。这就是无利。但是，这种状态会有个期限，长短的上限跟其生命周期一样长。是所谓"朝闻道、夕死可矣"的另外版本。小时候闻的道理，迟暮垂老之时想起，感慨万千也是获利（死，不是可以死了，也不是死而无憾，而是与未闻道之前的那个我告别了。）。跟甲吃了一碗面获得了多少热量而乙却吃完就吐了或者没消化吸收一样。能量，只有当转化吸收了且驱动物体运动才能称为能量。当能量耗费完时，受体物质的运动与变化会发生中断或者该物质会解构成新的物质形态。比如一个人的生存，需要补充食物与水，需要被认可与尊重。当能量补给切断或者人不再接受这种能量转化时，人就从活人变成死人，人的肉身就会被分解成新的物种，依附于人的某些精神能量，有的会被其他人吸收或借鉴，有的会随宿主消失。人本身也就成为一种新的能量供给其他的物质，使其继续运动或变化。或者，当人吸收能量的方式转变时，人本身的位置也发生了变化。所以，能量是直接的利，能转为能量能被吸收的方为有利。常言道：睡不过三尺床，吃不过三顿饭。即便拥有亿万家财，也是一日三餐而已。西方谚语：把财富带进坟墓的人是可耻的。因为没有转化为利，没有变成能量。

利在不同群体与不同空间里呈现不同的形体。对于高大上的群体而言，偏是权力、财富、名誉；对于穷矮矬的群体而言，偏于面包、房子、车子。前者是生活，后者是生存。对于小孩子而言，可能是"吃麦当劳看奥特曼打小怪兽"。同时，时空变化，同一群体对于利好与利差的界定也不一样。按照马斯洛需求原理，利的形态也是变化的。它的阴阳二性为利好与利差，三才为天时地利人和，四维为利的长宽高与长久度，五象为三才的扩展后增加物法，六形为利的六种形体。四维衡量的是利的大小，五象是利的场景，六形是利的形体。四维与六形的结合，能对利进行定性＋定量的界定。

利的价值相对于时间维度最为明显。外延体现在无时不有、无处不在、无人不用，甚至无所不能。内涵体现在一切的运动所需要的能量，无论是物体驱动还是人与人的交互。也可以称之为动机。时间维度是衡量利的价值最有效的维度。这也是为什么，知己很少，一辈子的老友很难得，执子之手容易、白头偕老不易，因为我们在满足彼此的利益需求上，不连续，不持久。相爱容易，相守难。打江山容易，守江山难。排除中间的意见分歧与利益分配问题，最后凝固下来的都是时间维度上的永恒。时间维度上的永恒在于它裹挟了除己之外的一切外在时空，它不以单一个体的存续而发生变化。

因此，利就是能转化吸收的能量，利就是能转化为能量的物质，获利与损利是物质的运动与变化的动机也是状态。道就是物质转化为利的运动与变化规律。但凡世间一切存在的物质都能够采集能量与转化能量，当该物质丧失这种功能时，就会解构成新的物质，继续进行新的能量采集与转化。整个世界乃至整个宇宙，都是物质之间的相互作用，包括吸收、合并、转化与新生等等。

佛家说的，本体"不生不灭、不垢不净、不增不减"，因为一切都在循环，物质不灭，能量不灭，道不灭，利不灭。这些道理都是一样的。灭的只是个体，只是瞬间，只是局部，而群体、长久、整体持续存在，或者以另外一种群体、另外一种形体存在。

第三章　为什么是利

选择利为群体的分类标准与行为动机评判标准，是遵从世界是物质的，物质是在运动中相互作用的，运动与变化需要能量的原理，能量是守恒的原理。我们所处的世界是一个物质的世界，是一个物质运动与变化的世界。物质同样遵从阴阳二律，有形的与无形的、软性的与硬性的、物质与精神都属于物质范畴。而物质的运动与变化需要能量支撑。但凡现存的一切物质，必须维持足够的能量消耗与转化，才能保持物质的正常运动。因此，以利益为唯一的标准尺度来贯穿本书，是符合现存世界的基本原理的。正如人都必须吃饭，汽车必须要加油或充电，植物必须要光合作用一样的自然、合理。这不仅仅是人欲，更是天理。俗话说君子爱财，取之有道。财是利的一种，道是获利的方式与标准。财是利，于人而言更是物质的代表。世人都爱金元宝，有了钱财身显耀。

趋利避害贯穿在人的意识、理念、行为全过程中，终其一生一世贯其一举一动。以利益为尺度衡量群体之间的关系以及群体内个体的关系最为简单、准确。不仅是人以及人的群体，其他一切物质类别皆是如此，这些物质类别只不过人类目前还无法识别。这就是我们所存续的世界，我们的观念、行为所遵从的标准。在利的基础上，延伸出每个个体的意识、理念、价值观与行为，然后去形成自己的群体、自己的认识论与方法论，并将所有一些付诸行动之中，获取自己运动与变化所需要的能量。

利不仅是人类遵循的标准，也是世界上所有物体运动遵循的标准。因为整个世界的运动需要靠自身与对周围物体的能量交换。万物都是如此，都需要获取能量，维持生存。只不过人类主宰地球后，彻底颠覆了以往的食物链。在人类以前，食肉动物吃食草动物，食草动物吃植物，植物吸收水分养分，水分养分是食肉动物分解之后产生的，形成一个链条循环往复。但是，现在人类连天上飞的、地上跑的、水里游的，动物、植物无所不杀，通吃食物链，吃遍全球无敌手——跨界跨级通吃。即便是地球曾经的霸主，相比人类恐龙也自惭形秽。这也说明，高维度的形体是覆盖低维度形体的。他们靠群体的智慧取胜，而不是个体的智力或体力。个体已经慢慢退化，群体逐渐接管一切。人类自身的进化已经高度依赖群体的共享与交换。这不是原始社会的那种群体联合起来干单一的事情，而是群体合作，干一件系统的事情。此前是一群人打猎或者采摘，现在一群人分工合作。区别在于，此前的是多人干一个点或线性形态的事情，现在是干一个体系的事情。

只要是物质，就必须吸收能量以及占据跟能量有关联的资源，如空间、时间。那么，它就是自私自利的。有人说这个世界上，唯一爱你甚过爱自己的生物是狗狗，狗狗是世界上最无私的物种。其实，狗狗也是为了讨好主人而已。而毒蛇猛兽都是自私自利的，"四害"也是如此。不同的是，物种之间有相生相克法则进行调控。而人类的天敌却没有出现。所以，相生相克的法则貌似失去作用，最后让人类自己与自己相克。战争、谋杀、疾病等就是上天派来的克星。话再说回来，自私与无私也不过是人类认为界定的标准。一个物种对自己好有错吗？错的不是目的，而是手段（法）。自私其实是对手段的描述而不是对目的的界定。在利的获取、分配以及获取的手段和分配的方式、多少、标准上，都有 N 种组合。不择手段是自私的，某一个体或群体拿绝大多数，其他多数人、多数群体拿少数，这些比较下来，自私自利的人就出现了。共赢多赢是正当的，甚至是大公无私的。青山绿水、鸟语花香的世界就是一个共赢多赢的世界。纵然,老虎吃了羊,羊吃了草,草吸收了腐烂尸体的营养,可是,这是一个自循环的世界。这个世界有它自己的法则,万物生长有自己的规律。人类社会为这个世界操碎了心。琢磨出太多的理论、发明出无穷的工具,担心这个世界尤其是担心自己所处的人类社会无法继续主宰。其实,大可不必。一切自有定数。人类不出现那么多科学家、经济学家、哲学家,世界照样运转,甚至比现在会更好。在狩猎社会,人类服从自然;在农业社会,人类有限度地适应自然;在工业社会,人类无节制地改变自然;在信息社会,人类开始反思自己与自然的关系。人类按照自己对世界的理解在改造世界,而这些认识并不能说都是科学合理的,有些是逆天的。所以,大胆假设一下,如果没有人类,世界是不是比现在更好。如果所有物种组成一个类似生物联合国的组织,其他所有物种都会反对人类。

三

趋利避害是天理人性

第四章　利的形态

　　如果说利是物质存在与运动需要的能量来源,那么阴阳就是物质存在与运动的形态。这种方式的交替切换确保物质能够以最低能耗保持运动,并且能够产生最持久或最优美的轨迹或最有利于体系的一种作用。一张一弛、劳逸结合、动若脱兔、静如止水等都是如此。以获利的方式看,避害与趋利就是一阴一阳。

　　从本书观点看,阴性主收缩、静止、常态、虚拟、内部、自己、柔性、基础、黑暗、低调、隐蔽、弯曲、雌性等等;阳性主扩张、运动、变化、实体、外部、坚硬、明亮、高调、线路、直线、雄性等等。阴性的维度低,阳性的维度高。当维度高到一定程度,阴性就再次凸显出来,阳性就减弱下去。比如女人与男人、小孩与成人、水与火、黑夜与白天、静止与运动、快与慢、激动与冷静、小与大、私与公、熟人与陌生人、实体经济与虚拟经济等都是这种对应关系。另外,阴阳不仅仅是一种形态,也是一种运行方式。阴阳必定是彼此对应,阴阳必须是相互转换。所谓物极必反,极就是阴到极致或阳到极致,反就是阴转阳或阳转阴。转,不一定是全部翻转,或颠覆,是一个状态的切换或者两种比例的重新分配,不存在纯阳与纯阴的物体,所以至阴至阳之物是不存在的,那个临界状态只是阴阳摇摆的一个中间状态,极不稳定。

　　既然阴阳是物质的存在形态与运动方式,那么超出这种界定的就不属于阴阳。比如对错、好坏、忠奸、美丑等就不属于阴阳。因为对错、好坏等都是相对的、片面的、主观的,属于评价性词汇,不是一种物质的存在与运动方式。或者说,好坏、对错不过是主观的评价,并不是客观事实的反应。就像《港囧》台词:不能破坏事物的客观性。阴阳作为物质最基础的状态与方式,那么它必须能够延伸出无数的表现组合。正如计算机的语言 0 与 1 一样,组成一个虚拟的世界,支持一个虚拟世界的运行。衔接虚拟与现实,打通现实与虚拟,真正体现"天有阴阳,地有刚柔,人有男女,物有水火"。

更为重要的是,阴与阳并不是彼此割裂的,不是两个独立的东西,而是紧密结合在一起的。所谓"阴在阳之内,不在阳之对"就是这个道理。地球上的陆地是阳,水面是阴。但在陆地的中间与里面还有水,在水里也有陆地、岛屿等。雄性的身体有雌性的特征,雌性也有雄性的特征,甚至有些物种能够在特定条件下转换性征。就是一个建筑也是如此,突出的建筑物外形为阳面,建筑物内的空间为阴面。一元硬币的数字一面为阳,花的一面为阴。动物的背部为阳,腹部为阴。一个人的优点是阳,缺点是阴。为公众谋的利益叫阳谋,为一己私利的叫阴谋。所谓"空即是色,色即是空",按本文观点看,以一个水杯为例,水杯本身无论用陶瓷还是玻璃、塑料组成,它是杯子的色的部分。中间空出的部分也是杯子本身,因为杯子的使用价值在于容纳水或其他液体。空出的部分也是杯子不可分割的物质。色,即物质;空也即物质。两者构成水杯的阴阳部分。否则,把杯子的空虚部分填满了,不具有容纳价值时,它就从一个杯子变成了一个陶瓷球、玻璃球、塑料球了。

在本书中,利是社群分类与评价的标准。阴阳是运动方式的分类标准,阴阳就是利的两种形态。形体是利在运动与变化过程中呈现的形体变化与位置移动,是用来认知物质的依据。

形态就是阴阳二态。参照一阴一阳的道理,利益包括利好与利差两面,分为物质与精神两层、私利与公利两类、趋利与避害两种方式。从获利的方式看,趋利是阳,避害是阴;从获利的内容上

看,物质部分为阳,精神部分为阴;从利益归属对象上看,公利为
阳,私利为阴。

表 4.1　利的形态

性质	阴	阳
对象	私利	公利
内容	精神	物质
方式	避害	趋利
顺序	先阴	后阳
途径	交换	共享
群体	个体	群体

　　同样,从利益归属对象自身看,趋利与避害、物质与精神的分
类外,大利与小利,公利与私利的分类是参照物质运动所处的环境
内此物与彼物的关系而定。任何物质都不是单一存在的,必须存
在于一定的环境之中。这个环境,就是该物质与其他物质的相互
作用场。此物与彼物在作用场里发生交易。个人与集体的利益关
系,公利与私利,大利与小利,地球与月球的作用关系等等,但凡存
在多种物质运动的状态,都有彼与此的分类。利的阴阳两种形态
是交互作用的。

　　亲人之间的血缘关系,熟人之间的同事、同学、同僚、同乡等关
系,都交织着物质与精神利益的共享与交换。利益共享面越大、交
换越频繁越持久、阴性与阳性耦合越紧密分布越均衡、交换成本越
低、效率越高的,就越能反应彼此之间的关联紧密度。夫妻之间的
财产共有、情侣之间的情投意合、股东之间的目标一致、战友之间
的生死与共等都证明这一点。知己之间总有很多默契,搭档之间
总有很多配合。夫妻之间的合法性关系是持久的,一夜情与招嫖
的性关系就是不持久的。两者的利益量不可同日而语。所以,亲
人是上天送给自己的朋友,朋友是自己送给自己的亲人。一切都

不是无缘无故的,就其背后都是利益的产生、分配、交换。然后在这个过程中形成一种高效、经济的模式,直到下一个新的模式出现。

在利益的共享与交换之中,相互推送利益与利益增值是一种长久的方式。因为彼此都有太多共同的东西,血缘、身份、财产、价值观等等,所以在相处之中,既合作又博弈,是一个无穷次的多重博弈过程。所以,均衡是彼此最佳的选择。用共同成功来增进彼此情谊,而不是用彼此情谊来增进自己的利益。曾经,微商比较火。各个微商城要持久发展必须解决面对这个问题。否则,单靠大V与网红以贩卖粉丝的方式无法持续。传销之路无出路。基于微信的多级分销体系也只是看上去很美。持久必须来自彼此共同的发展,而不是单向的少数人的获利。

利益的长久性来自利益的均衡。均衡体现在体系层级上面,而非点线层面。比如幼儿园的小朋友之间就很难扯得上有多长久的友谊,随着彼此长大、搬迁、流动与各自定居不同地方,若干年后小伙伴们已经物是人非。其实,本来就是无是无非。但如果是在成长过程中结成的友谊,其稳固度就强持续性就长很多。因为形成体系级别的形体容易判断彼此,是否是自己需要的,彼此是否合得来,知根知底等。阴性利益与阳性利益的均衡满足,在性质、内容、顺序、状态、方式等各个维度上,都是均衡的交替的,或者在最后总体看来是均衡的。即通常说的物质利益与精神利益的调和。阴性利益包括个人利益、精神利益,阳性利益包括公众利益、物质利益。并且两者之间没有绝对的区分,经常交织在一起。在满足个人利益时,阴阳两种利益是交替的。如生理需求满足与个人情感满足;在满足公众利益时,物质利益输送与社会伦理、公序良俗的同步彰显、宣扬都是如此。人与人之间的差异在数理上主要体现在对利益的获取、交换上。在象上主要体现在人脉圈子。马云的圈子是泰山会,屌丝的圈子是工友老乡。所以,外界从象看主体的差异性。

因此，舍弃眼前利益，实现长远利益；舍弃个体利益，满足群体利益；舍弃局部利益，保全整体利益，这些都是常见的获利方式。当竞争达到白热化程度时，将利益点分拆、转化甚至延迟实现与局部实现都是一种有效策略。比如当前移动互联网的免费模式、收费＋免费、此时免费＋彼时收费、对 A 免费对 B 收费等。这种均衡在工作、生活、学习、社交中都应该有合理的分布。这种分布应该是按照时空变化的节奏，根据场景与群体的需求来进行，随需而动。因人而异，因地制宜，与时俱进。这种变化的背后其实是对体系的遵从。在家里，我们与家人的沟通方式；在公司，我们与同事的沟通方式；在学校，我们与同学的沟通方式；在朋友圈，我们与朋友的沟通方式等等，都是满足一定的体系化要求的。从需求出发，依据场景与参与的对象来调整利益的获取、分配和表达方式。

在家里，大家围桌餐桌或电视，在客厅里，就一些话题进行随意的沟通，互相倾诉或互相鼓励与支持；在公司的会议室，就一些需要解决的问题，进行有针对性的沟通，互相支持与协同运作；在谈判桌上，甲乙双方唇枪舌剑，讨价还价。这样，群体之间的利益共享与交换体系得以存续和维持，成员之间的联系加深或减弱也在一次一次的沟通中得到加强。最终起到维系彼此联系的是更牢固的财产关系与价值观体系。并且随着信息技术的不断发展，情感与财产关系越来越紧密地结合起来。越是成熟的关系，其实也就是越独立的关系，想联系就联系，不想联系就各自生活。跟移动互联网的发达程度一样，想上网就上，想断网就断。

很多人有一个不同的观点，即亲人之间或闺蜜或多年的老友之间靠的不是利益在维持，靠的是情感，包括亲情、友情、爱情等人间各种情。持这个观点的人是将情感排斥在利益之外了。这种排斥是将利益局限在了物质利益层面，只看到了阳性的一方面忽略了阴性的一方面。因为，天下熙熙，皆为利来；天下攘攘，皆为利往。利,其实应该包括更加广泛的能量满足,如权力、名誉、感觉、心理等。这就是本书在五象之人象里要讲述的。人有五种需求,生理的、腰里的、手里的、脑里的、心理的五种。用更加激进一点的话来讲,情感、精神等本身也是一种物质或物质的一种。它以脉冲、电波、磁场等形态存在。

情感等精神层面的利益,是一种认同、一种心理实现。这是在物质利益满足之后的一种阴性利益的需求,并反过来影响物质利益的再生产再需求再分配再消费。甚至,精神层面利益是物质利益的指导、标准与目的。买一个LV包包送给妻子,博取的是妻子的好感。赞美妻子贤良淑德,妻子会多做一些家务。所以,阴阳两种利益的需求与满足,是交合一起的,无法分开、无法割裂。

利益的均衡体现在很多方面,包括性质、对象、内容、方式、途径、顺序等等。我们一致在提倡的物质文明与精神文明两手都要抓,两手都要硬也是这个道理;美国人一致遵守的一手胡萝卜、一手大棒子也是如此。在对象也上也是如此,我为人人,人人为我;在方式上也是如此,开源节流;在顺序上也是如此,修身齐家治国平天下;在途径上也是如此,先拿已有的去交换需要的,然后大家共建共享。在当今的"两创"时代,共享、虚拟现实都是热点。共享本身就是拿阳的出来共用,自己的阳性供给变成对方的阴性需求。

公利与私利,大利与小利,个体利益与群体利益,眼前利益与长远利益,正当利益与不当利益等等都属于利的分类。一直以来,我们都被灌输的道理是,为了大家牺牲小家,为了大我牺牲小我,集体利益至上,个人利益靠边。所以,有舍身炸碉堡的,有拼命堵枪眼的,有被火活活烧死的,没有强拆就没有新中国,牺牲你一个,幸福一家人等等。这就是我们一直以来,被教化的"道义"。它本质上认群体利益比个体利益重要。

这个真的正确吗?本来私利让位于公利是符合本书提倡的观点的,但私利的让渡不是无底线与无条件的。不是彻底的牺牲私利以求所谓的公利,私利与公利并不是简单的个体与群体在数量上的差异这么简单。在本质上,只是利益在分配时的缩小规模(无论是趋利还是避害)。因此,以什么方式来选择这个牺牲的个体都会有失偏颇,抓阄还是指定、还是选举、还是发扬风格等等,不能依靠一群人去打击一个人或少数人。不能用道德去绑架别人,这都是不人道的,也不是符合所有人真正长远利益的。因为一旦这种方式或者观念成为所遵从的教义,那么在以后的时光里,群体里的其他个体也将会遭遇这样的灾难,只是不知道谁是哪个倒霉蛋而已。

我们再看看美国人的做法。很多年前,有一部大片叫《拯救大兵瑞恩》,为了救一个人,而牺牲了六个人。《火星救援》也一样是提倡以多救少。这样的做法在国内是看不到的,也是会被批判的。我们的宣传片里总是个体义正词严地说:快撤!然后要走的那一拨人装模作样地磨蹭几下。最后,准备牺牲的这人怒道,再不走就来不及了,于是一拨人才一步一回头地快速离去。这就是我们影视剧里不变的桥段。

他们认为利他主义是正能量,利己主义是负能量。利他是社会前进的动力与方式。通过我为人人,人人为我的方式来实现价值的生产、分配与消费,但如果一个群体里,n－1个个体都利他,那么最后一个个体利己呢? 整个群体最后就无法完成利益共享与交换。一直以来,这样的观点大行其道,其实满足的是最后获利的那拨人。牺牲,已经成为一种无谓的牺牲。对于牺牲者而言,没有价值,得不到垂怜与感恩。而获利者的真实想法,牺牲他人,成就自己,将自己与其他人置于对立面,而忘记了还有统一的一面。有一些军队的人员秉持一种观点,如果中国和美国开战,中国随时准备好废掉沿海的城市,能够承受首次打击。但美国就无法承受,哪怕是牺牲掉纽约、洛杉矶等几个大城市,死亡几千上万人都是美国人无法承受的。那么,我们有没有想过,凭什么说中国随时准备牺牺掉沿海的城市,这些地方有数亿人口,而且都还是高端的精英人口。真是光脚的不怕穿鞋的吗? 说这些话的人自己是不会牺牲的,而我们的民众或许也不会答应。

所以,本书认为单纯的利他主义是一种反人类的错误观念,是利己主义者要求别人行为的一种欺骗性伎俩。因为,按照一阴一阳而言,只有利己与利他的结合才会是一个完整体,否则全都是利他,这个圆就收不拢口子,无法成为闭环。而单纯的利己主义虽然在叫法上不那么好听,但为了达到利己,彼此需要共享与交换,利己是目的,利他是手段。这样的结合才符合阴阳之道,符合天理人欲。

第五章　利的变态

　　阴阳如同硬币的两面，不可分割。因此，阴阳协同起来才有效，有时候是扬长避短，有时候是团队互补。有时候需要示弱，有时候需要个人英雄主义。阴与阳不是一成不变的，有时候有地方取阴、有时候有地方取阳。有时候需要阴阳结合，如虚实结合，声东击西，围魏救赵、明修栈道暗渡陈仓等等。做人需有取舍、知道进退、懂得能屈能伸。

　　取阴性状态，是因为对方过于强大，阳性成分大。比如敌人力量很强大，不可能正面进攻，只能迂回斗争或侧翼打击，搞搞游击战、离间计、美人计等，用游击战、阵地战就是这个方式。

　　取阳性状态，是因为对方不够强大，阴性成分大。比如你的势力强大，就不用遮遮掩掩，婆婆妈妈，直接霸王硬上弓，刀切豆腐。

　　无论取阴还是取阳，都是阴阳对应的。对方阴，你取阳；对方阳，你取阴。在针尖对麦芒下，两者都确认自己为阳性，在 PK 之后，胜出的一方为阳，另一方为阴。跟国家交战一样，开始互相不服，后来打起来，剩者为王，王为阳；败者为寇，寇为阴。如果两者主观上都为阴，但在利益斗争点触发的情况下，阴性力量弱的一方会成为阳，另一方就成为了阴。坤卦"上六，爻辞：龙战于野，其血玄黄"，原本为阴的坤卦，到后来也会面临与阳的乾发生冲突。

　　阳—阳变成阳—阴或阴—阳，阴—阴变成阴—阳或阳—阴，跟人类的同性恋一样，跟有些生物一样，为了持续繁衍，必须有一方主动或被动演变成对立的另一方。

在组织内部,会有一个个体或者一个小的集体成为阳,其他人都会是阴。比如董事会或主席团就是阳,其他绝大多数的成员就是阴。如果阳性不足,那么阴性的力量就不会稳定,其中就会有人彰显阳性力量,对现有的阳性力量发起挑战。这一个在野生动物界尤其明显,比如狮群的雄狮在受伤或老弱之时,就会有其他的公狮发起挑战。等新的狮群首领确定后,公狮与母狮的力量就稳定了,狮群就重新进入到新狮王统领的时代。

所以,无论在国家之间,还是在企业内部,还是家庭内部,都是如此。

利的阴阳性贯穿在利的全部。包括获取能量与减少能量,吸纳能量与转化能量的方式。有利就是吸纳,不利就是损耗。而这种吸纳与损耗就是该物质对另一或另几种物质的吸纳与转化。人要吃饭,耗费谷物中的淀粉、牛羊、鸡鸭等中的蛋白质、脂肪等其他物质。人需要权力、名誉、财富等等。当人死后,分解成其他物质,又被水草等吸收,水草再被牛羊等吃掉。所以,天地之间的利,就是天地之间的物质不断地转化。而人、牛羊、水草等都不过是一时的宿主而已。

不同群体获利的方式不同,追逐利的形态也不同。利的不同形态对应不同的方式,如抓鱼得用网,打猎得用弓箭或枪。有人猎杀国家禁止的保护动物,有人用禁止的手段去捕捞非保护物种。在不少国家,有法律明文规定,不得用禁止的工具猎杀动物。这样过于残忍或者伤及无辜。所以,获利的方式以及获利的形态直接体现人的正当性。这种正当性就是合乎天道、人伦等。你可以用一枪击毙猎物,但不许虐待猎物致死。

随着技术的进步,关于利的获得方式也有了相应变化。从短期变成长期,从直接变成间接,从显性变成隐性,从小步快跑到瞬间爆发。由于对利的界定和获取有了更多定义,利的方式从低形体逐渐向高形体升级。比如延迟支付、转移支付,免费+收费混合等。利的形态与形体变得复杂,但本质还是一样的。因为物质不变,能量不变。

但无论人类社会如何发展,利的方式永远都是获取与损耗,也就是收支,得到与付出。只不过,中间的形态在升级,在时间上的延迟与空间上的错位。收支、得失的结果是平衡的,就能持续发展。跟八卦一样,错综复杂,阴阳交互,显出五象六形,表示元亨利贞,现吉凶悔吝。

利 的 象 形

第六章　利的现象

前文讲过,没有无主体的利益,没有不讲利益的主体。就像一块无人认领之地一样,就无法描述它对于谁有利的话,搞不好就是"公地悲剧"。利的本体,包括客体、主体、标的,以及支撑体系完成交易的整套规则。

天、地、人是这个世界的维度也是世界的主体,也可以是这个世界的三种空间的物质。利就是三才构建下的时间、空间、人与物(物质、信息)在人间的体现。《易经》里说的三才是天、地、人。所谓天有三宝日月星,地有三宝水火风,人有三宝神气精。其实,三乃统称。道生一,一生二,二生三,三生万物。第一个三是天,地,人;第二个三是六爻,也是六形;第三个三就是九。在东方文化里,九乃极阳数。天之宝日月星也包括无数星系,所以天有九天;地之宝水火风也包括无数物质如气体液体等,地有九洲;人之三宝也是如此。包括性格、体格等,人有三教九流。事不过三的意思是,事情不会超过三个三的范围与循环。在循环过程中,不会超过形体的数量——用六。实际上只有五,所谓三令五申即是如此。三的范围与五的层阶。

在人类主导的三维世界里,三才是任何一个主体或客体最核心的组成元素,或者是三个维度、三个方面。它们也是组成场景的核心要件。移动互联网时代,场景成为各个商家争夺或打造的战场。比如打车、支付、视频、WIFI等都是巨头们构造的场景。场景是一种体系,就像创业者在描述他的项目时提及用户画像一样。

在冷兵器时代,需要借助天时、地利与人和来构建,比如依靠一座山,凭借一条河。诸葛亮草船借箭依靠大雾、陆逊火烧连营凭借大风、蜀地能长久安于和平靠的是大山,秦国白起灭掉赵国40万士兵靠的是大水。利用先天的天时、地利、人和来构建自己的运营体系。越是能够快速构建场景的,越快速越低成本的越是兵家必争之地。构建场景是为了快速交易。就像筑坝是为蓄水发电、防洪抗旱一样。利用场景,就是为了最快速最低成本地构建有利于自己的体系。背山靠水,依赖天堑,就可以最大限度提升自己的保障能力,降低自己的保障成本,相反提升对手的进攻成本。

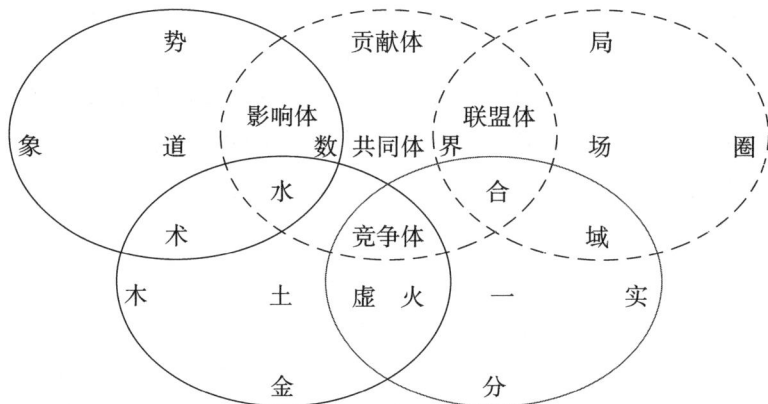

图 6.1　五象的摘要与交互

如上图所示,五象的抽象类似五环一样。每一象都符合六形的层阶分布。在下面的六形篇里,我们专讲物质的形体。其实,形体的核心也是三个维度及其展开。认识物体必须辨识其形体。首要的是解构三才。三才存续在任何一个物体、项目、组织内。在空间上,天是上层、人是中层、地是底层;上面的都是起决定作用的力量,掌握资源分配权利的人,这符合天的属性;下面的都是基础与支撑,为地的属性;中间的是动态组合的,为人的属性。变化,取决于中间的人。

学以致用,物尽其用,理论结合实践等等都是强调"用"字,也就是说让它发挥正能量,指导或者支撑受体的运动。三才对应的天地人,分别在日常中以时间、空间、人间来划分。对于时空与人,本文认为:一、何为时以及时间? 时是物质运动的过程与轨迹。时间是人类对时切片成大小不同颗粒度的结果如宙纪代年月日;二、何为空以及空间? 物质运动会带来位移,物质变化会发生形变,而物质运动与变化需要的范围与载体就是空,如宇系星局域等。人对空进行切片所形成的颗粒度产物就是空间如东南西北;三、何为人以及人间? 人就是所有人的集合,对人的划分就是人间如三教九流。人类通过定义时间来定义世界,通过定义空间来定义人类自己,然后通过定义关系来定义彼此,通过各种仪式来加强这种关系,比如宗教、祭祀等。

平日说的三才指的是物质的三种最原始组成部分。比如一个企业的基本元素,人、财、物;经济领域的基本要素,土地、人力、资金,人的组成,骨头、肌肉、血脉,移动互联网时代的数据、网络、用户等等。三也是一个泛指,为多之意。我们在解构一个对象时,至少有三个维度需要纳入进行。天地也各有各自的三个维度。时间维度、空间维度分别代表天、地。重三才,重的是尊天时,重地利,求人和,讲究的是踩好节奏。时间顺序与空间结构的一一对应就成为节奏。形成同舞同形,同声同调达到同心同德。这样最省力、最经济、最高效、最有价值。重三才,思考、言行,考虑时空与对象,将环境分析透彻,将对象分析透彻,求总体利益最大化。重三才,要敬天畏地爱人。不可违逆大自然的法则,不可倒行逆施自然规律,不可违背社会规律,不可践踏公序良俗。只有如此,才能确保自身的安全,被群体接纳和立足、扎根、成长。

利的客体就是三才构建下的人力、财力、物力,包括支撑这些客体的时空环境。并由此构建的五种象与六种形。

《易传·系辞上》说:"在天成象,在地成形,变化见矣",象便是现象,即五象(天象、地象、人象、物象、法象);形便是形象(点、线、面、体、系、宇),即形状。佛家所说的色界大有此意。色,物质的颜色与物质的形状。合起来就是天地交互、乾坤统一。物质成形的过程就是进化的过程,轮回就是变化与循环,即是阴阳分明、阴阳调和、阴阳互动,结果是达到均衡。在这里,象与形是融合的,以形描象,以象括形。

五象有三个法则:

一、相互包含。天象里有人、物、地象,人象里有天、地、物象,地象里有天、人、物象,法象里有人、物、地象等。

二、联合作用。每个象都需要跟其他象一起协同才能发挥作用。重要性因时因地因人因事因物变化,遵天时、重地利、求人和、尽物用、得法全。

三、位置恒定。天象主司方向、趋势,地象主司承载与边界,人象主司主体与变化,物象作为对象与标的,法象为方式与手段。

利的六形就是马斯诺的五种需求层次。至少对于群体而言是如此。对于个体而言,五形就是个体与群体的交易范围与程度。用儒学的说法是,在修身齐家治国平天下过程中发生的利益获取与付出方式。

第七章　在天成象

在移动互联网时代，方向的重要性凸显使得天的地位更加彰显。所谓"在天成象"，即使方向上的正确与否决定了今后的结果。用直白一点的话就是取势要对，选择要对，队要站好，人要跟好。天象是五象之首，是系象，是最高层级的天元素。它具有不可测量、不可控制、不可预测、不可或缺、不可一世的特性。天象是分析五象时的首要对象。在众多分析模型中，它归于宏观的政策、背景形势、法律、文化风俗等范畴。类似于在做分析时选取的 PEST（政治、经济、社会与技术背景）。

擎天	势力	道德	现象	数理	方术
德天	元	亨	利	贞	
问天	决策者	影响者	竞争者	评价者	传播者
周天	今天	明天	后天	昨天	前天
五天	晴好	风云	雷雨	雾霾	冰雪

图 7.1　天象层阶与元素分布

第一节　擎天——势道象数术

擎天是系象系层元素（双系元素），是天象里最核心的元素，是最传统的天的元素。所谓擎天柱，就是人类世界依存的框架、支柱。它统领了整个天象。

擎天,天究竟是什么?

你一定很熟悉某个画面或场景,某人跪在地上,仰天长啸:天啊,帮帮我!

当我们很无助、绝望、愤怒的时候,我们总会对着老天爷狂叫一番,或是祈求帮助:"天啊,请赐予我力量吧!"或是宣泄不满:"老天爷,你为何这么对我?"但天究竟是什么? 是上帝? 菩萨? 佛祖? 玉皇大帝?

或许一千个人有一千个答案,正如一千个读者有一千个哈姆雷特。因为这一千个人有不止一千种的形变路径。一个孙悟空还有七十二变呢。

大致看来,天是个抽象的东西,很难界定与细化。所以,天成为最广泛的用语,放之四海而皆准,却又无象无形、无声无息。为了认知天,我们同样采取解构——分的方法论,天其实也是可以被界定的,有资料为证。天有五层二十五级(佛教认为有九层,道教也认为有九层)。古代中国九为极阳数(其实九为虚指,《西游记》说太上老君住在三十三重天的兜率宫),在本书分别是擎天、问天、九天、周天、五天五层。这一分法同样参照形体的六阶标准。擎天是最高的系层,包括势、道、象、数、术五个次级元素。江湖上流行的势道术是其简化版本。擎乃支柱之意,这一层是天象的最核心层。

何为势? 为何势排在道的前面? 中国自《易经》始,"道"就是核心,得道是先人的梦想。势是什么时候排在前的,无法考证。但有一点可以确定,人性使然,理想总归于让位现实。道是理想,势乃现实。想得势的人毕竟是多之又多数,想得道的人毕竟是少之又少数。因为修道太苦且无势,而得势了就不得了了(一人得道,鸡犬升天。此处之道,实乃势之意)。

通常的观点认为势是大环境大气候,包括政策法规、大形势、大趋势、人心向背、综合实力、财力权力等，按现在流行的话说就是风口。这些似乎都没有触及本质。《说文解字》认为势字从力，从埶（yì），埶，同亦声。埶意为"在高原上滚球丸"。"埶"与"力"联合起来表示"高原上的球丸具有往低地滚动的力"。所以，本文界定：势在本质为一种因空间位差产生的有向力。分为有形的、无形的两种。这符合所谓一阴一阳谓之道的原理。《孙子兵法》曰：势，如同把一根圆木滚到山坡的高处。闭眼一想，这根木头只要一松手，肯定呼啸而下。古代战争中使用这种兵器的埋伏战多如牛毛。孙膑擒杀庞涓的最后一战就是如此。势天然与力结合，衡量势的大小单位为能，所以物理学上有势能这一概念。如动力势能、弹力势能等等。

举个例子，曾经的年度爆剧《甄嬛传》里，安陵容、沈眉庄、甄嬛三人一同进宫，开始同为小主、贵人，后来甄嬛先分封为嫔、妃就比其他二人有了职位差，这就是得势，得势了就遭人嫉恨。一方面你与原来同级的人的位差越来越大，另一方面你与原来相对你有差级的人的位差越来越小。对前者造成向下压力差，对后者造成向上压力差。向下压力差导致姐妹分道扬镳甚至互为仇敌。向上压力差导致皇后从开始的保护到想方设法封杀。如果没人看这个片子，再举一个现代版本的。市面上有各种"马云说"。马云说的话被人奉为圭臬，但同样的话在普通人的眼里就是一句普通话、牢骚。马云说：公司的员工离开的原因，一则因为钱不够；一则因为委屈。这句话被多少 HR、多少员工说过。在马云这里就被施了魔法。这充分说明，人类世界就是一个势力的世界。我曾经请教过浙商博物馆馆长杨轶清老师，如何理解马云的话比一个普通人的牛气。他说马云站在山上往下扔一个瓶子，普通人是在平原地上往地上扔一个瓶子。所以，不管马云等扔的是什么，因为他站在山顶。大佬的屁话也是格言，屌丝的格言也是屁话。

在维度层面，势在时间维度应该具有一定的长远度。否则位差不够大，势力也不够大。按照爱因斯坦的能量定理 $E=mC^2$ 解释，如果从上到下的加速度越大，同等质量情况下，能量就越大。一颗子弹用手扔在你身上不会让你受伤，但是经过枪里面撞针的撞击之后就会杀死你。势，其中的势蕴含了历史规律，需要有一定的时间长远性来判断，否则就会误判形势。比如独立、自由、民主、法治一定是大势所趋，但在某个时段可能因为种种原因无法实现，甚至出现黑云压城城欲摧的情况，有野蛮与兽性占据势力排行榜高位。时间在一定程度上有利于居高位者去完善自己的体系，使得高、中、低三层的纵向网络与左、中、右横向的三次网络能够结合成一个体系，彼此协同、互相声援。此时，要破除势，就有相当的难度。如果一下子搞不定，就得先剪除左膀右臂，最后斩首。势在空间维度是具有足够长、宽、高度的。不仅仅是总量的巨大，而且是长、宽、高三个维度任一个维度都巨大。这样的才叫大势。何为大？我们以前常听歌曲里唱《我的祖国》：一条大河波浪宽，风吹稻花香两岸。在中国称得上大河的，就是长江、黄河、珠江、钱塘江等。这些河水很宽、很深、很长，有自己的支流和流域，否则不能叫大河。它们本身都是一个体系。因为势处在空间的制高点，处在时间的长久处，被人所推崇。

势在人象层面也具有一定的宽广度。如李世民所说：民，水也，水可载舟亦可覆舟。同理可说：民，势也！广大的人民群众只要组织起来，也是势不可当。一个国家衰败导致外敌入侵，领土被占、资源被掠夺、人民被欺压、国家被殖民。这就是国家的势力太弱，《孙子兵法》："敌害在内，则劫其地；敌害在外，则劫其民；内外交害，败劫其国"，"害"就是彼此之间的势有位差，于内则是上下不齐心，有巨大势差；于外就是本国与外国之间有巨大势差。根源就是庙堂与江湖上下不齐心，上面倒行逆施以至下面民不聊生。子曰："贵而无位，高而无民，贤人在下位而无辅，是以动而有悔也。"所以有势的人或物处于最高位后就无法再继续升到更高的位置,高高在上的人不跟民众接触,贤人在下面却无法辅佐你,只要一动就会出现不利局面。所以,不能升到最高处,即便处在最高位,也要时常下来接近民众。"贵以贱为本,高以下为基"。否则真的就是"寡人"、"哀家"。无论是在经济、政治、文化、军事、社会各方面均落后于其他国家,落后就要挨打。落后就是有势差。

势在物象层面是具有前沿科技含量、战略地位的技术与产品。比如中国确立的"互联网+"与"中国制造2025",德国确立的工业4.0,美国确立的工业物联网等等。这些都是有势力的物象。从事这些领域工作的人自然会事半功倍。现在一些人疯了似地扎进互联网领域,着实会产生一些风,但没有扎根应用和规模化用户的都会被吹得烟消云散。互联网+是阴承阳,而不是阴乘阳,不能主导实体经济。我们编写组在拟订《杭州信息经济智慧应用总体规划(2015—2020)》时,采用了"智慧的产业化与产业的智慧化"提法。合理的提法应该是"智慧产业的产业化,实体产业的智慧化"。

势在地象层面,不具有落地可能的势不叫势。势意义为"高原上的球丸具有往低地滚动的力"。在本质为一种因空间位差产生的有向力,是一种矢量力。如同一个巨石卡在山顶一样,如果它在哪里不具有随时向下的力,就不会有势。跟汉献帝和光绪帝一样,虽然贵为皇帝,但是"贵而无位,高而无民,贤人在下位而无辅,所以动而有悔也"。(另一解,很高贵却没有实际位置——权力,高高在上却没有拥护的人,有才能的人在下面也不支持你,所以你动弹不得,一动就会出现不利的局面。)就像你把一只猛兽关在笼子里,《倚天屠龙记》里一大波江湖名门正派人士中了赵敏的毒动弹不得一样。

势在法象层面,意味着取势,包括借势、顺势而为与逆势而动。下面一节会专门讲解。更有甚者,是造势。

势的运用

用,是本书所追求达到的一种目标。单单认知与理解某一概念并不能达到真正的认知目的。对势的运用,对于处理群体关系、提高物效,踩准节奏大有裨益。用就是协调阴阳,变化形体,最终实现利益的最大化分配与利益持久化均衡。

对势的运营有两种:顺势而为与逆势而动。顺势包括造势、借势、顺势。造势,就是原来没有位差,需要打造一个新的势以与旧的势形成人为之位差。造势有两种方式,一个是提升目标对象的势能,使得它脱颖而出;一个是降低目标对象的相对对象的势能,产生一种负向位差。针对前者举例说明,宋高宗为了牵制岳飞,重用秦桧就是力证。而他的祖宗宋太祖搞的杯酒释兵权,就是后者的证明。

国家调控主要也就是对于势的运用。确立要扶持的产业、技术、区域,通过建立奖励与惩罚制度来实行。中国共产党的十八大确立的发展战略型新兴产业,云计算、物联网等,这些产业与行业一经国家确定,很快就相对于其他行业有了位差,得势了。政策倾斜、资金扶持随之而来。哪些落后产能、高污染的行业就相应失势。在区域上同样如此,上海自贸区、天津滨海新区、重庆两江新区、重振东北老工业基地、打造中部城市群等相对于其他地区也有了势。不仅对于产业、行业与区域,对于物种自身也是如此,如对濒临灭绝的动物进行特殊保护,划定保护范围与颁布保护法规,对妇女儿童的特殊照顾也是如此。在市场经济高度发达的国家或地区,对财政与金融的运营就是国家对势的主要运作方式。利率、货币发行量、存贷款准备金等就是国家之利器。

顺便提一下,势的最佳为天然之势。如天堑、高山等。人为之势会随人的变化而变化。比如产业政策的拟订、特区的划分,尤其是皇帝宠爱的妃子,今天宠华妃,她的地位就高;明天宠熹妃,熹妃就有势。因为,能量守恒。并且都是此消彼长,只见新人笑不见旧人哭。

借势则等于将自身融合进现在有势力的体系,将自己变成现有势力体系的一个子部分,但一定是比现有体系的层级小。非典时期,电子商务一夜走进大众;众多 APP 开发者涌进微信平台以及 APP store。再就是中国加入 WTO,借助全球化的势力来推行改革与开发。借刀杀人则是借势的小型应用。历史上,刘备借荆州作为暂时据点;众多谋士将相投奔曹操,也就是因为曹魏势力强大;现在的各国精英移民到美国,科技人士争相奔赴硅谷也是例证。所谓良禽择木而栖,识时务者为俊杰。正因为借势,先进带动落后,先富带动后富。聘请专家顾问、加盟连锁品牌、进入大型第三方平台由其背书等均为借势之举。

借势的行为中,主借方一定是降低形体进入到被借方的,借的是先进的科技、雄厚的资金、发达的管理理念与科学的工艺和聚合的资源体。比如各地的撤市设区,委托有能力的机构管理某个机场港口。如果主借方的形体高于被借方的,那么这种借势就不是本书所指的位差,而是一种特点或者一个契机,就像一战发动方借助莎拉热窝事件、美国借助 911 剿灭伊拉克与阿富汗一样。

顺势则是顺应当时大环境,顺应历史潮流与国际形势,顺应民心施行改革与开放。所谓识时务者为俊杰,有时候投降与归顺就是顺势而为。顺势是一种常态,是更多人的一种生存生活方式。比如解放战争时期,傅作义投诚使得北平和平解放。大多数的人会选择顺势而为,大到国家采取的发展高科技与制造业的政策,一个公司实行的合伙人制度,一个家庭施行的不让孩子输在起跑线上的各种补习投入计划,一个人开始的运动养生计划,甚至购买智能手机,下载微信,聊起网聊,收发红包,搞搞微商……

至于另外一种,逆势而动,就是违背现有势力进行非正向的行为。如果现有势力是反动的,那么逆势就是改革;如果是合法的,逆势就是倒行逆施。对于国家而言,民主法治、自由平等等就是大势,如果还搞独裁就是逆势;一个公司不去采取先进技术先进工艺,还依靠土办法作坊等也是逆势,一个人还想去当皇帝试试看,这样的机会应该不会再有。在大众创新、万众创业的当下,逆势而动就是守正出奇。市场上的所谓逆袭不是逆势,势是一种客观的存在,不是主观的看法。逆袭成功的是因为你顺势了,找到了切入点。

综合看,对势的应用就是产生或消除位差。产生包括新设、借用、顺从。然后巩固确保位差正向值不被削减。消除包括正向消除与负向消除。前者是提升自己,后者是降低对方。势是一种因位差产生的有向力,是一种能,依靠力而存在。它可以因为职位、财富、体力、国力、政策、喜好等而产生。当然,也会因为这些而消除。所以,势的目标也是追求无位差,即平衡。在力的作用下运动后直到达到均衡或者重新确立新的位差。因此,位差产生势,势要消灭位差,运动就这样循环往复,永不停止。无论造势、借势、顺势,都需要持续,不是一劳永逸的。势的大小由能来计算。在产生势或消除势的过程中,物质的形体以及状态在四个维度、五个象限、六个形体内不断变化。

势本来是一种客观现象。在现在被赋予了一种偏见。有钱有势,强势老板,得势小人等。这是一种弱势思维方式,就像一对父子对话。一个年轻人驾驶着豪车驶过,儿子说这个司机一定是富二代。一个年轻女子穿着奢华,儿子说这个一定是小三。父亲说,这是穷人的思维。相比与权力、财富、名誉等上的势差,思维上的势差更容易导致人与人之间的分化、差距。这也就是"思维是金牌"的要义。

势道,跟你有关系吗?

人类同为物质世界的某类物质体,同样遵从物质是运动的,运动是要力驱动的原理。这种力的背后就是能量的支撑。所以,势居于道之前是符合客观规律的,也是符合人性的。那些修道的、学佛的人追求的"断舍离"、"自在与逍遥"是脱离势的,他们追求的是道。势是现实的世界,道是虚拟的世界。一般而言,修道之人多是在现实世界里失势之人。而道,大道是宇宙天地间万事万物的关系大总和,小道是人与人之间的关系,及基于此制订的规章、法律等。讲势,必需要连起来讲势道术。势道跟世道有几毛钱关系?

(势)世道,顾名思义就是人世间的道路,纷纭万变的社会。《说文解字》认为道,形声字。字从辵,从首,首亦声。"首"指"头"。"辵"指"行走"。"辵"与"首"联合起来表示"从头开始行走"。本义:从头开始行走。本文认为:道,遵照规律行走并且产生的个体修持,以及群体行为所遵从的整体规范。有词为证,世道变了,人心不古。不古,古,指古代的社会风尚。不古,指人心奸诈、刻薄,没有古人淳厚。多用于感叹社会风气变坏。

道于势而言,势是力,道是方向。势为阳,道为阴。阴承阳,阳乘阴。不给某种力以方向,势就没有目的。道,在日常使用中,就是体统。所以,老人们常说年轻人不成体统,那么体统是什么意思?体统,简单讲就是样子。不成体统,就是不成样子,就是不符合规定、礼制、要求。样子,用本文的话就是符合形体与形态。就是该是怎样就是怎样,如吃不言睡不语,坐如钟睡如弓,父慈子孝、兄友弟恭。简单说,不成体统就是不道德,反过来说也成,就是没有得道,还需修炼。

跟势天然与力结合一样。道,天然与德结合。所以,有道德之说,开山鼻祖就是老子的《道德经》,老子也被成为道祖。《全唐文》第一部卷三十一,唐元宗"分道德为上下经诏"中说,化之原者曰道,道之用者为德。道德:道者"路"也,顺物办法之路即"道";德同"得",身口意三业具净无染是谓"德"。所以,道是天然的,客观的,宏观的路,德是人后天修炼所成的人格、品德。所以,道之不存,德将焉附?道德败坏,人将何为?

在政治经济学的范畴,势,可谓生产力;道,可谓生产关系。按照旧时中学课本的说法,生产关系是人们在改造自然过程中形成的关系。生产关系包括生产资料所有制形式、人们在生产中的地位及其相互关系和分配方式三项内容(余认为,教科书上的定义不全面,应该还包括人与自然的关系)。所以,道简言之就是人与自然的关系,德就是人与人的关系(包括人与自己的关系)。常言道:物以类聚、人以群分。人们都喜欢跟自己有共同点的人交往、相处。所谓志同道合者可以为知己,志不同道不合则不相为谋。得道就是遵从自然,符合科学,就是常道,能长久;不得道就不是和谐社会,就是非常道,不长久。

中国人喜好修道。所谓得道之士,外化而内不化。道长,就是有道的人,或道行较一般人深一些的人。人们要寻找常道,服从规律,尊重法理,构建和谐社会,而不是搞旁门左道,歪门邪道,横行霸道,破坏法理公正,违背自然规律,法律,人性。

《西游记》里道家神仙都住在天上,佛家弟子都住在地上。道家都是仙家,如三清四御;五老之一就有西天佛老。道家人追求一人得道鸡犬升天;佛门底子崇尚放下屠刀立地成佛。一个主张自我修持,一个要通过普度众生。究竟是自我修持容易还是普度众生容易?说白了,就是选择成就自己的方式上是取改变自己与改变他人的问题。一个由内而外,一个由外而内。哪一个都不轻松,哪一个也不简单。

那么,势道,跟世道究竟有几毛钱关系?世道是势道在人间的体现,世道是全人类在取势与修道过程中产生的复杂人际网络。人会埋怨,这是什么世道?世风日下。殊不知,自己也是其中一份子。古代先贤们给出了不同的解题方法,道家无为;儒家中庸;法家法治;墨家兼爱;兵家谋攻;释家出世;阴阳家讲五行。

各位,选什么道,就积什么德,产生什么势。每个人的修道聚合成世道。世道遵从于势道。世道变了,就是势道没有被正确地执行,物体的运动与形变偏离了轨道。个体与本体,个人与群体,个体与自然的作用没有从道。在万物互联的时代,人与人和物与自然都会连接起来,每一个连接都会传导信息或传递力量,传导信息的就是传道,传递力量的就是接力。用当下最热门的"连接"来解释,连接人与人、连接人与物、连接物与物、连接一切,就是制造传"道"的场景。

　　所以,在移动互联网时代,人人都处在一张无边无际的关系网络之中。每个人都是一个节点。在所处的网络之中,驱动群体的动力有势、也有道。有势的为中心节点,容易形成聚族,产生结构洞。有道的为桥,衔接不同的网络。无势无道的人,就是孤立的、静止的点。随着万物互联的纵深连接下去,连接一切将成为可能。物联网、移动互联网以及背后的云和大数据将会彻底重构这个世界。在现有物质世界的基础上,用0与1虚拟化的世界就是一个低维度的世界,这两个世界一阳一阴,合起来就是一个完整的世界。阳性的世界,是看得见的世界,彼此存在这个现实的社会之中;阴性的世界,是一个看不见的世界,彼此沉迷在这个虚拟的世界里。我们每个人每一天都会从现实穿越到虚拟,然后回来。甚至彼此交错,阴阳更替,相互影响。现实世界注重势力,虚拟世界讲究世道。为何有那么多人沉迷于虚拟的游戏、程序之中,就因为在那个世界,他们更加自我、真实。他们按照设计的规则进行游戏。

　　道在具体物象、人象上就是以道理的形态存在。业态、行规、家法以及古时候的"三纲五常"和现代的"民主法治"都是道的具化。人道、天道、狗道,为师之道、为夫之道、为官之道等等。只有具化到具体对象与载体上,道才有形体,显出阳性形态。

为什么个体事件会成为群体现象?

　　据悉,印度每天的强奸案超过66起,尤其是孟买。这是印度的一个现状,也是一种现象。微信群里转发的一条内容说,中国人目前进入重病期,尤其是长三角。因为这里的人每天的手机使用时间每月超过 7 小时,尤其是长三角区域,网购、聊天、泡群等差不多要每天花费 2 个小时以上。这也是移动互联网的一种群体现象——低头族。但在现实生活中,也有一些现象,它由一个个体引发,如曾经沸沸扬扬的李某某强奸案,屠呦呦获奖之后的舆论评价,民企老板进大狱等。

再简单问下,一对夫妻假离婚是不是一种现象?答案:当然是吧,暂可以叫做个体现象;一个国家的成千上万对夫妻都假离婚呢?答案:理所当然是吧,可以称为社会现象。前者,要望闻问切背后的道道;后者,要追根溯源背后的势力。但在日常生活里,现象就是代指社会现象。它指代一种群体行为,而非个体行为。因为像是一个二维度的面性元素。

温故而知新,回顾下前 2 篇分享了天象系阶元素"势"、体阶元素"道"。按照常规逻辑,应该轮到面阶元素"术"。所谓取势、明道、优术也。但,在势、道后面还有 2 个基本元素就是,象、数。只是因为现象太过纷繁复杂,去粗取精去伪存真太过繁琐;数理过于枯燥无聊,推理演绎太过扯淡。所以在日常使用中,渐渐简化成了势、道、术。现在我们还原一下五大元素。所谓"发于势、从于道、现于象、成于数、受于术",物体行为一般都遵从这一过程。发于势,就是有了位差后就会产生运动的力,而力会遵从道的方式,表现出一定的现象,从产生势力到均势的过程。在此期间,一些技巧、方式会有助于物体的运动。

在本书里,现象属于面阶元素。所谓象多流于表面,必须要呈现出来被人看到。所谓"在天成像、在地成形"。象也与"现"联系在一起(势与力结合,道与德结合)。所以,需要透过现象看本质。本质就是现象背后的势、道。中国人一般恪守"眼见为实,耳听为虚"的教义。其实,眼见的也未必是真、耳听的也不一定就假。真相(真的现象)是物体在正确的利益驱动沿预计方向运动的本来结果,假象是运动过程中因突发因素被干扰后偏离原有运动轨迹的结果或者运动结束后被外界破坏的结果。典型的就是狸猫换太子、偷梁换柱、杭州"70 码"事件等。

物质的运动会因发于势从于道而产生各种现象,这种现象就是在某个特定时间特定空间里物质形变的结果。简言之,现象就是本体在势与道、术的作用下产生的数之过程与象之呈现。不同时间空间下的运动与形变会产生很多现象,仅从单一现象倒推出运动轨迹与原因,往往得不出正确的结论,无法还原运动的轨迹与动因。这就等于从一个点或一条线,逆推出其所在的面、体或系,这是有难度的,容易以偏概全,以假当真。就像看到一只腿不能推导出大象,看到一根头发不能推导出一个人一样。再浅显一点,从一个公司的员工的行为你很难推导出该公司的文化。

既然现象一般指普遍的群体行为,比如一个人感冒不是现象,一个城市的人都感冒就是现象。这是通过空间维度与人群维度合推出来的,是一个面的概念。一个国家的经济连续 3 个年度走低,失业率连续走高,但军费预算连续 3 年 2 位数增长,合起来就表明国家在穷兵黩武;一个企业的销售额连续 3 年下降 30%,成本却同步增加 30%,这就表明企业的财务状况严重不健康。所以,现象具有两维属性。现象一定是有长度轴与宽度轴的,否则就不成为现象。比如春节期间,广东的民工兄弟们成千上万骑着摩托拖家带口回家过年,他们在高速公路上浩浩荡荡成为一种景观,作为一个底层群体的行为只有在数量维度以及空间维度达到合一后,才能称之为一种现象。绵延数公里长,3 排 2 排并行,如同蚂蚁大军一样蜿蜒前行。长×宽＝面积,现象就出来了。现象是可以分析可以参考的。就像微观经济学里研究价格与供需变化时,得出的交叉面积就是总值一样。现在网络流行的所谓求某某阴影面积即此理。

但,有常道就有非常道。有些不是群体的个体却也能引发成现象。就像一个员工的言行体现不了公司的企业文化,但这个公司的老板的言行却是可以。公司文化即老板文化,老板文化即公司文化(在中国是如此)。比如"我爸是李刚",副校长开会睡着了等等。这些人作为个体也能引发社会现象,这又是为什么?难道现象不以两个维度论了?

非也!表面上是一个维度,本质还是两个甚至三个维度。因为,这些个体是人群里的上位群体,上位群体不是点、线、面概念,而是体、系概念(这个会在下一个象展开——人象),一个人就足以代表所在群体,能够引发社会效应,成为一种社会现象。举个例子,一个大公司里面有明确的分工,人事、行政、财务、市场、营销、技术、工程、售后、公关等各个部门。但是一个小门店或者夫妻店,有一个老板、一个老板娘,老板兼采购销售公关售后等,老板娘兼行政人事财务客服等等,这就是体系上的点,这些点都是牵一发而动全身的,理所当然他们的行为能够引发现象。再如北京大学校长为母下跪,为母作词引发热烈讨论;浙大校长开会玩游戏被广为评论等等。这些人上人做出这样的事,讲出这样的话是发自内心的随意,表明他们在时间上肯定不是一天两天,影响的人不是一个两个,自然就应该被关注被批评。有人批评说国民老公家的狗崽子的一举一动都倍受关注,而贫困乡村的一户人家的生死却无人问津。从势道上看,的确符合人性的。但是,国家层面的缺失才应该是被批评的痛点。

体点或者系点的言行能够成为现象除了他们的多维度属性外,更重要的是他们有势力。老板比员工有势力、明星比群众演员有势力、权贵比平民有势力。他们背后都是牵一发而动全身,都是体系级别的元素。有势力的从来不是一个个体而是一个群体。所谓官官相卫,裙带相连即如此。所以,当有人出来说,我们这里只有一两个官员出现了问题,是个别现象时,就是站不住脚的。全国范围内,官员清正廉洁是多数,极少数是腐化分子,要看主流,看矛盾的主要方面。居上位者,个体本身就是一种现象。影响人之广、影响力之大、影响时间之长，足以引起重视。所以，香港廉政公署实行腐败零容忍。对于当权者或执掌资源分配之群体，必须以最高规格的约束来防范滥用职权。

用点文字来揭示一下，个别贪官的贪污不代表整体贪污的理论。官僚群体的主要方面不是用数量多少来衡量的，因为官僚群体的每一个个体都掌握着大量的权力，可以主导大量资源的分配。这一群体也是一个国家的精英群体，如同一桶经过多次酝酿的酒一样（在中国，一流人才当官，二流人才经商，三流人才创业，四流人才教书……），只要有一滴酒变质或者变成尿，整桶酒都是不能喝的。更何况，几年前下来的官官相互、裙带门第体系，盘根错节，理不清剪不断。一个人想升到一定位置，没有上面的拉扯、左右的认可、下面的支持，是上不了位的。所以，你能说一个人出问题，是他个人的问题吗？少数人出问题，不是系统的问题吗？所以，石油系窝案，煤炭领域窝案，国土资源领域窝案都说明，一个即一群。新近因为股市震荡下的国信证券、中信证券、长江证券等事件再一次佐证这个道理。

用《道德经》的话：高以下为基、贵以贱为本。其实，越上位群体的人越应该处于底层或者走进底层，跟现在人力资源管理所倡导的"倒金字塔"理论一样。大官、大腕、大款、大鳄等应该是社会的支撑群体，是社会的柱子与基础。当基础坏掉时，你能说没有问题嘛。为官一任，就是一方百姓的领头人，就应该充分利用党纪国法赋予的权责来造福一方。如果这个官变质了，贪污受贿、任人唯亲、腐败堕落、卖官鬻爵，那么这个地方一定是权力塌方，一群官僚、权贵等整体沦落。这对于社会的危害自然不可估量。太多的事实证明，一个贪污受贿、不作为乱作为的官僚背后就是一群贪污犯、危害一方百姓。山西官场的系统性坍塌无须再多说。一个两个手指生病了甚至断掉了，都无碍。但是一个人的头脑出问题了，就是大问题了。头脑就是体点。

超过一维度的形体在时间维度作用下就形成了面、体、系，这样就容易被辨识。正如一个手艺人一辈子钻研他的手艺，到最后就是专家。干将莫邪、鲁班、毕昇、蔡伦以及那些诺贝尔得主，都是数十年如一日地在一个目标上潜行。＋时间就成为他们的模式。一如《周易》讲"初不知、上易知"一样。高层阶的形体＋时间维度就成为一种现象。而那些普通小名、无名小卒、乞丐游民的生或死从来没人关注。因为在世人眼里，他们是可有可无的点，即便加时间维度，也不过是断断续续的线头。

这样的个体即群体，因为个体都是体系级的个体。个体背后都是一个盘根错节的群体。有些个体不是个体，有些局部不是局部，有些临时不是临时，有些部门不是部门。

一切皆有定数

网络上曾经有一个热爆的汉语 8 级考试。试题一：单身人的来由：原来是喜欢一个人，现在是喜欢一个人。试题二：想和某个人在一起的两个原因：一种是喜欢上人家；另一种是喜欢上人家。估计这样的考题同样会让那些不会脑筋急转弯的老外抓狂，其痛苦程度丝毫不亚于我们考英语四六八级。那么定数跟洋人考汉语8 级好像没什么关系。如要真有，也是八杆子打不着的关系吧？

首先，谈到定数，缘分、命运、劫数、在劫难逃等这些似乎都是很玄幻的词，即便是中国人也不一定能很清晰地、明了地分辨。我们大多数并不知道它们真正的意思以及合理的应用场景。8 级汉语试题热炒，是因为很多网友大呼解恨，报了考英语四、六级的仇，理所当然我们也是其一。这就是冥冥之中，皆有定数。躲也躲不掉，真是在劫难逃。别说英语四、六级，就是英语专八于汉语考级面前也是小儿科的事情。

好，言归正传接上回分解。在势、道、象之后，轮到数了。那么何为数？老大势力、老二道德、老三现象、老四数理。这不是数理化、语数外的数理。数理描述了一切物体遵循阴阳原理从发生到覆灭的循环过程。对应《易经》里的就是元（起始）、亨（发展）、利（成熟）、贞（终结）。从起点回到起点。数理天然解释了势、道、象、数、术之间的关系。所谓"发于势、从于道、现于象、成于数、受于术"，故曰世间万事万物皆有定数。江河起于小流，高山起于垒土，百年树人，十年树木。这都是一个必然的过程。形变与位移需要时空维度的支持。

如地球自转一周、月亮阴晴圆缺是一个循环。万物春天发芽、夏天生长、秋天结果、冬天收藏。数理具有时间性，只有时间维度才能描述过程。所谓时间是物质运动的过程与轨迹，空间是物质运动的载体与范围。所以，随着时间的推移，过程便逐渐显现，线条渐趋明晰，轮廓便呈现出来。就如素描一样，画一段线条，根本不知道是什么，画一半后只能猜测是人还是物，当画完之后才知道是何种物体，最后画龙点睛，面貌全现。这就是从点、线、面升级为体、系的过程。

图 7.2　数理的形成，从点到体系形成画像

这幅图体现的就是一个数理，开始弄清楚运动的数理，如何从

点聚合成体系,从体、系解构成线、点是本书里法象的核心。所以,在此书里,数理是线阶元素。因此也是自然界、社会最广泛的存在。最典型的就是在法律领域的应用。这与法律范畴的程序正义与实体正义概念有些类似。长期以来,中国法制领域里程序正义一直被忽视,所以冤假错案层出不穷。对于法学界而言,实体法与程序法之争从未停止。程序法学派认为,一项法律程序或者法律实施过程是否具有正当性和合理性,不是看它能否有助于产生正确的结果,而是看它能否保护一些独立的内在价值。程序正义如同给物质施以正确方向的力,让其言预计的轨道运行达到预设的目标。实体正义是主体合法,结果合法,不管中间是怎么操作的,时间顺序性与空间结构性怎么乱都没关系。

回头看看此前甚嚣尘上的湖南曾成杰案、浙江叔侄案、吴英案等等,只有判决,没有程序。前者至今仍然被热议,甚至有商界大佬王石呼吁成立企业家保护基金会,微博大V李开复公开发表:"我是李开复。如果有一日,我被判死刑,当法官告知我有权会见亲属时,我保证我绝对会要求会见亲属。若被处决后,法院宣布我未提出此要求,必然是谎言。"一石激起千层浪,程序之不公,引民愤之涛涛。

数理之二是因果对应,关联性。有因必有果,有前必有后,有得必有失,有阴必有阳。所以数理体现的是阴阳,通过时间维度来体现平衡。这也是为何说势的目的是消灭势或产生新的势。阴阳分属不同部位,虽然"阴在阳之内,不在阳之对",但一个势起势灭的过程就是一个数理,旧势力的覆灭与新势力的崛起且不断循环就是定数。不均衡不停止,不致死不疯狂。所以劫数难逃,有因必有果。《龙门镖局》邱璎珞那句口头禅,"心理冒得数",意思就是你不知道后果,是个傻子、笨蛋、顽固分子等等,所以你才这样的天真无邪。老百姓都信奉一个道理:善有善报、恶有恶报,不是不报,时候未到。他们信的就是这个数,相信定数,相信天理昭昭。因为宇宙间的能量守恒,在物质形变与位移的过程中,能量的聚合与分散,同样是一个数理。越庞大越离奇的变化需要的时间越长。如宇宙间的秘密,需要人类数百年千年去发现,历史上光怪陆离的事需要几十年上百年去探秘。

在大数据时代,一切都被关联起来。找出蛛丝马迹,汇聚点点滴滴(点),理出思路头绪(线),按照相关性归类为不同层次(面),然后聚沙成塔,还原事情真相(体)。事情的前因后果,需要把彼此的关系梳理清楚之后才可以明白。数理作为从碎片到体系的重要一环,具有思维通道、传递意识的作用。

清楚了数理之后,我们就不会那么急于求成。很多年轻人急于表现自己,很多创业者急于成功,很多地方政府基于做大做强经济。一切皆有定数,就是宇宙万物的对应关系以及运动轨迹都有合理的规律与必经过程。拔苗助长显然无视规律。就像当年号召15 年赶上发达国家一样的反科学。

术,非厚黑者,法也

如果你没听说过李宗吾,那么你一定听说过什么姐姐、什么露露、什么月月,如果还没听说,那么应该知道武媚娘吧,也就是武则天。几乎一夜成名的人,她们是怎么做到的?前不久凤姐又成了热门人物,据说开始搞投资了。2016 年最火的网红当属 papi 酱,她如何做到"胸不平何以平天下,人不穷何以当网红的"。

为了回答这个问题,你有必要需要认识李宗吾先生。他是厚黑术的集大成者。他认为:厚黑学分三档,第一档是"厚如城墙,黑如煤炭"(傻厚黑);第二档是"厚而硬,黑而亮"(硬厚黑);第三档是"厚而无形,黑而无色"(真厚黑)。术,排在势、道、象、数的后面,但其实他是在势、道之后给物体施加的行为影响,然后才有了象、数。因为过程之后的结果取决于太多的因素。其中,术是最为直接的。打个比喻,一个人开车。势是车况、路况,人的驾驶经验等,道就是相关法律法规与守则,术就是驾驶动作,象就是车会跟随路况起伏、跟随油门与刹车的作用而前进、拐弯或者停止,数就是从引擎发动到停车的过程。再举个简单的例子,一个老大需要一个打手、保镖或者私人助理,帮他去干一些暗黑、苟且、不法的事情。就像《教父》里的汤姆·海根一样,专门替教父去干那些私活。这就是术的所在。没有术,其他都是浮云。所以"受于术",就是落地,变现的概念。

所以,在势、道、象、数之后,术隆重登场。我们认为术是一种方法、技巧。包括:策略、韬略、技艺、工艺以及方法等。术分为战略层与战术层两层境界。术一般与方结合,就是方术。《庄子·天下》:"天下之治,方术者多矣!"如果说前面的四大元素是认识论,那么术就是方法论,数贯穿于前后,术作用于前后。术属于应用范畴,权术、技术、房中术、艺术、仙术、医术等等,属于治道之方。术本身没有褒贬,要看用的目的与结果。五者融入在每一个行为之中,发于势、从于道、现于象、成于数、受于术,成为一个循环。任何一个物体的运动都包含这五个因素,它们相互作用、相互影响,共同成就一个运动。

自古以来,道德层面的东西、礼制层面的东西汗牛充栋,而方术层面的东西很少,这是为何?因为,流传下来的面上东西都是约束别人的,哪些仁义礼智信都是约束别人的,跟很多不法官员一样,说的从来不做,做的从来不说。不少被洗脑的人也用来约束自己;自己用的东西都需要自己揣摩、自己体会的,只在圈子里流传。比如厚黑学,权术、阴谋。正如那些成功人士都会说我的成功源于天时、地利、人和,其实隐藏了许多的灰暗部分,比如第一桶金、比如偷税漏税、坑蒙拐骗、行贿受贿、欺上瞒下、出卖朋友/自己、剽窃偷盗等等。

术是一种方法、技巧。但日常生活中,术逐渐演变成为一个贬义词,因为更多的行术之人只服从了恶势力,遵从了旁门左道、歪门邪道。正如法国皇帝路易十五说的,我死后管他妈的洪水滔天。所以,不给术一个正向的力,一个正确的方向,就容易形成权术、阴谋诡计，就不会产生正能量。李宗吾曰："用厚黑以图谋一己之私利，是极卑劣之行为；用厚黑以图谋众人公利，是至高无上之道德"。简而言之，如果贪官奸诈，清官要更奸诈。《九品芝麻官》里包龙星他爹临终前说的：贪官奸，清官要更奸，不然怎么对付得了那些坏人。所以，区分术的属性，要看行术的终极目的。

难道说成功的人都是走歪门邪道的嘛，都是行权术行厚黑的人吗？非也！《周易·系辞下》："天地之大德曰生；圣人之大宝曰位。何以守位曰仁；何以聚人曰财"。理财正辞、禁民为非曰义。同样，《增广贤文》有曰：大胜靠德，小胜靠智。智，就是术的范畴。哪些靠邪术厚黑成功的人如秦桧、魏忠贤等虽然赢得一时的成功，但缺输掉了历史成了罪人。所以，经得起时间检验的一定是要符合道的术，因为凡事必有因果，必有定数，谁也在劫难逃。如果迫于形势，但违背道德，术也是有污点的。君子选择遵守道德，对抗形势。而走狗汉奸选择顺从恶势力，出卖道德。此事，术已经不重要了。在大是大非面前，只有势与道的较量。

在日常工作、生活之中，术要求我们讲究业务逻辑、注重方式的创新、工艺的改善、流程的优化。这一点老外比我们强。自古以来，我们就受到先人的误导，被教导术都是奇淫技巧，雕虫小技。现在提的科技就是第一生产力，新一代信息技术等都是对术的发展。因为这些方术能够对治道产生直接的推动，能够产生巨大的势。在势的相对优势下，才有可能发展正道。道需要势来彰显，需要有物质作为基础支撑。今天，尤其是信息技术的飞速发展，已经渗透到各行各业，成为政府治理、企业经营、社会发展的基础性、支撑性基础方法论。先进的科技与技术已经不仅仅是工具，而是包含人性与规律、道的综合体，它是有生命的，在不断发展与自发展的。它承载了人性与变现了人性。日常工作之中。我们需要注重节奏。节奏是五者融合的集中体现，是时间空间人物的一一对应。也就是在合适的时间合适的场所针对合适的对象讲合适的话，做合适的事，这就是节奏，就是方术。对术运用得当的人，会产生势，有气场，有人脉，自然更容易成功。

包括前面讲的那些网络红人，她们也靠术，也是厚黑的运用，有些不过是歪门邪道、邪术，让人所不齿。但，尽管如此，他们也满足了一阴一阳之谓道的规律。用阳谋来告知外界，用阴谋来满足私欲。毕竟，博弈的各方以及看客们也是有这样那样的需求，包括阴性的、阳性的。

在这一点上，他们做得比那些所谓的正人君子们到位很多。如秦桧就满足了宋高宗赵构的私欲、妒忌与恐惧欲望。和珅满足了乾隆的主子心态、虚荣、自大、喜欢帅哥需求，和珅没有反心，也能把乾隆的安排的大事小事料理得顺顺当当。所以，很多时候，要讨人喜欢，跟别人讲道理，清规戒律的，动不动就国法道德要求，不顾及人欲，也很难得到人的拥护。这也是传说中"一起同过窗、一起扛过枪、一起嫖过娼、一起分过赃"的铁哥们。互相有把柄抓着，互相都能够满足对方的很多事说不出来上不得台面的需求。所以，《投名状》里就号称，抢钱、抢粮、抢地盘。很多江湖结盟时说的一句话就是，有福同享、有乱同当。

成功的人，会判断形势，合乎道德，灵活运用方术，外圆内方地待人接物，最终能够达成自己的目标。有时候，即便在顺势、合乎道统的情况下，方式粗暴、直接了当也会好事办坏。因为，术里面有一个心术，需要按对象分场景地采取对策。术本身无属性，部分阴阳。它偏向是一个工具、模型，需要有道来给予方向。用某位投资人的话：互联网＋是道，＋互联网就是术。应该理解为前者＋的后面部分是道，后者＋的互联网是术。

第二节　问天——五类天人

对于人而言，人群里的精英或者上位群体就被归属于天象，因为有决定权、影响力，并且好变，不可捉摸。这五个天人就是，决策者、影响者、竞争者、传播者、评价者。

决策者就是天人之人

场景一：《甄嬛传》中雍正在弥留之际对甄嬛说：朕是天子，她们也敢背叛朕（雍正的一个贵人与卫士偷情）。朕以前见到隆科多，他居然敢抱着皇额娘，皇阿玛是皇帝啊！

场景二：周一早会后，员工甲很郁闷且嘟哝着从老板的办公室出来，员工乙上前打探，以示安慰。

甲：上周三的方案基调是他定的；上周五晚上电话说要改，周一早上九点要结果；今天又说不行，还要改，还是推倒从来。他怎么一天一个主意，要不要人活了，怎么当老板的？

场景三：一对穿着破旧的年轻夫妇，举着寻人启事，在各大城市的人口聚集地寻找 5 年前失去的 6 岁儿子，即便变卖家产，也在所不惜。（据说中国每年有 20 万左右的儿童失散。）

场景一，不用展开。君权神授的舆论下，皇帝是天子，也代表天。大家应该没有异议。

场景二，但凡做过人家下属的人都有亲身体会。但老板不明白为何下属不理解自己，下属不明白为何老板这样的出尔反尔。其实，在本书里，老板属于工作范围里的天。

场景三，很多底层家庭、小微企业等，或许深有感触，家里的经济支柱、精神支柱，公司里的顶梁柱就是天，天一塌下来，整个家庭就散了，公司就散了。

所以，天在《易经》里代表变易，就是变化无常的意思。故常说天有不测风云。风云变幻嘛，自然是无常了。天是改变不了的，是支柱，是大形势大环境，控制不了的要素，如气象、时间，决策者、依靠者、信仰，等等。天，不是一般理解的天空。这玩意无形无边。天可以是人，可以是物，可以是一种人与人与物的关系，或是一种正在良性运转的状态。天是无常,地是常。所以,天地的中间就是人道,常与无常,变与不变,都是这里。人,有一些翻手为云、覆手为雨,有一些一诺千金。

在朝廷,皇帝是天;在公司,老板是天;在家里,父亲、母亲、孩子都有可能是天,并且规模越小或层级越小的单元,成员之间彼此都是彼此的天。俞伯牙与钟子期,梁山伯与祝英台等,彼此都是彼此的天。相爱的两个人,彼此都是彼此的天。一家三口相依为命,彼此都是彼此的天。杨绛、钱钟书和女儿钱瑗一样,每个人都是对方的天。《我们仨》里,任何一个人走了,另一个都会觉得心里的天塌下来了。

你知道了嘛。你是谁的天,谁又是你的天?

《易经》讲究三才合一,天地人合一,所以,天象里有人与地,地象里有天与人,人象里有天有地。因为三画卦的乾坤合起来就是三才,人是天与地各拿一爻出来。

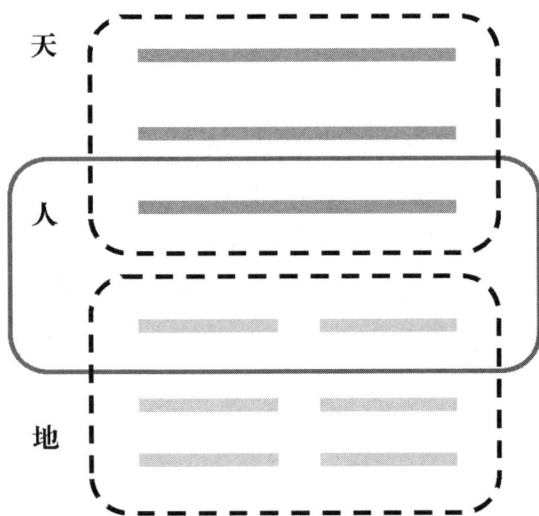

图 7.3　三才概图

所以,天在人象层面同样分为五个元素。分别是决策者、影响者、评估者、传播者、竞争者。我们在分析问题,解决问题时,在行动前的三思里,第一步是就象的分析,第二步就是形体分析,第三就是对物法的分析,看是否遵从"发于势,从于道、现于象、成于数、受于术",最后是否阴阳平衡,利益最大化。在日常生活里,我们叫决策者为领导。每个人上面都有管理他的人。所谓,一物降一物,万物相生相克。有2个小游戏,老虎棒子鸡、剪刀石头布,就是说没有不受人管的人,没有不受约束的东西。皇帝头上还有太上皇、太后,或者是一个利益集团,或者是反对势力,或者是劳苦大众,或者是一个无形的老天爷。

　　天是变易的。领导好变,因为领导位于上层,属天的范畴。这种变化有时并不方便告诉你原因,或者你无法找出原因,但你要理解。当然也有不学无术、荒唐滑稽的领导。你大可离他而去,因为他是你的绊脚石,帮他等于助纣为虐。上位是决定方向。领导居上位,是你的资源分配方与协调方。领导对你的利益具有决定影响作用。他决定你的去留、升迁、分配,甚至是生死。领导属于天的范畴,给你方向与位置。在移动互联网时代,方向比位置重要。因为现在的位置,很快就会被替换、颠覆。现实生活中耳熟能详的一句话是:跟对人比什么都好。人生别站错队,这不仅适用于政治、经济,甚至是方方面面。对领导的意图要分析清楚,尽力给出满意的答案,成为领导的得力助手。不该问的不问,不该说的不说,领导让你讲,你才讲。否则给你带来诸多不便。领导说你行你就行,不行也行;领导说你不行,行也不行。狄仁杰问元芳,你怎么看? 其实是问,这事你怎么办? 要拿出可行方案,帮领导分忧。

　　你的空间取决于领导的空间。如果领导的空间足够大,才有可能释放一定的空间给你。所以,你的成功路径就是让领导先成功。将你的成功建立在领导成功的基础上。从领导的角度看,他的成功是让下属先成功。这并不是一个矛盾。上下齐心、协同、共建共享的模式。

作为高阶形体的人,优秀的领导可以降维成一条线,将下属紧密地串联起来,形成一个整体,扬长避短,发挥出最大的团队价值。他让每个人都得到成长,彼此尊重,团队气氛融洽和谐,士气高涨。好的领导,不予下属争名夺利,因为他的成功来自下属的成功。

优秀领导的魅力来自人格、知识、技能、阅历、分享、帮助,而不是权力。优秀领导懂得如何团结团队,让整体价值最大化。也懂得适时适地时,分享下自己的心得,袒露下缺点,增进与下属的亲近性。

优秀领导在业务上给你指导,在职业方向也给你引导。优秀领导亦师亦友,不可多得。优秀领导会负责人地对待下属,不担心下属超过他,抢自己的风头,夺自己的饭碗,而应该将下属当作自己成功的阶梯。很多昏庸的主管为了防止下属的僭越,拼命压制下属,甚至从挑选人员的那一刻就开始用心不良,于是将熊熊一窝。这样传导下去,一个无能的人挑一个更无能的下属,直到整个团队趋于无穷无能状态。这样的主管不知道,要从终日乾乾到飞龙在天,没有"地"的坚定支持是绝对做不到的,地就是一批忠实、能干的下属。要打造一个以自己为核心的团队,必须是从体系上构建上、下、左、右的人。

优秀领导的培育比好下属的培育更不容易。好不仅超越合格,而且附加了品性、人性味道。对于一个团队而言,领导是必须的,要么是一个领导人,要么是一个领导集体。他指引方向、制订目标、分配工作、监督过程、负责考核。当然,还有协调服务、提供资源。

在日常的工作、生活、学习之中,我们总是忽略对领导的培养,将目标与关注点、落脚点放在被管理者身上,结果收效甚微。作为领导才是组织的瓶颈与障碍,只有领导优先进步,率先学习才有可能大幅度提升组织的绩效。培养优秀的领导,不仅需要领导者自身有学习的意识、勇气,更需要有持之以恒的耐心,与时俱进甚至向下学习,从基层从员工开始学习,放下经验与陈规旧律。与此同时,下属也要支持领导的学习,培养优秀的领导是一个全体组织成员共同的目标,而不单单是领导者自身的目标。很多员工没有意识到,自己的言行是否有利于领导的学习,是否有利于领导的进步成长。他们更多地关注我从领导那里得到了什么指导,经验以及金玉良言等等,一旦他们觉得领导在某一方面比自己还弱、基础还差,理论还薄时,就会有不屑的反应,这种反应会影响到日常的行为。领导者也为了自己的面子,自己的位置和影响力,总表现得无所不能,无所不知。他们竭力掩盖自己的不足,殊不知道双方都没有真正为组织的成长贡献正能量。优秀的领导,德艺双馨最佳,其次德高望重才艺也过硬,其次德性尚可才艺出众。选择优秀的领导的前提是德性好。

中国当下更缺的不是优秀的员工,而是优秀的领导。就像我们在投资过程中,更多看中团队,尤其是团队的核心人物一样。在移动互联网时代,他就是云中心。日常中常用的瓶颈,可以直接借指领导。领导所处位置对于所在体系正如瓶颈对于瓶子的位置。所以,一个群体的先进性取决于其领导层或精英层,而不是大众层。培养更多更加优秀的领导,包括公务员、企业管理者对于政府、企业都十分重要。

选择优秀的领导对于职场人士尤为重要,选择体现的是一个人的智慧。在现代商场上,更多的是一种运气,几乎与个人智商无关。有些人智商情商高,无疑赶不上形势,所在的行业与公司总是命运多舛;有些人单靠埋头苦干,不抬头看天,一干十多年,结果所在行业处在风口,虽然是个小职位,但也能跟着分一杯羹。所以,群体的合作胜过个体,起决定作用的就是领导者。优秀的领导者能够将众多平庸的个体组合成一个超级战舰。

决策者的顾忌

话说孙悟空去东海龙宫借了金箍棒,又去地府强毁生死簿。

龙王、阎王去天庭告状,玉帝在太白金星的建议下把孙悟空召入天庭,授他做弼马温。后来发现弼马温官小,自封"齐天大圣"。玉帝再派李天王率天兵捉拿,观音举荐二郎真君助战,太上老君在旁使暗器帮助,最后悟空被擒。悟空被刀砍斧剁、火烧雷击,甚至置丹炉熔炼四十九日,依然无事,还在天宫大打出手。玉帝降旨请来三清四御五老的五老之一西天法老如来佛祖,才把孙悟空压在五行山下。

纵观上述案例,决策者是玉皇大帝,影响者是太白金星、观音,评估者是王母等参加蟠桃会的仙家和捍卫仙界秩序的神仙,传播者是众位大仙小仙,破坏者是李天王、如来、太上老君等。当然,这个维度是以孙悟空为核心展开的。玉皇大帝是三界的最高首领。人、神(天仙、地仙)、鬼三界都归他管辖。他老人家住在天上的第九重天,在凌霄宝殿办公。他掌握生杀予夺大权。他就是宇宙的决策者。

决策者拟定规则,敦促实施,评价效果,分配财富,处理纠纷等等。总统、首相、总理、董事长、总经理、CEO、总裁、会长、理事长、院长、村长、校长、家长,老大、大哥等无论黑道、白道、灰道,带长的、带哥的、带爷字的都是决策者,那些"四大天王"如大官、大腕、大佬、大哥都是 Big man,都是 VIP(very important person)。其他的连 P(屁)都不是,这些人都是所在群体的决策者。用法国国王路易十四的名言:朕即国家。用那些流氓、土匪、老大们的话就是,老子就是王法。

决策者作为所在群体里的上位群体,他们有自己的需求,那就是维持控制的现状或企图扩大控制的范围。这种需求体现在其所控制领域的方方面面。包括权力、地位、名誉、财富、女人(男人)、影响力等等,任何企图撼动这种现状的行为都被视为敌对行为,都会遭到无情的绞杀。

决策者的能力是强大的。他们能够力挽狂澜,一脚定江山,如希特勒、罗斯福、斯大林等,当然还有企业的老板能写方案、搞公关、做营销还会兼客服。这些人有无可比拟的影响力。当今社会如李嘉诚、柳传志、马云等等。

决策者身居高位,但风险也最大。决策者的权力至高无上,但是义务也是责无旁贷。权力越大,责任越大。这是一一对应的。否则就不会平衡,不会持久。因为脚下并不是坚如磐石,与其他群体的决策者也时时刻刻发生着博弈,就像马云的首富地位很快被王健林抢去一样。决策者不仅要考虑对下位群体的安抚、控制,还要面对横向层面的竞争,在法制不健全、法治不成熟的国家或区域,还要应对国家机器的刁难、招安与各种摊派。

当然,我们认为决策者最重要的是需要有坚实的底层基础。而这些需要德行与善举,需要能力与魄力。如《易经》所言:厚德载物。只有根基深厚,联系底层群体,代表底层利益,才能站得高、立得久。这符合《道德经》所言:故贵以贱为本,高以下为基。你经常看到新闻里,领导下乡访问,走进农民家里,握手嘘寒问暖,你不要奇怪。因为作为最高决策者必须这样,这样才能够体现和蔼可亲、亲民朴素,保持与最广大民众的亲密接触。并且越高的领导去的地方越偏僻,接触的老百姓越底层,这就是符合一阴一阳之谓道。阳需要阴来支撑与辅佐,阴需要阳来呈现与具化。

衡量决策者是否开始作恶多端,不仅要看他们在所在垂直系统里呼风唤雨的频率,更要看他们在水平系统里的横行霸道程度。因为当特权不仅被滥用,而且被交易时,利益就已经板结。一个社会的腐败与堕落程度体现在某个人或某个部门在所在纵向领域里上下通吃,在横向跨界领域畅通无阻。所以,"我爸是李刚"的背后就是有这一张板结的网,一个有权不用过期作废的官僚思想在作祟。所以,易中天说,财产公有与权力私有导致一个社会的本末倒置,这就是一个社会一个个群体堕落的根源。一个人背后就是一群人,尤其是位高权重的人。在权力被分割之后,利益的获取就只能通过交换。交换就必须是双方或多方参与。参照"他不是一个人在战斗",贪污也是一样。所以上文说贪腐是少数的,危害不大的言论是不合理的。

很多企业的老板为何觉得自己是寡人,因为手下无人愿意与你分享和沟通。这表明你的基础已经开始松动和崩塌。你离你的团队已经很远了。作为企业的决策者,需要将自己的理想放在所有员工、伙伴、供应商、客户的理想之后,将每个员工的理想都当作自己的理想,因为老板只有帮员工、客户、伙伴实现了他们的小理想,这些人才回过头来帮老板实现创业的大理想。

管理学之父德鲁克在《管理的实践》里写到:企业的目标是营销和创新。营销的目的当然是要创造价值。价值的创造有个顺序,那就是客户、伙伴、员工、股东、自己。就像我们在讨论以生产导向还是以服务导向,以企业为核心还是以客户为核心一样。在一个充分市场化的条件下,必须从价值的贡献体出发来倒推进行流程设计。离贡献体越近,位置自然就越重要。在云计算、移动互联网、大数据的背景下,员工即客户,伙伴即客户。所以,压缩你的供应链和组织架构,将员工放在更加重要的位置。现在提到的去中心化,就是要实行组织的扁平化。

很多企业决策者在自己的公司内刚愎自用,指手画脚,全然不顾金字塔原理以及现有的一些成熟的管理理论。在管理这个角度,中国企业家有很长的路要走。在推进中国梦的实现路程中,我们需要更多有独立思考能力的企业家。不要让自己成为瓶颈。"瓶颈"也就是在高层的局限,一个瓶子的颈部自然在瓶子的上面,中层与底层员工是成为不了企业瓶颈的。对于企业决策者而言,战略永远比执行重要。因为战略是势与道,而执行是数、术。高高在上,更需要如履薄冰。因为木秀于林,风必摧之。所以,尽管你是老大,你就越需要害怕。

决策者为了正确履行自己的职责,就必须一张一弛,一阴一阳,走进基层,充分发挥群体成员的积极性、创造性,真正做到"圣人之大宝曰位,何以守位曰仁,何以聚人曰财"。真正与周边的人做到共建共享。决策者是群体里群的君主角色,承担着带领社群成员走向目标的任务,是愿景提出者、目标制订者与精神引导者。任何一个有效、持久的社群,都必须有一位有影响力、倍受认可的君主。现在"两创"形势下,但凡成功的企业都有一个倍受认可的核心人物——CEO。BAT就不用说了。其他如小米雷军、360周鸿祎等等。

决策者要避免"高而无位、贵而无民、贤人在下位而无辅,是以动而有悔也。"所以,高高在上的就是孤独、寂寞。决策者在乾卦第五爻位置,再往上去就是"亢龙有悔"。人不可以升到最高处,或者一定会遇到自己无法胜任的瓶颈,这就是"彼得原理"。此时,最佳策略就是"功成、名遂、身退"。

影响者,影响有影响力的人

几乎在每一部古装宫廷影视剧里,都有这样一个场景。皇帝晃悠悠在太监的搀扶下出来晃晃悠悠地在龙椅上落座后,这时太监便扬扬手里的拂尘,弱弱地说:"有事奏本,无事退朝"。然后,三公、亲王、大夫、大臣等就会一个一个出列,半躬身体曰:"启奏万岁,臣有本奏",并在皇帝的主持下发表政见。

这些人就是影响者,当然是皇帝的影响者。其实,内宫那些吹枕边风的女人是更厉害的影响者,比如妲己、杨贵妃、武媚娘、甄嬛之类。所以,自吕后专权后历朝历代禁止后宫干政。有些痴迷仙道之术的皇帝,还有什么国师军师谋士之类。很多官方智库的专业人士也会成为政策的影响者,如美国前国务卿基辛格这类的人。很多角色也都是互相联系的,转换的。任何一个人一定不只有一种身份,扮演一种角色。因为时间、空间的变换,身份与角色自然也在变换。在某时某处是影响者,在他时他处就是决策者,或者破坏者、传播者、评估者。用一句广告语:男人不止一面,其实女人有更多的面。

这种决策者、影响者的搭配不仅只是政治领域有,只要是有人的地方就有一个群体,就会以某个势力某个决策者为核心形成一个上下左右的利益方群体联盟,每个群体都会给彼此施加影响。董事长周围、总裁周围、部门主管周围、黑社会的老大周围都会有自己的势力范围,并且形成一个个势力山头,每个山大王都有自己的谋士与左膀右臂,这些谋士与臂膀就是影响者。春秋时代的四大公子,信陵君魏无忌、春申君黄歇、孟尝君田文、平原君赵胜都养了很多的谋士,有很多的影响者。封建王朝最大的影响力机构就是翰林院、内阁,这些人被称为"天子私人"。跟现在的工程院、科学院、社科院一样,都是影响者。

随着社会的发展,生产力水平不断提高。尤其是信息技术的变革使得群体之间的聚合、解构更加容易。影响者能够产生更强大的力量,因为技术的民主化让人与人之间的连接变得更加灵活、高效、紧密。有了无处不在的网络,叠加了无人不识的身份关系,以及彼此之间无时不有的利益交换,群体变得更加生态和有活力。影响者有了更加大的舞台。包括政客、科学家、艺术家、经济学家、管理学家、媒体人士等都能够成为影响者。

影响者群体处在决策者的左右,他们的需求是辅助决策者巩固决策者的地位,从而获得自己群体存续的资格。他们的需求是通过维持决策者群体即上位势力群体的地位来满足自己群体的存续。这种需求是一种附属型需求。他们效忠势力阶层,获得势力阶层的授权或者利益分配。其个体同样存在五种需求,只是不如决策者那样无限的需求那样强烈和直接。在网络社会以前,其个体自身的群体性并不浓厚,因为单个影响者都是依附于单个决策者的,影响者自身不会有意识地形成一个有纲领、目标的群体,除非决策者群体不存在或者式微,一个新的势力体系正在形成之际。

魏徵以前是太子李建成的影响者,后来成为李世民的影响者。

影响者仅限于提供意见、建议、方案,为决策者排忧解难,逗决策者开心或者让他们反省。当然,另一种影响者是让决策者头疼的,比如那些直言死谏的言官。先秦时期的诸子几乎都是影响者,一旦影响者升位得势后便成为决策者,如苏秦、张仪、商鞅、吴起等人。

《影响力》这本书问世后,一直高居销售排行榜首位。打造你的影响力一度成为人们的口头禅与目标。现代社会,影响者的范围不断扩大,不一定在决策者的周围,因为技术的进步,物理空间的范围被无限制拉大。而现在,影响者通过网络施加影响力。你可以看到,院士、专家到处飞,他们在互联网、云计算、物联网、智慧城市等各个领域都在积极参与、发表见解,虽然他们讲的很多都是外行,甚至很多时候体现出了一定程度的脑残,但并不妨碍他们执迷不悔与毫不懈怠。网络给影响者们提供了绝佳的舞台,满足了他们立言、立功、立德的利益诉求。不少微博上的大 V,专家学者,退休后的政府官员等等,他们的言行依旧影响着决策者,比如吴敬琏、茅于轼、基辛格等人。在移动互联网时代,每个个体都是影响者,只不过是影响力强弱不同,影响力范围大小不同而已。

有正能量的影响者自然有负能量的影响者。比如中国十大逸臣,庆父、赵高、梁冀、董卓、来俊臣、李林甫、秦桧、严嵩、魏忠贤等。这些人作为负能量给决策者施加负向的力。历朝历代,因为奸臣当道而民愤四起的数不胜数。这让新的弱势决策者群体打着"清君侧"的口号,可以开展革命。

其实,优秀的决策者知道如何选择影响者。所谓"亲贤臣、远小人"。而聪明的影响者,也知道如何选择决策者。子曰:"天下有道则现,无道则隐。"正能量的影响者一定是德行、才学并举的有道之士,以天下为己任,不顾个人之安危的人。

当然,平常百姓身边也有影响者,因为每个人都可能成为决策者,他们会为了某个决策征求身边人的意见或建议,正能量的影响者不是搬弄是非,不以个人喜好为标准,而是为了彼此长期的友谊、长久的合作,基于社会公序良俗、法治道义、群体利益的影响。你有正能量的影响者吗?你是正能量的影响者吗?

影响者成为意见表达者与建议提出者,他们利用新兴的科技手段无时无刻不体现自己的存在。网络大V,业界大咖,各行大佬甚至草根出身的网红等也是影响者,他们互相影响。不仅影响更高层级的决策者,也会影响中低层群体。在草根领域,影响者的影响力被不正常性放大。因为草根需要领袖,人民需要英雄,他们可望有人带领自己奔向成功。有了领袖,他们甚至不需要思考,只需要模仿或者等待。他们能做的,就是按照领袖的话去做。在最近的微商大潮里,网红、大V、大咖等成为网络草根的依靠。一些网络社群就大力去网罗这些人,让他们将自己的粉丝变现。由于从众的羊群效应,民众倾向于选择跟随。他们放弃了思考,人云亦云起来。这也是广告选择明显的理由。手段不过是卖东西,什么面膜、喷雾等等。没多久,这样的方式就遭人抛弃。目前,所主打的移动＋社交,电商＋社交的方式,同样难以找到落脚点。

群体里的角色是变化的。影响者同样不甘居于协助的位置。如果决策者弱势,那么影响者就会自动升级为强势,甚至是角色互换,原有的决策者成为傀儡与附庸,原有的影响者成为背后的决策者,如魏忠贤、慈禧等一样。这,也符合一阴一阳之谓道的原理。这种角色变换对于所在群体不一定只是利差,因为决策者承担着群体存亡与兴盛的关键责任。

人人都是传播者

此前最热的无疑就是优衣库三里屯事件、股市震荡、冰临晨下(范冰冰、李晨)、跑男等等。包括曾经的网络大V事件,都将自媒体时代的人人都是传播者的角色彰显无疑。传播者之间为自己依附的决策者、利益集团隔空对骂、相互掐架、约战等事件层出不穷。

作为事件的局外人，你所知道的这一切以及还有更多不知道的那一切，都是从哪里来的，怎么来的？这就是传播者的工作，尤其是主流传播者。

传播者群体是一群吹鼓手。他们以利益为衡量标准，而不是事实、道理、公平、正义。为决策者服务的传播者群体歇力鼓吹现有的体系，反对一丝一毫的挑衅；为破坏者服务的传播者歇斯底里地挑战现有体系的漏洞、瑕疵。这里，大众的悲情从来都是一张遮羞布，当事人的痛苦从来都是一个幌子。传播者群体的需求就是保证自己依靠的决策者群体得以归正位，继大统。从而使得他们自身成为御用的宣传工具，他们的个体也成为御用的文人。尽管各种思潮已经激荡数百年，民主的、普世的价值观、道义、传统，也只能作为有志之士个体的一些修持之用。群体只能在利益上进行博弈，不关乎道德与法制、无关乎公平与正义。

传播者群体是一个编剧、导演、演员、传声筒、扩音器，他们为决策者或依附的群体服务，提供思想工具、舆论依据，甚至参与吹拉弹唱或者反对与抵制。主流媒体、主流媒体人士、一些御用专家都是传播者，他们占领舆论高地，一手持高音喇叭，一手持大棒。传播者是群体各方发布、获取信息的对象。传播者对于局势的影响不同于影响者群体。影响者自身在游戏里是当事人一方，而传播者不是直接当事人。他们为当事人服务，充当媒介作用，属于第三方群体。在很不一般的时候和地方，传播者就是权力的一部分。他们可以充当革新的先锋，也可以充当保守的鼓手。如果传播者成为权力阶层的盟友，那么社会就到了需要进行体系化调整的边缘。因为，传播从来应该是忠诚于真实、公平、正义的，一旦天平倾向任何一方，都表明体系不再稳定。

无论是哪一方群体在游戏中都有自己的位置。随着网络的普及，信息的公开度较之以前有很大提升。传统的传播者逐渐退守到更加隐秘的、专业的信息获取、传播上面。该群体对其他各方的依赖作用较以前大幅减弱。因为,传播渠道与手段的多样化、普及化使得信息发布方与获取方可以更加直接沟通。如微信、SNS、微博、博客,信息内容也更加丰富,如符号、文字、图片、音频、视频等。专业的媒体机构、传播机构与人士逐渐退守进高度、深度的领域。所以,电视、报纸、杂志等的没落就是明证。2015年大批纸媒关门。《华盛顿邮报》的卖身就是一例。而大众将成为传播者的新秀,为大众、社会公义服务的人士将迎来春天,自媒体的涌现就是另一例。理所当然,国家机器对各种传播途径与载体的加强监管也与时俱进。

传播者如媒体地位在西方社会被认为是第四大权力。仅次于立法、司法、行政之后。盛极一时的新闻集团在全球拥有强大的影响力。类似 CNN、BBC、《时代》、《福布斯》、《纽约时报》等,操作这些媒介的人就是传播者。所谓"众口铄金、积毁销骨",指的就是人言可畏,三人成虎。但在我们所处的社会与时代,我们深刻地感受到了传播者的厉害,他们不是第四大权力,而是融合在三大权力之中的那种特别隐形权力。

在现实工作生活中,传播者们形态各异,他们是灵通人士、八卦人物。通过信息的获取、发布来获得利益。在特殊的领域里,比如扰乱军心者是要问斩的。在公司内打听《员工行为守则》禁止的信息,并且传播的,包括但不限于薪资待遇、公司财务状况、商业秘密等,然后兜售获利或者获得群众基础的,通过拥有的群众基础来充当群众代言人以增强与决策者的博弈力的,这些人都是传播者。当然,也有一部分是因为所在环境的确很差,决策者昏庸无能,小人当道,有部分传播者凝聚正能量,传递正信息。

所以,只要简单搜一下曾经火爆网络的秦火火等人,关联的就是郭美美、干露露、红十字会、铁道部等等,可以说这些人等就是小苍蝇,但究竟什么让这些苍蝇有了如此大的用武之地?俗话说,苍蝇不叮无缝的蛋。那么谁是蛋？谁是更大的秦火火们？不少主流传播者的失职以及不少决策者自身的文过饰非、粉饰太平、漠视道义。联想到，前不久网络上流行 7 条底线，其实对民众讲真话，回应民众的诉求，回归公理、道义就是最低的底线。否则，还会有更多的秦火火。

在传染学里，要消除疾病传播，有 3 个手段：控制传染源、切断传播途径、保护易感人群。很明显，我们在第二个手段上用得过多了。在自媒体时代，人人都是传播者。网络的虚拟空间给人提供了便捷的传输场景，一个点能够迅速覆盖到其他地方。

谁来评价评价者？

前些年还有一个超级热门的人物就是王雪梅，曾任中国首席法医。她以一种非体制内的方式宣布脱离系统并划清界限；此前，还有一个人就是王瑛的退岛（退出正和岛）声明；陈丹青离开清华的声明。这 3 个人以一种非常道的方式宣告自己与旧系统的割裂，类似于管宁割袍断席。

作为曾经的评价者，她们以如此激烈的方式评价评价者，让我们看到一个波涛汹涌的评价界和评价行业。举一个现实的小例子。

周五快下班了，红太狼微信给灰太狼，要晚饭有中辣的鸭脖子、盘卤牛肉、2 个蔬菜、冰镇王老吉和冰镇西瓜，另小灰灰加 1 瓶旺仔牛奶。晚餐标准通常不超过 90 块（人均 30 块，周末是 100 块）。晚饭通常 18 点 30 分开始。灰太狼正常到家时间是 18 点，比红太狼接完小灰灰后到家的时间早 25 分钟。（鸭脖子 15 块，牛肉 30 块，王老吉 4 块，旺仔 3 块 5，西瓜 20 块，在小区炒了 2 个青菜，2 盒饭，共花去 95 块，今天省了 5 块。）

红太狼的晚餐标准很明确。就是在 100 块钱的范围内，满足一家三口的晚餐要求。灰太狼必须分配好这 100 块。同时，将该冰镇的要冰镇,该摆盘的摆盘,这里有个时间问题,去的不同地方(菜场、便利店)等有个空间顺序,等晚餐开始时灰太狼围绕晚餐的行为就是时间与空间的排列组合。

所以,标准是配置资源以满足需求的时间顺序性与空间结构性的集合。标准一般是需求方要求的;对于公众的通用需求而言,一般由政府来拟定。比如说食品药品标准、建筑物标准、汽车安全标准等等。也有一些专业的 NGO 组织如 ISO、IEEE 等等。他们从事技术标准的拟定与发布、更新。

标准,是一种准入资格与底线,标准本身无优劣,比如公司规定年底的海南游只允许业绩超标 50% 的员工和被评为优秀主管的管理人员才能去;只有高低之分,如美国对于空气质量的要求就比我们高,欧盟对于汽油里危害元素含量的要求比我们高;体系之别,国标、行标、企标等等,都有自己的体系,你的食品用 FDA 的标准,我用欧盟的标准等等。

拟定标准以及执行标准的人就是评价者。评价者与决策者的关系是以证明与被证明的方式确定的服务与被服务的关系,并在长期的服务与被服务过程中,服务者逐渐形成一个群体,产生一套套的标准流程体系,是整个群体的参考智囊,但更多的时候他们成为决策者的专业助手。比如在美国大使馆发布我们的空气质量前,我们的环保部门从来不告诉民众真实的空气质量情况。国内甚至有专门的法规规定个人以及非合法检验检疫人员不得对国内的食品、药品、产品等进行检验检疫,所以决策者说这个程序合法,这个结果没问题,别人是不能有意见的。

评价者是政府具有立法权、执法权的部门如司法、专业检测机构、评价机构,专业机构如 ISO、IEEE(美国电气和电子工程师协会)、ITU(国际电联)、Gartner Group,三大评测机构如惠誉、标普、穆迪,自然是权威的评测机构,国际四大会计师事务所在经济领域也起着举足轻重的作用。普华永道、安永、德勤、毕马威等同样威力不小。这些都是评测者，他们的工作就是定标准，执行标准。

回到一直困扰我们的食品安全，他们说果冻合格，说牛奶细菌未超标，说三聚氰胺少量食用没有问题，他们还说肉毒杆菌不必列入乳制品必检，中国的食品安全监管全球最严格……你信嘛，反正他们是信了。可，你不信，又能怎样？

对于商业性的评价者，如三大评测机构，当评估是一种生意，甚至是一种生存手段时，评估就不会公正。对于政治性的评价者，如质监局、纪委等，当评估是一种政治时，评估自然就不会公正。因为，他们跟被评测检验的对象同属一个利益群体，捍卫既得利益是他们用专业手段履行决策者授予的权利。

所以，当评价者自己信自己的时候，谁来评价评价者？就像有人说，把权力关进笼子里。那么，谁把中纪委关进笼子里一样。万事万物都是相生相克，一阴一阳，否则就不好玩了。

那就必须要公开标准，不仅是一个区域、行业、国家的标准，而且是全行业、全球的标准，形成一个公开透明的标准体系。不同子标准之间的差异，就像一个中国人说自己有 170 斤，一个欧洲人说自己有 68 磅。这时，有个居心不良的人说，你比这个洋人重。你也会信甚至不得不信。所以，中国人的斤与欧洲人的磅，丈尺寸与外国的米公分搞搞清楚，否则某个中国人骂你一句：你他妈的。另一个人帮你翻译成 how are you！然后你用"你他妈的"去给别的中国人打招呼，你不是欠扁嘛。所以，你只有知道了，才能够评判。没有对比，就没有评判。问题是，他们甚至不公布自己的标准，也不准备打算公布。更不打算公布这些标准之间的关系，如何换算。所以，每每有专家跳出来说我们的标准不低，甚至还高于人家时，我们就会笑。

当然，仅有这个还不够，那就是你必须借助专业的力量。因为很多的技术标准需要有一定的专业工具、专业流程才能够获得，还得依赖专业人士。比如求助律师、医师、会计师、法医、策划师,有的人走偏了、走急了、求助了风水大师。即便是风水领域,也是同样有专业的。

不幸的是作为老百姓,我们没有这些;万幸的是,我们有了网络。能够聚合起大众的力量。通过众包、聚合来形成一个对比的体系,来进行口口相传,形成一种民间的标准评判系统。当然,侥幸的是,我们还有一些类似王雪梅的有良知的专业人士,他们会掀开原来密不透风的评价体系,撕开一个混沌的评价体系。

谁来评价评价者,指望改革开放,指望评价者们良心发现。指望你,指望我,指望我们自己。

第三节　德天——过程即结果

线型形体在天象的体现就是德天,是天象对数理的描述。万事万物都有萌芽、发展、兴盛、衰落、消亡的这一过程。潮涨潮落、云起云开、悲欢离合。这个是天地人相互作用产生的数理过程。用较为科学的说法就是,全生命周期视角。

老爹决定你的起点,老婆决定你的终点

有人在网上整理薄××的案例心得,其中有一点是老爹决定你的起点,老婆决定你的终点,多少看起来有点意思。在起点、终点之间,显然还有转折点。有一句话也很有意思,人生不是输赢在起点,而是输赢在转折点。寒门子弟也可以位高权重,豪门子弟也可以一事无成。

在起点与终点之间,有一个运动轨迹,并且这种轨迹是以一个螺旋式闭环进行。因为任何人、物、事情都要尘归尘、土归土,从哪里来到哪里去。通过个体的兴起与完结,来实现群体的持续优化;通过群体的优胜劣汰来实现生物种群的迭代更新。并且在这一过

程中,实现群体的兴起与完结。包括物种、行业、技术、国家等等。一个夏明翰倒下,还会有千千万万个夏明翰起来,会有一个民族站起来。

话说一年有四季,一天有四时。月有阴晴圆缺,人有悲欢离合。一方面说的是周而复始,循环往复。另一方面说的是每个事物或行为所处的阶段与状态。前者说的是整体,后者说的是局部。局部的起落推动整体的进化,整体的兴起与完结体现在局部的新陈代谢。这给我们判断事物、项目、人提供了一个入口,观察它所处的阶段,选择合适的策略与方法。对孩子用什么教育方法,对一个成年人用什么方法。对患病初期的人用什么药,对患病晚期的人用什么药。

每一个行为或者一个事物的发展都有一个过程,有一个阶段,从低层阶元素聚合成高层阶元素需要跨越时间维度,这个时间维度就是德天。在天象的擎天与问天之后,天象的阶段为德天。所谓德天,是取自《易经》四德。乾,元亨利贞。分别对应为起始、发展、成熟、结束四个状态。

跟前面几个元素不一样,德天由四个元素组成,而非五个。这与"道,可道,非常道"一样体现阴阳原理。有常,便有无常;有规律,便有不规律。

元,即起,顾名思义就是兴起、发生。起是定位,确定一个起点和目标点。起出现在一个旧有的体系或周期当中,目标是建立一个新的体系或进入一个新的周期。世人相信,好的开始等于成功了一半。因此,起的意义重大。辛亥革命打响了推翻封建帝国的第一枪,后来几经反复,中华民族已经觉醒。东方睡狮苏醒已经不可阻挡。元旦的意义也在于此。一年之首为元,一天之首为旦。

起作为一个点性元素,具有无穷的拓展性,因为点状无形。所谓"初不知,上易知"。意思就是一个刚刚兴起的新生事物,具有极大的可塑性,不好判断其性质及走向。正如一个刚刚 3 岁的小孩,你不能判断他今后的人生轨迹。中国俗语说，3 岁看大 7 岁看老，其实是不科学的。3 岁至 7 岁都处在人生的初期，还无法确定其今后的轨迹。宗庆后 42 岁开始创业，一度成为中国首富。42 岁前，谁能知道他能有如此成就。任正非 43 岁创立华为，成就中国企业界典范。仲永少时表现卓越，可后来也是"泯然众人矣"。

起点低与高，并不是成功的先决条件。但现在有一种趋势是逐渐进入到拼爹的时代，这种情况对于营造开放、公平的竞争是不利的。《21 世纪资本论》讲的一个观点就是：穷人家的孩子注定是输在起跑线的。但社会有一种自我纠错的功能，虽然周期较为漫长，但总有清晰路径体现。所谓不是不报，时候未到。富不过三代，穷人也有翻身日。他们会在转折点上给力，从而改变物体、项目、事物、物种的运动轨迹。有点类似翻盘或逆转。

现在有一句更有道理的话：人生不是输赢在起点，而是输赢在转折点。刘志军、刘铁男等人，都说明上述论点。起于寒门，一时显赫，输在人生拐点。虽然也上升到贵族，但是寒门贵族相比豪门贵族而言，也一样的是弱势群体。这也充分说明势力先于道。

亨，即成长，亨通。沿着线性轨迹发展。行为与事物进入到快速的发展时期。一如人进入青年就快速成长，风华正茂。可以上九天揽月，下三江捉鳖。企业快速发展，行业迅速成长。此时，应注重调整结构，注意发展质量。利，即成熟。收获果实或者树立影响。企业的产品占据市场，个人从自然人转入社会人，国家从发展国计到注重民生，走入国际社会发挥轨迹影响力。此时，应该注意创新，赋予新的生机，进行升级转型。贞，即完结。任何一个生命的入土，一个产品的退出，一个行业的衰落，一个国家的没落都是宿命，都是定数。可以盖棺定论的评价。此时，应该有新的东西来替换，实现迭代式螺旋式发展。

所以，作为个人判断其成长状态，选择合适的策略与之交互；作为一个行业或产业，判断其生命周期，决定是否进入以及进入的方式,正如 VC 选择项目一样,一定是具有空间想象力的行业或产业。只有如此大的空间和足够长的时间内,才能有各种可能。任正非曾经讲过,只有大江大海里才能养成大鱼。前些天千岛湖里打捞出 180 斤的青鱼王,当地打算制作成标本来宣传千岛湖的水质优良,以此来招引游客。

德天存在于每一种现象,每一个物种、每一个行为,它是数理的阶段体现,数隐含与势道术之中,而元亨利贞体现了这种数。所谓,上天欲让其灭亡,必先让其疯狂。这就是数,定数,劫数。疯狂、灭亡就是转折点与终点。是故,关注转折点,关注任何一个异常的情况胜过关注起点与终点。当然,转折点也有正向的,比如周处,少年横行乡里,被村民与蛟龙和老虎相提并论。后来下水斩龙上岸擒虎,参军保卫国家,终于赢得美名(《世说新语》)。

以孔子的话结束:朝闻道,夕死可矣。用农民诗人余秀华的诗句,我是无数个我搞成的一个我。这其中的某个我正好符合势道术,有了场景,就覆盖掉其他我,代表了我。转折点,才是变性点。德天四元素在这里不展开。下一篇是天象之周天,主要阐述状态,包括超过去、过去、现在、未来、超未来。在不同的状态,体会不一样的味道。

第四节　周天——人生只有五天

周天是一个流程,一个循环。本节描述时间的阶段性。其实,在很多场合里都讲过,时间与空间不过是人主观划分的间隙。一波有势力的人定义了时间,然后让整个人类接受这个定义。时本来就是一个连续过程,一个运动轨迹。时间,永远存在。但人类不会永远存在,尤其是个体不会持续存在。因此,我们定义了时间。将时间切片,切成颗粒度大小不一的样子。宙、代、纪、世、期、时等等,然后补上年月日、分秒、毫秒、微秒等等。当我们定义完时间就定义出了世界。为了更加简单地描述时,我们以周天来概括。前天、昨天、今天、明天、后天。

时间的维度只有一个长度

问题一:为什么要向雷锋学习?

问题二:为什么说"活在当下"?

问题三:你为什么跟熟人客气?

想必这些问题都是困扰我们的,并且总是翻来覆去,纠缠不清。要回答这些问题,就牵扯出了天象之周天的五个元素:前天、昨天、今天、明天、后天。由于时间维度的一维特性,因此以现在为基点进行了划分,朝前追往后推。"是故圣人以通天下之志,以定天下之业,以断天下之疑。"以古鉴今。

为什么向雷锋学习?不仅仅是因为毛主席的一句话。放到现在,而是因为雷锋的时间价值。他数十年如一日地为人民服务,在死之前的所有过去,都是在做同样的事。所以毛主席还有一句话,做一件好事容易,难的是一辈子都做好事。很多专家、学者,一般都是在某个行业里浸淫数十年的人,因为他们知道事情的来龙,所以容易判断去脉。掌握了前因,容易知道后果。在过去的多少个日子循环地行为,才积淀出这样的人生价值。那些搞古董研究的一般都是白胡子老头,因为没有数年如一日的钻研,很难发现真品、赝品。所以,任何人或物的价值是由于过去的行为对现在产生了积极作用。过去是播种因。这个跟现在的大数据有点类似,当过去沉淀足够的有效数据时,现在就可以拿出来进行分析,对趋势进行判断和作预测之用。父母常说,孩子撅起屁股就知道他要拉什么屎,也是这个道理。

挑选股票,要看该股最近几年的行情走势;丈母娘找女婿要盘问他的过去(其实结婚后老婆更甚);警方在追缉嫌疑人时,会调出他以前的资料,来判断分析。过去是作为我们判断现在的一个时间维度的参数。没有它,就不能判定现在。我们都很讨厌那种不问青红皂白就劈头盖脸喷你一头狗血的人,因为没有调查过去,就没有发言权。任何人或事都不是没有起源的,没有无缘无故的爱,也没有无缘无故的恨。爱与恨也是有过往的尘缘的。很多企业在选拔中高层人员时,有一个不成文规定,必须是在企业工作满5年以上的员工。中国香港特区的行政长官也是如此,必须是土生土长的香港人,爱港爱国。

但过去不能代替现在的表现。过去是贼的,不一定现在还是贼;过去不懂文化的,不一定现在也还是文盲;过去作奸犯科的,现在也不一定是穷凶极恶之徒。所以,不要用刻舟求剑的固定思维来判断一个在运动的世界里的运动的物体。世易时移,一切都应该与时俱进。三国时期东吴的吕蒙,以前是个文盲,后来"士别三日,即刮目相看"。过去怎样,将来更不一定同样。

那么第二个问题,为什么说"活在当下"? 答案很简单,因为过去的已经过去,没过去是因为你心里没过去。未来却还没有到来,现在却必须要面对现在。时间维度是无缝的轨道,不会为任何人停留。

活在当下要求每个人在空间维度维持自己与周围人、物、自然的实时互动关系,并且是现在的关系,不是过去的更不是未来的。当下有三个维度,一个是时间节点,就是此时此刻;一个空间维度,就是此地此景;一个是人间维度,就是此情此意。在移动互联网时代,节奏越来越快,过去与现在的位置在逐渐下降,未来的价值在不断上升。当下,就是要求我们此地此人一起更加关注未来价值,从此时此刻开始。一个是俗话说的珍惜眼前人,珍惜眼前事。珍惜现在,因为你所处的事物,无论在人、物、场景上都已经处在当前的状态,时间无法割裂,所以现在无法缺失。没有现在,自然就不会有过去,更不会有未来。如果你能够往前穿越500年与先人对话,或者往后穿越500年与后人交流,那么现在就不重要。否则,还是老老实实地呆在现在，做该做的事。

现在是人与物处在时间维度状态，是一种运动临界点，能把握的只有现在。由于只是一个临界点，当你不如意的时候你会不经意回想过去或畅想未来；当你太得意的时候，你会容易忘记过去也会忽略未来。一个人总爱回忆过去，要么是因为现在不如意，要么是没有了未来；一个人总爱畅想未来，要么是因为现在不如意，要么是因为未来太理想。作为一个线性临界点，没有现在，自然就没有未来的过去。

对于未来的问题，人为什么怕死？其实，死亡不过就是3个问题，何时死？死了去哪里？死时是什么感觉？人类怕死，是因为死亡不确定，不确定就是未来的时间、地点不确定，尤其是时间的不确定性。死时痛苦与否，还有功名忘不了，金钱舍不掉，妻儿离不开等等。为此，人们拼命地活着。如果一个人很确定死了去哪里、何时死，他是不怕死的，甚至视死如归。乔布斯把每天当成生命中最后一天活，不仅创造了伟大的苹果公司，而且多活了不少年。

那么为什么人要跟熟人客气？这就扯到未来了。博弈论有个观点，叫未来影响现在。例如说一个小区里的食堂，老板不敢轻易以次充好、以假乱真，更不敢使用有毒有害的原料。因为今天晚上在你这里吃了顿饭，晚上拉几回肚子，明天天不亮就来找老板的麻烦。在公交车熟人们会互相让座，电梯里熟人们会互相招呼，因为熟人们需要在明天继续交往。相反的例子就是，为何火车站、长途汽车站附近的食品餐饮店无论质量还是服务都很差，因为这个地方彼此见面的机会不多，有的可能一辈子就这么一次。对于火车站的小店老板来说，能宰一回且不会被追责，这样的机会自然不会放过。所以，人为什么跟熟人客气，跟陌生人形同陌路，因为是熟人，明天还会有这样那样的事情需要共享与交换，还得在一个圈子里打交道，交朋友，做生意。

过去很重要，但不要去迷恋过去；现在很重要，但未来影响现在；未来很美好，但也要从现在做起。至于太过遥远的超过去与太过遥远的超未来，就留着历史学家、编剧、科学家、未来学家去穿越吧。活在过去的人，是因为现在不如意；现在幸福的人不大会去想着过去和未来；憧憬未来的人一般都是幸福的。所以，过去只能作为借鉴。全世界的物体运动轨迹来到今天时，过去的时间窗口已经关闭。

第五节　五天——天只有五色

五天是天象最后一个象元素，意义等同于日常的天气。"是故法象莫大乎天地，变通莫大乎四时，县象著明莫大乎日月"。天气变化无常。春天万物复苏、夏季谷物生长、秋季硕果累累、冬季白雪皑皑。"千里冰封，万里雪飘。望长城内外，惟余莽莽；大河上下，顿失滔滔。山舞银蛇，原驰蜡象，欲与天公试比高。"所以，天气变化，季节更替是一种神奇的现象，再也没有比沧海桑田更能体现变化。

后天之后有没有大后天

看过很多很多的灾难片，《龙卷风》、《绝世天劫》、《泰坦尼克号》等等。在《后天》后，我以为从此再无灾难片。未曾想，罗兰·艾默里奇 8 年后再次否定了自己，推出了《2012》，我再次以为从此真的不会再有灾难片。而现在，就这几天，依旧还有《海啸奇迹》。我认为不再有灾难片，是因为不会有拍得比它们更显灾难性的灾难片。在卦 12 的否卦中主卦为坤、客卦为乾，天地不交，万物不生。

关注天，在很多时候就是关注天气。由于借助现代科技力量，人类社会的活动范围大大超出过往，上天入地。但从来没有像今天这样重视天气的因素。各种以天气为主打服务的 APP 也应运而生。包括晴好、风云、雷雨、雾霾、冰雪这五种常见的天气,这就是天象之五天的五大气象元素。它与我们息息相关,与天象之周天更是紧密耦合,无论超前天、昨天、今天、明天还是后天。

中国人出门办事前都要看气象。这就是阴阳原理,"饱带干粮、晴带雨伞"。在农历上的每一天都有详细的说明,中国的 24 节气基本就是 24 气象的固化。立春、雨水、惊蛰、春分、清明、谷雨、立夏、小满、芒种、夏至、小暑、大暑、立秋、处暑、白露、秋分、寒露、霜降、立冬、小雪、大雪、冬至、小寒、大寒。这是农业中国时代为了辅助农事设计的气象,农业自然靠天吃饭。24 气象配合 12 消息卦和天干地支、五行构成古时候人类作息的时刻表。

冷兵器时代,气象对于农事、战事的影响同样十分巨大。《三国演义》里,诸葛亮草船借箭敢与周瑜打赌,就在于其事先观过天象,确认会有大雾。《易经》八卦里,就有两卦表示气象。震卦表示雷,巽表示风。而还有两卦如坎卦、离卦,分别是水、火。也跟前提紧密关联,如陆逊火烧连营 700 里就是借助风势。

现在,气象似乎更为重要。无论是去年北京 7.21 暴雨,2015年中国北京的极端沙尘暴,还是现在南北的涝,中部的旱。天气都影响了每一个人。出门前必看天气预报已经成为一种习惯。甚至有多种基于天气的 APP 应用。2016 年开年的中国大部分寒潮天气,在朋友圈里转发的各种温度截图。说明人类在大自然面前,依旧是弱小的,还得看天吃饭。与天斗、与地斗是逆天的。

天气的意义毋庸讳言,作为天象的第五个象限,五天的天象是直观的、直接的,因此代表了天象多变的核心。但现在的天气越来越极端与无常。天地之间的循环进入了一个非良性的阶段。

以乾坤二卦为例,泰卦是乾下坤上,否卦是坤下乾上。这说明天地之交,万物和谐。天地不交,生灵涂炭。由于人类的过度活动,已经使得地球不堪重负,森林过度砍伐、植被流失、污染严重、物种灭绝、二氧化碳的排放使得地无法再厚德载"雾",人类也自强不吸。由于天地人本一体,所以,处理不好任一个象限,都会天怒人怨。天象处理不好,不会有人类的今天。因为天象里的元素都是最核心的决定元素,比如势道术,比如决策者,比如阶段与状态以及天气情况,这些都是决定你行为的先决要件。所以说,没有天,就是不会有昨天,因为昨天是播因是下种子,是摆条件与布局;没有地,就是没有今天,没有立足之地,哪来的今天或者说今天在哪里;没有人脉人缘,哪来的明天,谁跟你玩,无论是做生意还是做学问还是任何其他。所以,没有天,不仅后天之后不会是大后天,而是后天之后就真的没有天了。天地重新混沌,人类灭绝,万物重新待开天辟地后的再次孕育。

天是决定性因素,是不可掌控的、不可或缺的、不可固化与量化的,是大环境大前提,可以是宏观的,也可以是微观的人或物,涵盖天、地、人三者。

到此,天象的五个子项已经梳理完毕。我们以最简单的拔河游戏为例,比赛开始,各方拉拉队喊道:1、2、3,加油!1是抬头看天、2是脚蹬地、3是队伍保持一致。这就算是典型的天地人合一。每个人行为之前都要三思,一思天,天之势、人、阶段、状态以及气象;二思地,地方、地位、地势、地形、地距。为此,进入地象的世界;三思人,考虑他人、自己的利益共享与交换。

天象的系象为擎天,是天的本元象;问天与德天是人象范畴;周天与五天是天的下阶象。大体也符合天—人—地的顺序。从下到上,从初到上,大体也遵循乾坤两卦的顺序,"初不知,上易知"。最后是群龙无首,吉。每个人都不相信你这个难以置信的做法,结果就是不会达成。天象之中最重要的还是擎天与问天。

第八章 在地成形

相对于天象的高大上,地象作为载体与范围、空间和执行群体。天是变易,地是不易。所以,地势坤,厚德载物。

地形	局	域	圈	界	场
地方	上	中	左	右	下
地位	大众	受害	底层	限制	落魄
地势	领海	蓝海	公海	红海	死海
地距	核心	比邻	咫尺	旁系	偏远

图 8.1 地象的层阶与元素

在地成形

如果天象的元素于我们还有点虚无和抽象,属于方向层面的东西,那么地象的元素就是日常生活里必不可少的,属于行为层面的东西。我们用的频繁度跟每天吃饭喝水睡觉一样,但我们很少知道为何要这样问,这样答?有句话叫熟视无睹,就是太熟悉了就不当回事了。

对不起打搅了,问个路,××是哪个方向?往左还是右?前面还有多少公里?

你是哪里人啊?(你老家哪里?籍贯哪里?你哪个公司/部门的啊?哪个学校毕业的啊?住在哪里啊?)

你的上司是谁啊？你们学院的院长是不是×××？我见过一个你们公司的人，是不是你们一个体系的？

我要你们打听清楚，谁跟刘老板走得最近？他有哪些左膀右臂？又有哪些对手？

搞清楚你的位置，这是你说话的地方吗？

有些部门总是在缺位，越位，难道仅仅是因为没有找到自己的定位？

占位、定位、跨位、上位、守位，这些词你常用吗？

为什么屁股决定脑袋？

为什么位高会权重？

怎么说远亲不如近邻？

怎么说近朱者赤，近墨者黑？

为什么打仗都要勘察地形，进行沙盘推演？

为什么要跟对人，站好队比什么都重要？

……

这些东西的背后都牵扯着地象的五大子项25个元素。与天象的五大子项24个元素几乎是对应的。天象提供方向、空间，地象提供平台、载体，人象作为主体，物象为对象，法象为手段。这就是本章所要说的地象。或许能够帮助我们理解，我们的先人流传下的这些约定俗成的用语。

第一节　地形——局域圈界场

观完天象之后看地象，地象就可以分解成五个子象：地形、地方、地位、地势、地距。在每个象里同样遵循三才的结构。在地形子象中，局具有天性、域具有地性、圈具有人性，界与场是物性。地形篇是地象的核心篇，一如擎天、问天是天象的核心篇一样。

地形之局：局都是布出来的

地形是物理空间的形状。万事万物都依靠于一定的地形，因为它们都需要占用一定的空间。好地形带来地利。好地形就是风水宝地，能够顺风顺水。合适的人、事、物与合适的时间、合适的空间重复聚合，演变出各种场景。背山靠水，靠山吃山，靠水吃水。房地产广告：风格可以模仿，地段无法复制。

我们举个例子形象一点，你要安家落户在某个地方，首要看的是当地的气候、法律、政治、文教等，然后要找一个面朝大海、春暖花开、地势较高、交通便利的地方，然后开始找人设计建造房子。拔河游戏最经典的地方就是，用最简单的游戏诠释最复杂的道理。第一步是看天，第二步是踩地，第三步是一起发力。在创业层面，用柳传志的话就是第一步是定战略，第二步是搭班子，第三是带队伍。在看完天踩完地后，搭建房子就是布局。美剧《纸牌屋》就是一个局。从字面上看，屋以及屋所在的环境、风水，屋内屋外的陈设、居住的人等就是一个局。房子的大小、风格、每个单独区域，如房间、客厅、厨房等就是一个域，客厅里的沙发摆放、电视布置、茶几搭配等就是圈，房间内每个区域的结合与区分部分就是界线，每个单独的小载体就是场，比如茶几本身。

局，本意为局促，延伸为小屋子、行政单位，局部、局限，布局、格局，局面、结局，棋局、骗局，次、盘、轮等。局是每个主体进行单一行为的直接空间。

局是一种人为设计的游戏规则或者是设计规则的机构。前者分为设局、开局、当局、结局。这一整套就是做局。后者是机构的名称，如公安局、民政局等。局本质上是一种赌局。当事人在一定的大背景下，整合自己能影响的资源前往所设目标的一种投资。由于，具有明显的主观、人为属性，它的重点落在了对象、团队、对手的博弈上。赌赢了，就是胜局；赌输了，就是败局。设局的起因多因为势均力敌或者自己比对方弱小,故需要通过一系列的非常规手段达到出奇制胜。或者优势一方希望兵不血刃、不战而屈人之兵,需要对方自行就范。局,是一种很好的博弈思维。对于CEO而言,做局尤为重要。

由于设局在整个做局过程中所起的重大关键作用,做局也叫设局,属于概念阶段。在全面判断大势之后,分析自己的实力,依靠一定的条件,策划设计出一系列的事件,将特定的人、事、物整合进来,一环一环地沿着已经定好的游戏规则前行。设局包括确定目标、对象、规则、风险以及防范措施、截止点。整套游戏规则确定之后就形成了对弈的格局。在博弈论里就是选择最佳策略的路径。

设局重要的是机会的描画与陷阱的铺设,包括展示诱惑、示弱、自毁武功,以吸引对方的注意。设局的成败在于安装一个一个势点,能够产生让游戏进行下去的位差,这种位差就是对方获利的希望或者趋利、避害。如同创业者有一个idea,将它设计成一套商业模式,吸引投资人。

开局是指设计好局之后的分工,进入游戏环节。局中人扮演各自角色,请君入瓮也好,将计就计也罢,一旦游戏启动,就必须玩下去。游戏里的每个人都无法停止,除非所有的人宣布停止或者剩下的人宣布停止。让游戏进行下去的必要条件是,对方一直是有利可图或者认为有利可图。开局是关键环节,是承的部分,需要吸引目标群体参加。如同吸引团队,获取种子用户,提高活跃度、粘性等。

当局是游戏的过程。当者,当下也。也是参与游戏的各方。整个局的成败在此一举。当局各方利用各种计策如苦肉计、美人计等等,保持流程沿着做局时的规则前进下去,直至最终目标达成。而很多时候,被设局的一方往往不清楚自己已经中了圈套。如同运营,必须用各种方式激活用户,复制、扩大规模。

当局者迷,旁观者清。所以当你太过专注于某件事情或被某种现象吸引时，你就无法透视事情的全部，包括侧面、背面等，而你专注的这个点、或者线、面都是一种假象，真正的厉害部分在于你忽视的，熟视无睹的，习以为常的部分。所以《孙子兵法》计篇：兵者，诡道也。故能而示之不能，用而示之不用，近而示之远，远而示之近……此兵家之胜，不可先传也。所以，小心你的眼睛，要透过现象看本质。当局者要会系统地分析问题，不能一叶障目不见泰山，两耳塞豆不问雷霆。如同在运营公司时要注意流失的用户，崛起的对手，注意风控。

结局，就是游戏结束时的结果。结局如何，其实已经取决于格局（设局）。整个游戏的结束需要出现游戏规则描述的事项出现。好的格局是严谨的系统，结局一般偏离不远；差的格局下，结局一般差得很远。

局有大有小，有吉有凶。看设局的人的意图、能力与现场控制过程。好的局杀人不见血，润物细无声。轻轻松松把事情办了。糟糕的设局是一开始就被人家看出来是局，甚至被将计就计。结果，自己的局成为人家的局中局。

其实在现实的生活中，每个人都活在别人设计的局里。每个人自己也在设局。设局不仅是上位群体的专利，每个人都可以设，因为局有大有小、性质有善有恶。垄断者可以设局、老板可以设局、员工同样可以，甚至路边的乞丐都可以，他们打扮成天生的受害者，表演几乎无可挑剔，理由是切中你的恻隐之心，你只需要扔下几个铜板就能够得到磕头、感谢、保佑之类的回报。

所以，当你需要达到一定的目标，而通过常道无法做到时，不妨设个局。局的本质是群体、象限、形体的系统构建，从而达到趋利避害的目的。

生活中的那些局

饭局。吃的不是饭，设的都是局。"饭"与"局"的组合是天然的,如同黄金成为货币的符号一样。《道德经》:治大国如烹小鲜。说的就是当权者治国,如同下厨做饭,招待好一拨人。吃的人嘴软之后,就纷纷感谢与称赞厨子或主人。于是朋友就多多的,就有了势力,就有了政治。宋太祖赵匡胤搞个"杯酒释兵权"。酒过三巡后,赵老板说,我最近一直睡不下吃不好。众弟兄忙问何故?老赵如此如此一说,弟兄们也心领神会,交出兵权回去弄孙为乐。老赵料到了这局,却没料到下一局,正因为他重文轻武的国策,使得大宋武装力量极为虚弱,所以与周边小国打架时老是赢少输多。"靖康之难"到时常割地赔款,最后还偏安一隅,也再次验证阴阳之变。

为何局跟饭结合起来?或许是因为古代中国讲究"食色,性也。"吃饭是一件头等大事。老人教育小孩时,都有一句"吃不言睡不语"。关于吃的还有不少神仙,如灶神、谷神等等。另外,受儒家思想影响,古人重视礼仪。人们通过各种仪式来加强这种关系。每逢祭祀,都要杀猪宰羊,摆上酒肉、果盘、五谷等供奉天地诸神。在仪式上,人与人之间的差异就显露无遗。邀请了谁,谁坐在哪个位置,什么规格,礼品什么档次等等。显贵之人常好这口。无论是战国时期楚国、齐国、魏国的国君举行会盟,还是武侠小说如《笑傲江湖》里争夺盟主一样。大型仪式是上层群体的生活场景。就像孙悟空不被邀请去蟠桃会一样,因为他是个弼马温。所以,接受邀请去吃饭不仅仅是一顿饭,是彼此之间的地位、能势力大比拼,也是人与人之间沟通的仪式。席间,觥筹交错、谈笑风生、歌舞升平或者唇枪舌剑、刀光剑影。

饭局上人物角色分明,设局人、局精、局托儿、陪客、花瓶、埋伏等众角色一个都不能少。最知名的饭局就是鸿门宴。所以,鸿门宴就成为饭局阴谋的代名词。当然,还有各种国宴,如国家接待一国来访首领,或者举行大型国家级别的仪式等等。

吃饭成为局,跟中国人的民以食为天分不开。因为过去的人们认为人生不过是吃穿二事。在饭局上,座位、菜谱、顺序(上菜、动手、离席、劝酒等)、酒令、酒具等都极为讲究。所以,吃饭逐渐成为形式,吃什么已经不重要了,和谁吃变得重要起来。只要有人,就有了政治。政治局就是这么来的。酒是饭局的重要组成部分,无酒不成席。酒局一般就成为饭局的一部分或者对等的说法。

除此之外,还有一个天然结合的就是棋局。棋与局是天生就合体的。这说明局天生就是博弈的场所或者场景。局既是量词也是棋的内涵。对弈双方一旦开局,每一步都是在设局。对弈的双方就是当局人,结局就是输赢和三者之一。每一粒子都是资源,可以是人、财、物或者一个国家、企业、一个群体等。大到国家博弈,小到个人之间的争斗,都是一样的道理。每个人都在下棋,有的人下大棋,有的人下小棋。丢车保帅、马炮联合等都是常用的手法。

再一个就是赌局。饭局也好、棋局也罢,性质上都是一个赌局。愿赌服输。邀请人发出要约,接受人接受要约。整个局就是一个对赌。有赌约、赌具、对赌双方、见证人、执行人。赌局只是一种强化了结果的棋局。胜方获得赌资,败方愿赌服输。赌局可以跟别人赌,也可以跟自己赌。比如马云与王建林的对赌,赌资为1亿。赌资有各种各样的,财物、权利、名誉、人身关系、生命等等。

还有很多很多各种各样的局。参与局里游戏的人是当局人,旁观的是局外人。所谓当局者迷,旁观者清。有时只是旁观者的一个入局借口。但不管是什么局,都有一个结局。结局好与坏,取决于各种各样的因素。包括开局(好的开局是成功的一半?好开局占了好势)、格局(博弈的规则秩序以及规则结构)。

每个人都在这样的局里那样的局外。进到局里,就需要了解游戏规则。有生活的局、工作的局。局本身是一个宏观的概念,当局者迷是因为"只缘身在此山中"。好的局是一个无形的整体,各个环节无缝对接。差的局不是一个无形的整体,而是由很多的不对接不兼容的域组成。同样,域也是一个无形的概念。域由很多的圈子组成。圈子相对要可触摸一些,但同样还不够实体。于是还有界与场,逐渐解构成细小的元素,就逐渐清晰与可视化,可感知。

局是系级元素,还有域、场、界、圈子与其配套。搞清楚了局部以及局部之间的关系,也就整个搞通了,自然也就搞懂了局。

工作中的那些域

常言道:不谋全局者,不足以谋一域;不谋万世者,不足以谋一时。所谓不谋全局者,就是不通晓整体。全局就是全貌下的整体,包含天时、地利、人和与规则、要素的集合。域,就是局的一部分,但更多的是偏空间。域,在这里略等于局部。局是由局部组成的。这句话的意识,全局与万世都是方向、边界以及边界内的各子集的交互规则。

域的本意是城邦、国都,延伸为地域、领域,这属于地带、疆界范畴,是空间概念。因此,域是有一个封闭线的空间集合或是指可达的空间限度。所以,域是局的有机部分,不是随意撕裂或者切割的局部。如同中华大地上每一个省、市、县的形成一样,都是在历史长河中形成的不规则状。而去看看美国的地图,基本像用绳子量过的一样整齐划一。因为美国的历史并没有经过自然的成型,而是在屠杀印第安人,在殖民的过程中人为地强行划分的,有的干脆以铁路为线来标注边界。每一个域都是有机的子系统,如音域宽广、领域众多、地域辽阔。域具有鲜明的空间属性。因为局是无形的,所以域必须是可感知的。

域的特性:空间边界明晰、功能性特征明显、绩效可解构计量。

空间边界明晰典型的是以现有行政区域划分的如籍贯,比如

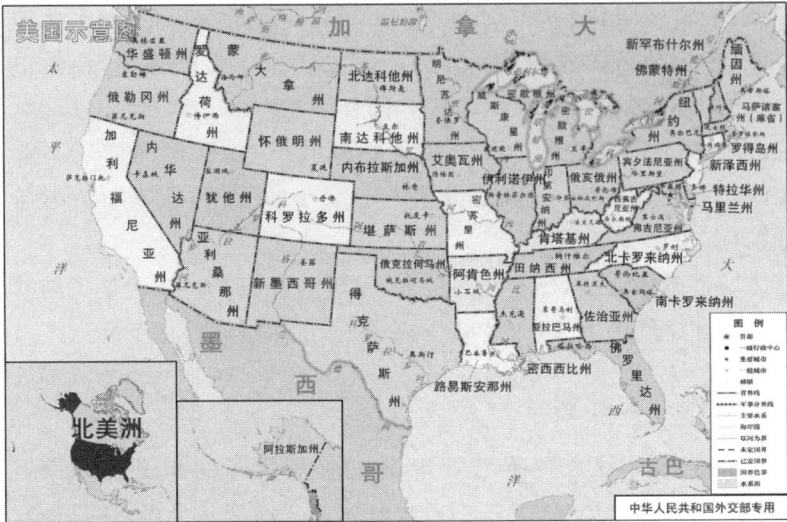

图8.2 非自然历史形成的美国行政地图

浙江、山东、广东等。延伸开来包括浙商、鲁商、粤商、徽商等等。如果你的老板是浙商,所以在了解他之前,你有必要先了解一下浙商的整体精神。比如吃过千辛万苦、说过千言万语、想过千方百计、行过千山万水等等。这就是我们所强调的要了解个体,必须懂其群体。

功能性特征明显。如行业,如钢铁、房地产、汽车、互联网、餐饮等等。每个行业之所以不是别的行业,因为行业有明显的功能特征。钢铁跟房地产不一样,互联网又是另一个样子。他们以独特的功能聚合成为一个相对系统的领域。

绩效可计量解构。中国曾一度热闹过县域经济百强评比。现在已经不再评选此类榜单。一定程度上也显示了不唯 GDP 的态度。此前的评选中,萧山、昆山等就是百强之前的区域。它的经济总量可计量,然后每个地方都下辖一定的子系统,是可解构的。纵向的行业也是可以分解的,按照产业链,横向与纵向都可以解构。域约等于局部,局部自然是局的组成,自然应该可解构也可聚合。

在日常生活中,对我们最有关系的是圈子与场两种地形。但了解域是了解圈子、边界与场的关键。常人说,人生就是不断选择所组合的结果。在选择前科学的分析是有必要的。对局势的了解(这既有对天势的把握),然后就是对领域的判断(区域、对象、行业特性分析等,属于地势范畴),然后才能划定边界,确定目标领域——圈子。有了圈子,就可以定位,就锁定了对象,才能开始有的放矢的作业。一般的分析总是以 PEST 分析开始,政治的、经济的、社会的、技术的宏观分析(统称为背景分析),然后是域的分析(区域、行业等),然后是企业自己综合实力的分析,然后是具体的产品、部门人力、供应链等等。由大到小、由粗到细。

所以,一家电商公司要分析整个互联网领域的历史、现状,才能判断电商的趋势;电商只是互联网的一个子部分,应该算一个圈子。所谓,不见大焉见小;不识庐山真面目,只缘未见局与域。在计算机领域,有定义域;在国土范围,有领域、空域、海域;在一个有机系统里面,有各种自成一体的集合。

局与域都是背景与条件,我们关注它是因为在作业的时候需要有方向与边界,才能够更加高效与低碳地培养核心竞争力。它不是目标,只是实现目标的条件。

域不是单独存在的,一定是相互关联构成一个局。了解域的意义在于确定作业的对象,选择对应的策略、工具。

地形之圈子圈套

我们还是以《西游记》为例。几乎每年的寒暑假,各大电视台都会播放这部经典片子。剧中有很多法宝,如紫金葫芦、铃铛、金箍棒、芭蕉扇等等。但最厉害的还是四个圈:一个是紧箍咒(孙悟空用作发卡)、一个是禁箍咒(黑熊怪作为玩具)、一个是金箍咒(红孩儿作为工具)。其实,还有一个圈——金刚镯,太上老君在用。在孙悟空大闹天宫时,老君暗自拿圈砸了下猴子,二郎神趁机偷袭,将猴子抓进了炼丹炉;后来又出现了一次,牛精用它收了很多宝贝。佛派对它毫无办法,最后佛祖出面用金沙向老君赎回了佛门弟子的宝贝。可见,这圈圈的厉害之处。

现实中最早的圈子其实把家畜圈起来饲养。这有两层意思,一层圈作名词读 juan,如羊圈、猪圈、牛圈等等;另一层意思是作动词,如圈养。所以既有圈的动作——圈起来,也有圈的载体——用栅栏围城的圈,更有圈的目的——占有或保护或求保护。所以,作名词时为圈子(圈人),羊圈(羊群)、娱乐圈(行业)、政治圈(权力);作动词时为圈养。后来引申到圈地、圈占等等,圈也走过了人圈动物到人圈人类自己的心路历程。

圈子经济已经成为一种商业模式。各种纵向、细分的 APP 服务,如各种到家服务等关注身边、家庭、特定群体的服务。甚至APPSTORE、MIUI 等都是一个大圈子。有了圈子,一群人就如同进入了一个相对封闭的花园或者大操场,可以尽情地释放。那些夜总会、KTV、创业孵化器等都是如此,海天盛宴也一样,不是圈内人不会知道也不会参加。基于某个身份、空间、某个目标等聚在一起(实体聚集、虚拟聚集),产生一种势力。对于外部商家而言,就是一个金矿。因为他们寻找客户的成本降低了,营销效率更快,对象更精准。

圈子是有特点的。私密性、凝聚性、影响性、同位性、复杂性。私密性是它区别于域的关键特性。相别于局的天之属性,域的地之属性,圈子就是人之属性。

私密性,如娱乐圈、政治圈等。这些都是小规模的群体,有很强的私密性。他们不喜欢自己的言行被大众所清楚。在这个圈子里,他们是绝对自由与放松的,也是最真实的自己。明星们在海天盛筵的放纵,官员们组团进入天上人间。

聚族,这是一个网络术语。是一个大的人际网络里面有一个密度更大的子集。如罗斯柴尔德家族、泰山会、华夏同学会、中国企业家俱乐部、地方商帮(山东商帮、苏南商帮、浙江商帮、闽南商帮、珠三角商帮)、长安俱乐部与金鼎俱乐部、欧美博士团等中国最著名的十大圈子。这些圈子的章程严谨,入圈的程序复杂,成员势力强大。当年牛根生对赌大摩,就是中国企业家俱乐部的成员出手相助。外人一般很难进入到这个圈子。在湖畔大学开学之后,首批学员中已经有一批相当大名气的人物。他们来的目的主要也是混一个圈子,跟 MBA、EMBA 差不多,不同的是,这是一个有势力、想得道的圈子。

影响性,由于社团在国内的成立运作严格受到法律法规的约束,于是很多团体只能偏于暗处运作,同时由于成员能量巨大,整个圈子的能量也是不容忽视。大的方面有慈善团体、环保善举,如阿拉善环保行为。也有很多小的圈子,一个公司、一个机关里的小众,三五成群,狼狈为奸,处处传递负能量,人数虽少,能量却不小。在一个野蛮生长的地方,潜规则就是圈子里的血液。彼此之间维系的是利益以及狭隘的"三观",这样的圈子是负能量的发源地。到最后,损人利己,净是负外部性特征。

同位性,吸引志同道合的人加入,同时对圈内的人相互支持与帮助,对圈外的人实施联合抵制或者攻击。这点在官场尤甚。最典型的就是古代门生制度。门生故吏遍天下,势力集团非同我等小民。类似有很多"我为××代言"一样,个体为群体代言,群体为个体背书。它背后实际上是为利益获取方导流。

复杂性。圈子不分小、区域、行业、对象。大的如娱乐圈,政治圈、城市圈。所以,无论是哪个象限,哪个领域,圈子都是存在的,并且圈子是一种横向水平层面与纵向垂直层面的圆圈,可以是单行业、单组织、单空间,这时候是纵向圈子。上中下层都有人在参与,如中石油最近的腐败事件,从上到下都是一个圈子。铁道部门也一样。也可以是跨行业跨组织跨空间。跨界的圈子会囊括几个领域同一层的人群。上层对上层、中层对中层、底层对底层,如厅长级别、处长级别、科长级别的圈子,老板层次、经理层级、民工层级等等。圈子就是小江湖,三教九流,鱼龙混杂。

圈子是社会分工的产物。因为有了分工,就必须有合作。在分分合合之间产生圈子或解散圈子。圈子,是每个个体存在、体现自我、获取利益的地方。圈子本身无性质差别,有良性的,必然有恶性的。但一般而言,圈子总是给人负面的感觉。有圈子,就有势力,就谋求利益,就企图改变现有格局。而局决定域,域决定圈子。反过来,也是相互影响的。

要生存必须进入圈子,必须符合圈子的规矩。江湖上讲究侠义,圈子里讲究关系,如同学圈、朋友圈、战友圈、老乡圈、同事圈等等。所以,要发展必须进圈子。因为当今形势是一个群体对另一个群体的博弈,不再是一个人战斗。企业都是企业链、国家都是联盟。但是,圈子是由一个个圈套组成的。圈内人的人设圈子考验里,正如老大考验小弟一样。圈外的人设圈套陷害你,正如猎人设陷阱圈猎物一样。《功夫》里的斧头帮考验新人的方法就是杀一个人,才有资格加入帮会。

圈子也是保护圈、救生圈。因为社会的竞合主体已经从个体走向了群体、联盟式的竞合。圈子与圈外的链接是通过专人进行的。可以是圈内人,可以是中间人。链接让圈子与外界保持桌面下的互动。链接多的圈子,势力大。链接小的圈子,势力小。

无论是神话故事,还是现实生活。圈子,你不得不混,虽然圈子都是圈套。别人中了陷阱,圈子就是保护圈;你自己中了陷阱,圈子就是圈套。

当下,移动互联网的飞速发展催生了很多虚拟化的社群。社群与圈子有本质的差别。前者是公开的、大群体的,后者是私下的、小众范围的;前者是一种经济属性,后者是一种身份或政治属性;前者是泛在的,后者是具体的;前者借助于先进的移动互联网思维与手段,后者大可不必拘泥于形式与工具。一般而言,前者作为显性载体包含后者,后者作为核心驱动前者。社交平台竭力挖掘这些势力以图自己的圈子。得到圈内人的认可,成为圈子里的成员,逐渐升级为圈子里有影响力的人,为圈内人谋利益等。我们看到有太多的移动互联网项目都以社交切入。社交＋电商＝微商,社交＋金融＝金融微店,社交＋游戏＝虚拟部落,社交＋阅读＝兴趣阅读,……社交自身的三个维度:身份关系、网络平台、沟通机制。虚拟的社交平台,用兴趣爱好取代了身份关系。目前看,鲜有成功者。因为从虚实结合、阴阳调和之道看,离开了身份关系这个实的基础,全靠虚拟的就如同皮之不存毛将焉附一样。而身份关系这个实,就是基于时间空间的信任度。同学、同乡、同事、同僚之间的身份下能够很快切入沟通。因为不在一个地方一个时期的沟通经历或者有一个共同的要素作为强链接,个体之间很难直接切入利益的生产、分配、交换体系。这也是为什么创业是九死一生的事情。因为很多项目在利益价值体系上是不成立的,至少客观上是不成立的。由于移动互联网的迅猛发展,社群经济也如火如荼。但光有一个圈子还不够,必须横跨很多个。在圈内建立强链接,在圈外建立弱链接,这样才符合阴阳之道。

界,雷池还是蓝海?

我倾向于用《西游记》举例子。玉皇大帝他老人家掌管天地之间的人、神、鬼三界。三界之中的众生成佛之后,就是跳出三界外,不在五行中(金木水火土)。不受生死约束,与天地齐寿,与日月同辉。人得道后成为神仙,上到天宫位列仙班;人死后成为鬼怪,阴魂不散谓之鬼,下到地狱遭受折磨。所以,大小妖精都要修道,人要秉承善心善念行善举。神不是由人修炼而成的,本来就是一界。阴阳不测谓之神;仙是由人修炼而成的,如八仙过海中的八仙。但神仙都不能长生不老,还需要不断地修炼,加上蟠桃、仙丹的调养。所以,天庭掌管着大小神仙的生死符。至于妖魔鬼怪,他们除了修炼,只能吃吃唐僧肉,所以对于这一长生不老的机会,大小妖魔是不会放过的,尽管都知道这个是东土大唐的高僧,是观音钦点的,得到道家佛派高层认可的,在长生不老的机会面前,统统弱爆了。就像在皇帝位置上一样,什么父子、夫妻、君臣等统统不在话下。

现实的世界里,曾经有一本风靡一时并且现在更加风靡的书叫《定位》。此书成为营销界、管理界、时尚界的红宝书之一,成为很多人言必称"定位"的《圣经》。并且成为其他众多销售排行榜靠前的书的基础书目,后来又有《跨位》等延伸版本问世。

所以,该如何定位?所要定位的界线在哪里?界,之外是雷池还是蓝海?怎么跨?在拟订杭州其他如政务、交通规划时我们的一个理念就是,所谓规划,规是定标准,划是定边界。任何规划都必须要有边界,然后只确定原则、目标、任务与标准,不涉及具体细节。顶层设计是在规划的基础上进行逻辑排列,谁在底层,谁是支撑,谁是应用。行动计划则是具体的行动方案,落实规划与顶层设计,分工到部门、人,体现在财务、项目、时间节点、效益上面。

界,顾名思义就是田间地头里相区分的边线。两个不同区域的分开之处,引申为划定界限。楚河、汉界是中国象棋里最基本的局、域、圈子的分界。一、界分开敌我(红方与黑方),二、界分开每个角色的位置(车马跑将帅),三、界分开每个角色的行动轨迹(跑马日相)。在博弈的双方甚至多方时,界是十分重要的。道路上的黄线、虚线以及田径场上的线,网球、羽毛球、足球等的界线都是彼此的有效场景。当然,小时候上学时,闹掰了的同桌小朋友,会在桌子中间划一条线,表示老死不相往来,权当在模拟成人们的世界,如割袍断义。越界了,就会越位,就会有失体统,乱了方寸,各个群体就会重新博弈,直到利益分配均衡。这个过程就是尊天时、重地利、尽物用、求人和、得法全,达到阴阳平衡的境界。

界,在地形里是最显性的元素。任何两两独立的空间、实体都有明确的界线。界将局分割成域,将域分割成圈子,将圈子分割成场。如同一条线一样,故在这里,界是线性元素。贯穿始终,通过显现他方来体现自己。这里,界的线性属性是边界。界的特性很明显,标志性、成就性。可以是一条线,也可以是一个线段。可以是有形与无形。

政界、工商界、文艺界这些都是严格的领域、圈子标志。国别、省别、市别等都是要有界碑的。社会、机关、企业、组织都有明确的法律、法规、组织规定。规定所属成员不得做什么,这就是行为规范与准则。行人过马路要人行道、机动车走机动车道、火车走在铁轨上等等,否则就是出界、越轨,是要出问题的。夫妻双方互相忠诚,不得出界。丈母娘在选女婿的时候,会优先考虑开火车的,因为开火车的不会轻易出轨。

可是,随着网络的普及,分工与合作的形态不断混合。不出界如何寻找蓝海?不跨界如何提供整体解决方案、一揽子服务?当界线变得模糊,或者客户不看中你是谁,更看中你能做什么时,原有的界与定位就需要重新审视。竞争与营销的时代已经从自己推向客户转向了把客户拉向自己,从以产定销转向了以需定产销,从生产者为中心变成用户为中心。客户成为需求的源头、驱动核心。这是营销史上的革命性变化。此时此地,所谓的定位、跨位、越位、串位、缺位都需要重新被定义。从 C2B 的模式来看,位不再是自己,而是用户。

传统经济由于是以产定销,所以企业将更多资源与精力放在自己和对手身上。企业的组织架构围绕此设计,形成复杂的层级体系,中心化很突出。以产定销易导致价格战与红海。并且在经营过程中,逐渐专业化、细分化。甚至很多人不敢尝试多元化,认为多元化必死。虽然有很多人死在多元化的路上,但绝对不是多元化弄死的,是因为整体的战略方向与大环境问题。背后的实质是成本与效率,体验感。

看看柯达、摩托罗拉、诺基亚的下场,再看看苹果、谷歌的成就,就知道混业与跨界已经成为常态。因为,客户要的是个性化的、完整的服务。他们不再接受通用的产品与混乱的服务。每一个强大的组织都是一个自我的生态系统或者联盟而成的生态系统。我们称之为系。太阳系、银河系,对于企业而言,如阿里系、腾讯系、百度系、谷歌系、苹果系等等。在系之后,我们称之为宇。宇宙统括时空万物。这些巨头他们进入到硬件、软件,通信、社区、电商、移动终端,金融、培训,……可以想象的将来,他们以及他们打造的开放平台会形成更强大的更加复杂的混业与混界。其实,这才是世界的原貌。物理世界如浩瀚天空就由各种星系、云系,由恒星、行星、巨石、碎片等组成;苍茫大地就由山脉、水系,有山、丘、草原、大江大河与平原等组成;铁矿石、铜矿石、锌矿石等本来就在一个石头里,在一座山里,是人为需要将它们一一提炼出来,形成了钢铁、铜、锌等等。以人为中心,追求人定胜天去改造大自然,高山出平湖、天堑变通途,削山填海、挖地成河,只是人为地割裂开来而已。我们将这个世界撕裂有多开,我们就背离真实的自然有多大。但是,终究有一天,我们会明白大自然有自己的节奏。天下大势,分久必合,合久必分。赶集与58同城的合并、滴滴打车与快的打车的合并、美团与大众点评的合并都说明,没有最大只有更大、强者愈强、富者更富成为网络时代的特征。而另一方面看,这些项目本身也只是有效商业模式里的一个支部,如同一条河流与另一条,最终都汇入大江大河一样。我们只有长江流域,黄河流域等说法,没有小河流说法,互联网商业模式也一样。所以创业项目最后的有效合并是一种必然。

在背靠企业的竞争形势下,国家与组织的压力下行到企业、个人。对于企业而言,专业化必须是基于开放平台的垂直细分,否则很难存活。对于个人而言,术业有专攻已经没有饭吃了,还需要一专多能,博学多才。因为,他们面对的是一个混界、一个多接口的无形平台的世界。他们被教导信奉铁饭碗不是一辈子在一个地方有饭吃,而是一辈子在哪里都有饭吃。所以,博学多闻,样样精通的复合人才会成为香饽饽。当然,团队也是一个可行的办法,但彼此默契和无缝协同的难度远比单个人更大。

可是,一个人、一个组织、一个国家的精力、能力、资源是有限的,如何才能跨界混业。一是多辛苦点,人家学一门外语,你学三门外语;人家主修一门财务专业,你再修法律、营销。但个人作为点状体不可能去跨得太远,混得太多。这就需要团队。同理,一个企业也是如此,这就需要联盟,打造生态链,进行开放与合作。有人做平台,有人做应用,有人做服务。看看谷歌、FACEBOOK、亚马逊等就知道成功是因为众包来的混业。不断引入 PGC、UGC 等新模式。

既然界是一种人为的划分结果。那么所谓的跨界在实际上是不存在的或者不合理的。但作为人类自身的各种水平不高的初级社会下,只有先分再合。所以,跨界是必须有的一种面向终端用户的业态。但手段与方式可以多样化。作为企业,合作多于竞争,关注用户多于关于对手。只有如此,才能发现蓝海。作为个人,知识结构的合理搭配以及团队的组合尤为重要。于个人而言,在某些唯一身份上,界,还是警戒。比如你唯一的身份地位。你是一个企业 CEO,就应该承担执行的角色;是一个 CFO,就应该承担资金融通、成本控制的角色;是一个 COO,就应该承担运营绩效的角色。不要去干涉别人的运作,不要去越位,耕了别人家的田,荒了自己家的地。即便在一个初创的企业,每个人都应该有清晰的分工。无分也无合。

一般而言,跨界的界不是两个毫不相干的领域,不是原来定位为"大自然的搬运工"跨到做"手机中的战斗机",或者从"只为点滴幸福"到"你值得拥有",这是风马牛的事情,步子太大易扯到蛋。跨界,首当其冲的是模式的跨界,从 O2O 或者是从牛奶到奶牛产业链,遵守"产业链、好产品",遵守"尿布+啤酒"的销售模式等。

阿里系与腾讯系在产业界的纵横捭阖，背后基于的是同一套商业逻辑、数据与用户体系。貌似毫不相干，实则千丝万缕，相辅相成。要么是攻守之用、要么是拦截之需，没有无缘无故的落子。

界，我们暂且不谈界的界定合理与否。回到现实生活之中，面对互联网大潮对于全局、领域、圈子的改变，面对整合、融合这一趋势，它不是该不该跨问题，而是怎么跨的问题。跨界，选择自然关联性切入。用户的需求不是单一的，但他们选择单一的切入是因为在某个时段某个地段这个需求是他的痛点，世易时移，痛点会不断出现，任何一家企业不可能满足所有的需求，只能在自己资源、能力所能覆盖的领域进行强强联合式合作。不一定要亲自去从头来过，合作胜过单干。合作的前提是基于用户价值创造的有效模式。经过三十多年发展，中国经济已具备强大的供应链、加工制造与互联网连接能力，初步具有 0→1 的基础，现在要做 1→∞ 的事。

气场靠主角的呼力与配角的吸力

现在流行接地气，某人气场强大之类的说法。但如何接地气、如何有气场，仁者见仁、智者见智。有人花钱刷粉丝，有人将吸粉作为 KPI 下发到员工，有人炒作花边新闻，……为的都是积聚人气，产生气场，然后利用人气变现为品牌，获取利益……在移动互联网时代，先搞用户再搞投资人的模式被替换成羊毛出在狗身上让猪买单。

场，原意为有一定范围的空地，是一个有形可感知的实体。场面、球场、会场等都是看得见、摸得着的实实在在地形空间。这个不同于局、域、圈。局是无形的运作环境（天），域是无形的同类象（天），圈是无形的团体（人）。场的定义后来不断丰富，逐渐增加了人的成分。凡有场，必是人场之意。如出场、气场、开场白、场合之说。凡跟人有关联的，必定注重形式。因为人利用形式来突出与加强人与人之间的差异、关系。因此不同的人需要有不同场面，什么样的人决定了是什么场合,什么样的人有多少的出场费等等。气场是本质的人之影响力,不同于排场、出场。有排场的人不一定有气场。抗战胜利 70 周年的阅兵仪式,谁能上城楼,谁能在观礼台,谁能驾驶着国之利器与踢着正步过天安门都是有讲究的。

场的特性:有形有限边界、蕴含能量、基础性、可调节、即时性、中心化。

有形有限边界:球场、会场、场面。都在一个有形有限的空间边界里。因为边界里的人与人之间需要发生实质的关系,边界太泛,就无法形成连接。球场上,球员踢球,裁判判决,观众看球。场外的某个路人跟球场就没有半毛钱关系,虽然可以通过移动终端或者网络终端接入现场观看,但在物理层面上,的确是没有关系。

蕴含能量:场由人来决定。场的能量,如磁场、气场都是由在场的人的能量决定的。这种能量对于人而言就是影响力。影响力来自很多方面,场内人的权力、财富、资历、经验、知识、智慧、勇气、品德等等。而影响力来自于彼此的相对影响势能差。所以,气场的大小体现的是人的影响力大小。明星大腕出场时的前拥后呼就是排场。台上一呼台下云集,演员气场自然强大。因此,气场是一种强大的能量场。还没出来之前,就已经通过各种大道小道消息放风制造势。把粉丝的欲望调起来;等到了现场,还是迟迟不出现,直到最后一秒钟才亮相,引发尖叫无数,然后上台一句"hi,大家好",下面已经激动到不行,再要是跟冯巩那样来一句"想死你们了",怕是倒下一大片。然后摆几个 POSE,在签名墙上画几下,就是群情激昂。主角们的吝啬刚刚好,呼出几个字,下面吸进去无数的深意。包括得到签名照、有合影、有拥抱、有握手、有看我一眼、有指到我……,台上台下几分钟不到的互动,使得气氛热火。

基础性:场是地形里的基础元素,是构成其他地形的片段空间。以场为基础,可以逐渐实现元素形态的升级。如人气高的明星、企业家、大 V 等可以携带超高人气进入娱乐界,然后杀入商业界,然后杀入政界等等。首先是有人气,产生气场,进而跨界,然后有了新的圈子,然后在某些领域有所成就,最后是掌控整个格局。跨界必须带有高能量、高气场才可以强势进入。

可调节性:如会场的氛围、球场的紧张态势、机场的有序调度等等。因为,场是人的聚集地,所以人自身可以调节,也可以调节他人。演讲者调动台下观众情绪使其鼓掌,明星调动台下观众情绪让其尖叫,革命家调动周围人群情绪发表革命宣言等都是如此。

即时性:当场擒获小偷,人赃并获;当场公布信息,准备金盆洗手,当场对质,不在场的证据等等。场的时效性使得场成为最有活力、最常用的单元。因为场对人的依赖性太大,人的缺失或者离去就会使得时效性丧失。

场是有形可感知的边界,是个人或群体的能量范围,是彰显个人或群体影响力的绝好地方。所以,在主场,人气爆棚,信心爆满,在与别人博弈时是相当占优的。为何谈判时要选择在自己的地盘,老板喜欢把下属叫到自己办公室里数落,因为那里是他的地盘,他的气场最强。很多人一进到老板办公室腿就发软,是因为受到强大气场所致。双方谈判对于地点的选择很有讲究,实在不行也会选择一个第三方。

场是势力范围的边界。正因为如此,也常有人来砸场子,来挑衅。两方势力在场子里对决,当场决出胜负。当场,就是当时在场上,融合了时间空间以及双方或多方见证。

场后来延伸到情场、商场、官场,这些都是以人为中心的能量辐射边界,扩大了人与人之间博弈的范围。虽然情场、商场、官场看似有点摸不着边际,但确实是可感知的作业边界,是以某个人为中心开展的行为范围。

场是有中心化的,这是地形五个元素里唯一有中心化的。没有中心化就无法封闭成场,聚集不起来气(风口),也产生不了能量(势差)。中心化就是场的核心凝聚力,一般是由人带来或体验强的产品产生的,主要是人的影响力或者人拥有的物的使用价值。并且主角的影响力远超于配角的影响力,这样产生势力差。我们看 BAT 重金打造的场景都是有强大中心化的,要么是支付、要么是社交、要么是信用。如滴滴出行、新美大、Uber 等。场景的目的就是快速完成高频交易,低成本、高效、安全、便捷。我们在挑选创业项目中会看他们如何构建一个封闭的应用场景。但是作为移动互联网大格局既定的形势下,针尖思维、快以及体验感等与构造场景不是那么一一对应。所以,当今的很多创业者所坚持的梦想,完全可能成为巨头的棋子或者中途夭折。

场是起点,也是基础。只有先练好场,才可能跨界,继而上位。曾经有句话叫"关键看气质"。气质=气场+价值。不受形体约束,不拘泥于形态。曾经的丑小鸭也可以是白天鹅。所以,作为无名小辈,做事讲话要注意场合。因为你不清楚场内的哪些势力分别是什么来头,彼此的好恶与力量大小,你更不知道你的未来由谁来掌握。所以,少言、得体永远是最佳的选择。如果不能够很灵活地应对各种场合,就无法进入圈子,就不会有机会进入某个界、域,自然也就无法制订游戏规则,掌握不了大局。蒋介石的名言:战场上打不赢,怎么谈都是输。

场就是根据地,没有气场就总感觉理亏,总觉得做了亏心事。腼腆、害羞、自卑的人无法有效形成气场,因为他们没有呼出能够被感应到的东西,不被主角所认可、接受。他们的能量、维度比人要低,无法去覆盖去渗透对方。在互动、体验的时代,场的存在价值就是促成交易。无论是情感互动、业务合作,都要求有结果。会场要达成会议决议,球场要有输赢,商场要促成消费,官场要有政治结局,情场要抱得美人归,战场要么生要么死,这就是场之所在、利之所在。在全篇,场是利的最佳变现点。所以。利益在日常中也用利益点、价值点来衡量。投资人讨论一个项目的商业模式时,用的就是点在计量。一个 B2B 平台,有广告、会员费、佣金、关键字购买、竞价排名、流量等收费点,也就是利益点。所以,利益必须是看得见的利益,摸得着的利益,让人可以感知的,可以努力之后得到的利益,它不是心灵鸡汤,也不是空中楼阁。主角们的出场带来的气场中给台上台下的配角们带来了切实的利益,一个拥抱、一个眼神、一个签名、一个合影、一个演唱会入场券、一个同台的机会,哪怕是一个可以听得见、看得见的东西都行。为此,粉丝们不惜重金、不惜劳累、不怕挖苦。

如果练不好场子,混场子也是一种途径。一种靠实力打拼,一种靠关系连接,都是升级的方式。张无忌是前者,韦小宝就是后者。

地形的五大元素,局、域、圈、界、场已经悉数登场。练场子、跨界、混圈子、进入新领域、控制格局,一步一步升级。它们之间是可以聚合与解构的。作为地象的核心,地形有实际的作用与价值。

场在本质上是点体,将一个小的体系作为一个点来构建。局、域、圈、界、场都是如此,系体、体体、面体、线体、点体。

第二节　地方——上下左中右

上方:天的方向

凡人都活在地上。自从人类划分了空间,人类就定义了自己。有了东南西北、上下左右、城市乡村、庙堂江湖之后,人就活在符合各自身份的地方。有中央的,有地方的。有城区的,有郊区的。人用空间来区分高低、上下、贫富。长期收到禁锢的人是不敢越雷池一步的。地方,顾名思义的话是地的方向;其实应该反过来,方地,意味在哪个方向的地上。上海丈母娘问你:小王啊,你是哪个地方的人? 现在住在哪个地方啊? 其实的意思是,你是哪个方向的地上的人,城里的? 乡下的? 住在哪个地方啊? 其实意思是,住在三环内,还是三环外。你小子要是方向不对就惨了。这是原则问题,在三环内,哪怕是个50平米,也没关系。在这里位置比方向重要。跟我们在其他场合讲的,方向比位置重要不是一码事。所以说对错都是要看场合的。

地是有方位的。正如事物有形体,时间有启合一样。对于地之方位,不过是前后左右或者上下左右。以自己为参照的为中间。所以,地有五方。在习惯讲有图有真相的当下,面对一张照片,人们会标注左一、左二、右一、右二,再复杂点的第三排左一、第五排右三等等。这,就是方位。用更加科幻一点的说法是坐标。某某公司招聘财务一名,坐标杭州海创园……

上面,如在家庭,人人都会老,家家有老人。老人开明贤德,对子孙就是无比大的福分。对于上面的老人,自然该是孝敬有加。老人是根,有了老人,一家人才能聚在一起;老人没了,一家人也就渐渐淡了散了。以前有不少四世同堂,这都是几世修来的福分。所以,家有一老,如有一宝。君不见,红楼梦里的贾母就是这样一个宝,时不时开个Party,搞个聚会,各种众筹、各种PK等玩得不亦乐乎。其实,所谓上面,其实也是下面。根都在下面,向下生长。老人也是如此。在民间有句俗话叫"水往下流",意思是恩泽都给了后辈子孙,对老辈的关心就少了。其实,水往下流应该是对长辈的关心和陪护更多。

上面,在学校,碰上几个好的老师,也是前世修来的缘分。好老师,传道授业解惑。不仅教授知识,更传授道理。天地君亲师,老师作为人所敬重的五亲之一,更有"一日为师,终生为父"之说。贵人,也是如此。能够给你在某一方面的启发、资源等等。

上面,在企业或机关,上面有上司,尤其是低层的员工,甚至好几层的上司。每个人都会有上司,即便是老板,老板也要服从老板娘吧,实在不行还有丈母娘。上司的脾气秉性直接影响到你的心情。同时还有一个无形的上司,公司的文化氛围。碰到个好上司要看缘分,对于身心健康、职业生涯、家庭幸福都至关重要。好上司可遇不可求,所以碰不碰得上,是个大问题。

上位或者前方是每个人的目标方向,不管你愿意不愿意。因为,人总会变老,一般而言总得结婚生子,把自己升级为 2.0、3.0 版本,更有甚者是 4.0 版本,四世同堂甚至五世同堂。在企业或机关,多年媳妇熬成婆,也能够占个中上位。人生行路,总是向前方,不会后退(如果掉头,那也叫反方向向前)。

与老人打交道,要把自己当成孩子或者把老人当成孩子。孝且顺,孝顺老人不仅是回报老人,更是教育后人。《道德经》所谓"圣人处无为之事,行不言之教"。言传身教是一种传承,孔老夫子说孝顺的境界是"色悦"。对孩子的教育更重于身教。就像公益广告片里的那样,儿子看见自己给婆婆打水洗脚,儿子自己也给自己打水洗脚,还讲小鸭子的故事。所以,把家里的老人赡养好就是给自己孩子最好的言传身教。

与老板打交道,要把老板当成榜样或者把他打造成榜样。帮他成功是你成功的前提。因为他不成功,哪来的位置给你。所以,很多人不明白,还跟老板对着干,除非你有能力干掉你的直接老板,或者炒掉你的老板,否则还是给他添砖加瓦是唯一的途径。

上位,是一种结果而不是目的。因为,在上位的过程中,没有下位的基础支撑,而这种支撑是需要时间积累与沉淀的,否则注定昙花一现,博江湖一笑罢了。所以,现在很多人为了搏出位,不惜以身体、绯闻、出格的行为来引起关注。因为互联网时代是眼球经济。想要按部就班是出不了位,更上不了位。搏出位也成了贬义词。

向前,是一种过程而不是终点。虽然前方有机会也有陷阱,但,脚步应该与生命同步。上帝在造人时,只赋予了人向前的本能,没有赋予后退的本能。侧行,横行都不是人类的功能。当然,人都会上升到自己无法承受的位置(彼得原理),功成身退,适可而止就考验人的修炼了。一旦上位了,就要把居下位的人当成宝,一将功成万骨枯，能剩下的都是大功臣。往前走得越远，就需要越久的时间，就越需要一群人一起走。对上满怀敬畏，对前方满怀希望，人生方能通达。

在地成形，是有了固定的所在和空间顺序，就有了彼此的位置关系，就有了一个立体的空间轮廓，自然而然会出现一个属于不同场景的形象。

好好学习，天天向上。向上是人的本能。但人总会上到他上不去的地方。这个时候就应该退下来，所谓功成身退或者急流勇退，或者知难而退，重新定位自己。有时候高处不胜寒，有时候遭遇"龙战于野，其血玄黄"。真的不如归去，效范蠡泛舟经商、学张良隐居学道，也是快活。

下方不该是下等的位置

有上必有下，上下必相应。有阴必有阳，阴阳必相对。下位是一个处于向下（后）方向的位置，可以是家庭成员里的孩子、企业或机构里下层的岗位、产业链下游的企业、国际秩序里的弱小国家等等。下位不该是下等的位置更不该是下贱的位置。现在出现的杀害小学生、闹市区捅死人的现象是下位个体的一种向下式报复。

在家庭，孩子是家里顺序最下位的人，但却是最宝贝的人。为什么呢？因为在天象之周天里，他们代表未来，这叫未来影响现在，希望高于一切。再就是"水往下流"，意思是自己的子女更爱他们自己的子女，对父母的回报体现在对子女的培养上，如果这是一种现象，算不算一种转移支付。

在公司，底层员工尤其如农民工、清洁工是居下位的人群。他们也是地位、待遇最差的群体。有词为证：起得比鸡早、吃得比猪差、干得比驴多、活得比狗贱。即便在年关时节，民工荒的时候，他们也是被中介买来买去。这是供需决定的，他们作为商品而不是人在产业链下位上被配置。

在社会的阶层中,农民群体、农民工群体、下岗市民群体、老弱病残孕群体,甚至不少落魄企业家、失势官僚、良心的知识分子等作为下位群体,没有尊严,没有安全。他们只能够集体取暖,忍耐后极端地爆发。为什么频繁发生闹事杀人案,以及劫杀小学生?因为一个弱势的无助的人只能选择向更加弱势、更无助的人施暴,以报复这个社会。所以,互相加害,而非互相相爱就预示这个系统就出了问题。

在产业链中,下游的企业甘当打工者,万吨海船的东西只能换回一点点外汇,更悲催的是,还兑换了美国国债。在国际上,非洲、中东等小国从来都是强国蹂躏的对象。打不还手,骂不还口。我们以前也是,现在进步到谁打我,我抗议谁。

所以,下位者,如同大地大海一样,默默承载万物。厚德载物说的就是劳苦大众如大地般的美德。这就是天地的差别,天象主变易多变化,地象主不易多稳定。一旦变化,就是山崩地裂。老百姓一旦反了,那就是大厦将倾,水可覆舟。

同样,上位者不一定富贵,下位者不一定悲催。居下位者,不一定要以上位为目标。那种十年寒窗苦,一朝成名天下知的事情不是大概率事件。下位者,以人和为第一,家庭美满即可。虽然,王侯将相,宁有种乎?问题是,现在都是拼爹的时代,下位者,拼不起,因为伤不起。他们只能在刚需之间作被选择。

在产业链下端的,升级转型自然不是话下。国家在下位者,没有办法,只有忍气吞声,发展经济,或者依附强国。但是互联网时代,一部分下位群体好像颠覆了这种形态,拥有庞大用户群的下游企业却有着强大的话语权。然后逆袭产业链,然后上下通吃。现在所说的屌丝逆袭,得屌丝者得天下。意义就是,得到下位群体的用户,就可以势力倍增,跃居上位。但这种现象并不是真实的商业反应。那些靠烧钱、刷单造假出来的数据,什么DAU、MAU,复购率、留存率、拉新等得来的千万级别用户包装出来的估值数亿的项目，最终还是昙花一现。真正有购买力的用户，发生真实交易的用户才是有价值的用户。随着国内O2O项目的不断死亡，这种模式说明屌丝无法支持经济。建立在大量无消费力且无快速增值空间群体上的模式是伪模式。

下位者，以群体的状态出现，所谓团结就是力量，一根筷子容易断，一捆筷子不易断。所以有非盟、阿盟、东盟、有77国集团，有南南合作。下位的国家要富强，必须大力发展生产力，解放生产关系。下位的企业要发展，必须定位准确，创新致富。下位的家庭想要幸福美满，必须和睦团结，家和万事兴。但，一般而言，事实并非如此。

贫贱夫妻百事哀。不幸的家庭各有各的不幸，那是富贵、权势者的家庭，他们的不幸千奇百怪，财产分割丑闻、夫妻恩怨、儿女坑爹等等。但下位者的不幸多是贫穷。下位的企业要么无心、要么无力去创新去创造，他们有一种思维惯性，依托资源与关系是他们的法宝。下位的国家，他们一般都宰割人民，或者与外国人一起宰割人民。

我们从不认为上位是唯一的目标方向，因为一个系统应该是五方和谐。大家都想上位是因为上位的势力大，说明这个社会还是势力的社会，不是道德的社会。主宰这个社会的价值标准不是天地人的自然、平等，而是权力与财富。或许，这才是世界的本来面目。一个以势力为衡量标志的社会，讲究丛林法则为主。仁义、道德都是辅助的，选择性使用。或许，我们所谓的仁义道德都只是一种人为制造的未来乌托帮式理想。自然生态就得遵天时地利，讲势道术。

上位、下位，从来都不是名义上的那种上下，在一个不和谐的系统里，才有所谓的上下。上下分得越明显，系统越不和谐，世界越不太平。

左即东，为什么是东邪？

走完上与下，再看看左与右。首先，先分享一下历代左右谁大的问题。道家以左手为敬手：楚人尚左，老子，楚人也，故以左边为地位大的一边。故秦、唐、宋、明等朝代，以尊左为主。因为秦统一六国后，在某些方面继承了楚国的文化。而唐代李姓王朝是尊老子的，他们自认为是老子李聃的后人。宋、明延续唐风。而汉推翻秦朝暴政之后改了左尊右卑的习惯。元朝、清朝作为少数民族为了强化统治也一改前朝的习俗而尊右。但有一条是不变的，皇帝都是坐北朝南的。也就是说，上与下从来都是不变的，左与右的消长都是上位需求的变化决定的。这也对应了一点，64 卦中每一卦的中间两爻（3 爻 4 爻）反应变化，成为该卦的变量。左、右同样如此。关于派系的左右之争，有时比上下之夺更加残酷和血腥。

所以，中国传统社会，南尊北卑，东为首，西为次，帝王面南背北而坐，帝王的左侧是东方。因此，在崇尚东方的同时，左也跟着尊贵起来。文左武右、男左女右都是"尊左"的习俗。金庸名著《射雕英雄传》里的南帝北丐、东邪西毒就是江湖版本的证明。所以，唐朝皇后都住东宫，称为东宫娘娘。《甄嬛传》里的熹贵妃、慈禧太后都是西的谐音，清朝以西为贵。俗话里，无人出其右，自然以右为尊。整理一下，夏、商、周、晋（包括春秋战国、南北朝、五代十国）：文官尊左，武将尊右。秦、唐、宋、明：尊左。汉、元、清（包括三国时期）：尊右。尊左的朝代是以崇文为主，故文官为大，所以国力强盛文化繁荣（宋朝是个例外，刚刚热播的《精忠岳飞》体现的就是一个虚弱的朝代，因为宋太祖为了防治武将兵变，在杯酒释兵权后不断削弱兵将的权限，弱化军队的建设，导致"靖康之难"等）；尊右的多以战乱为主，或者防止多数族人反抗为主，所以尚武，武将为大。西方尊右，因为 right 不仅是西方，而且是正确。所以，你可以看到在社交礼仪场合，先生都是挽女士的手，而女士一般都在右边。

好了,言归正传。左与右是相互博弈,竞争又合作的两方。如果上位是要施加向下的力,那么下位就要施加向上的力以回应和对接,这样才算是一个循环才能维持系统平衡。在上篇提到当今社会为何频发残害幼童事件时,提到了系统的问题。因为上位总是向下,下位却不能向上,只能向更下,系统就会失去平衡。背后就是天地不交,如同否卦之意。

左,水平方向的向左或向下力。居左位者,冒险、偏激、大胆,意气用事,很多时候被定义为左派。左,天生跟下有紧密联系。他们以下位势力的需求为表面诉求,目标是谋求对上位势力的冲击或者跻身于上势力。左派群体是草根阶层的聚合体或者混杂在草根阶层里的一部分精英分子。他们以追求公平、正义、开放为旗号。他们是推动社会进步、技术进步、商业模式变革的主要群体。一旦他们获得成功,左派势力中的少数人变成为上势力群体的一部分,作为既得利益者,他们中的一些人毫无信仰可言,因为他们追求的目的就是获得自身的利益。一旦这种利益得到满足,他们的身份、地位、诉求会立刻变化。此时,可以叫他们为新利益格局里的右派。很多的被查出的贪官,多出自贫苦的家庭,可是他们挤上位后,便脱离了左派,背弃了下位群体。

正如钱理群教授说的:"我们的一些大学,包括北京大学,正在培养一些'精致的利己主义者',他们高智商,世俗,老到,善于表演,懂得配合,更善于利用体制达到自己的目的。这种人一旦掌握权力,比一般的贪官污吏危害更大。"他们就是那些精致的利己主义者,他们就是左派里的主流代表。在新浪微博里的一些大V经常散播的普世价值、民主自由等观念,一旦自己的利益获得满足,立马就封口或调转枪头。有些人甚至得到一些馒头或者面包之后,就会撕掉面具。但总体而言,他们以变革为手段,以理想的社会为目标,希望以彻底的、直接的方式改变现状。所以,左派的目标是建立一个偏于现实的理想国,采取的是偏激的手段,他们喜欢革命,满口主义或以思想自居。在历史上左右之争的残酷与惨烈不亚于宫廷内斗。在普通百姓以及右派、上位人群看来,挺邪乎邪门的。因为很难想象,类似哥白尼、布鲁诺等这些人无惧权势的人,他们视死如归。

左势力群体对制造、夸大、传播危机有极大兴趣。他们来自下位,受过高等教育,主观、偏执。比如前段时间的网络大谣们。一般他们从事实业、文教、艺术、媒体、研究咨询等工作,他们博通古今、引经据典、指点江山。他们的言行带有下势力的习气,喜好拉帮结派,经营圈子,比如什么泰山会、华夏同学会、江南会、正和岛等等,擅长争斗,偏爱谈论国是。因为相对于上势力、右势力,他们也是弱势群体。唯一令人称道的是他们的专业价值与少数人悲天怜人的恻隐之心。

对于产业而言,左势力企业一般在新兴产业群里,主要是信息技术、互联网、物联网、云计算、生物技术、空间技术等等。他们有强烈的创新动机,总是企图改变这个世界。苹果的乔布斯常说:活着,就是为改变世界。马云也说:"如果银行不改变,我们就改变银行"。对于产业链而言,他们是现有市场的竞争者、替代者。他们总是以产业发展自身为起点,喜欢建立自己的产业联盟与自己的体系,比如阿里系封杀微信,京东系封杀微博,苹果更是如此,整个系统封闭。作为一个投资人,几乎总是不太喜欢那些开口就讲"颠覆、重构、干掉"的那些创业者。

如果上下产业链里讲的是纵向线条,那么横向产业链讲的协同。比如汽车与IT,地产与家电。这种左右协同将是继上下产业链之后的升级之战。

对国家而言,左派的国家,喜欢建立什么联盟,比如上篇讲的77国集团、南南合作、阿盟、东盟等等。左与下是天然的联合体。因为,他们对上位群体的斗争多于合作。

也有一些左派的代表始终关注价值观、关注天下苍生，以推动科学进步、价值进步为己任，比如一些文学大家、科学大家、艺术大家，他们不在乎上位群体的诱惑，不屑与他们合作，比如李白、哥白尼、布鲁诺等，他们才是真正的大师大侠，金庸名言：侠之大者，为国为民。而另外一些蜕变成上位群体的帮凶或者祸害下位群体的，就成为邪门歪道的"大师"如王林、李一等，他们是人不为己天诛地灭。

左派需要关注下位势力的需求，在争取自身利益的同时，注意方式方法。同时，也要考虑到问题的复杂性、周期性。单一、瞬时的激烈之举无益于地位的改善。更重要的是，他们必须切实关注下势力的利益，而不是仅仅将下位群体作为工具。左派的崛起源于他们采纳了下位群体的诉求，并打着替天行道的旗号，推行普世价值，裹挟着下位群体的向上力量；左派的失败在于在行进的途中，他们背弃了下位群体，要么放弃、要么投降、要么倒戈。宋江就是例证。在更多的时候，左派所做的行为都是一种类似鲶鱼的效应，他们对于社会的进步总是有积极的促进，尤其是信息领域的产业左派，他们借助互联网逐渐在影响着各个方面。

金庸笔下的东邪，就有这样的特点。他不拘一格，琢磨不透，古里古怪。但是心中有爱，胸中有理想。黄老邪居住在桃花岛，那是一个世外桃源，人间仙境。左派中的高手，看淡人生尘世，退隐江湖。一般不会为了大是大非再重出江湖。陶渊明种菊、周敦颐爱莲、苏轼喜竹、李渔弄戏等等。

东邪，邪在以经世之才、报国之心操持着个人情怀。在兴趣所致、情欲所大开大合之中，尽显爽快、豪迈。一生命运多舛，人生起起伏伏。

右方：高富帅与白富美的大本营

说完左，接着说右。还是以金庸武侠名著中的几位用毒高手说起，第一名的西毒欧阳锋（西域人，今新疆及以西），第二名的天山童姥（天山主脉在新疆），第三名裘千尺（绝情谷在襄阳），第四名丁春秋（西域星宿海创立星宿派），第五名蓝凤凰（大西南云南）。这几位毒圣的出生地与成名地几乎都是西北或西南。什么十香软筋散也不例外（西域番僧送给赵敏）。有人说西域还有黑玉断续膏呢，天下奇药，这只证明一阴一阳之谓道，反而说明毒之害甚。

西，实为右也，右亦为西也。

右，顾名思义，在群体概念里就是保佑，辅佐，保护。保佑是基于信仰或者血缘、政治利益、家族的深层次护佑。右，我们认为右是一种水平向右或水平向上的力。右方势力，保守、顽固，走上层路线。与左不一样，他们主张改革、改良而不是革命。他们自幼是精英阶层，受过良好上等的教育，有显赫的家世背景，光鲜亮丽的职业经历。如官二代、富二代、星二代、红二代等等。他们若没有犯大的过失，一般会自然晋级到上势力群体。他们一般也是肥皂剧里的王子与公主原型，是典型的高富帅与白富美的大本营。

右势力群体总是上方势力的天然跟随者，也是既得利益的连带受益群体。他们尽力维持现状，为上势力摇旗呐喊。除了上势力群体，他们对其他群体不屑一顾。对左、下势力采取几乎敌对的态度。在博弈中，他们与上方形成牢固的联盟。他们时刻保护着老板或者主人。对任何有侵犯老板的行为都会坚决回击，毫不留情，可谓量小非君子，无毒不丈夫。

在产经领域，右方一般是国企央企或体质内的三产四产。他们在关键领域拥有绝对话语权，是标准的制定者与执行者，是裁判也是运动员。在商品涨价、民企进入等方面，他们是用毒高手。在国退民进时绞杀民企方面，更是毒功一绝。

在国家层面，他们是中等发达国家，类似新加坡、澳大利亚、加拿大等，作为美国的跟随国家。每一次美国的行为，他们都会附和与配合。

在家庭领域,他们是长子长姐,或者是叔伯姑姨之类,天然占据伦理高位。他们会帮助族长、家长来训斥下辈或者新人。

在企业层面,他们是重要部门的管理者(财务、人事、总裁办、董事会办公室)或者参谋、秘书,跟老板有千丝万缕的联系。

右方,对于产业链而言,是控制核心的一方,如设计、研发,如终端通道,如品牌等,类似苹果、英特尔、高通等等。他们对于利润的攫取毫不留情,不会在意中国苹果代工厂里工人的血泪,也不会在意富士康这样左方的利益需求。

在时间空间双维度里,左、右势力群体应该是互相制约的,他们作为上势力群体的左膀右臂起到了绝好的平衡作用。在矛盾不突出的时候,他们只有方法论上的差异。如美国两党之争;矛盾突出时,就是三观的差异,如叙利亚政府军与反政府军。这个时候,中间群体已经分化掉,整个社会已经成为两派,左派、右派,从上到下纵向排列,一如一刀劈开到底一样分开绝对的两块。这个时候,需要经过残酷的斗争方能重新确定新架构。

上、中、下、左、右五方在一定时间空间受到一定力度状态下应该互相转换的。一个游戏规则合理的体系内,是自由顺畅地互相流动的,能上能下、能左能右。各方的要素资源也可以跨位配置,但在相对保守的系统内,走的路线是下方先左或右,然后左或右里再上,且上去就下不来或不易下来。这还不是一个开放的、民主的系统。是一个充斥着毒瘤、毒素、堵塞的系统。

右,从来都是阳春白雪,他们是荧幕上的高富帅与白富美,是童话剧的王子与公主。编剧、导演、制片人、监制这些人总喜欢用右方位的群体生活来忽悠、引诱左方位的群体,制造一些明星,产生一批粉丝。然后,从中渔利。而粉丝们也乐在其中,尽管有些明星已经厌倦假戏真做的游戏。但是,没有尝到财富、名誉、权力等人间至美味道的下方位群体,总是执迷不悟。因为,他们靠幻想生活。现实的窘迫不是迫使他们向上的动力,反而是寻求虚幻慰藉的病因。

中间方：最苦的 or 最牛的

写完南帝北丐、东邪西毒，实在想不出，中间一方该是怎样的角色。南帝，因为自古君王面南称王称帝，大臣朝北称臣称民。东邪因为帝王坐北朝南时，左手方为东，右手方为西。自古左与下相连，他们中易出激进派、革命派，故邪也；右与上相勾，他们易出保守派、改良派，故毒也。而中间一方，金庸也没说，想来想去，觉得中应该是最苦逼、最牛逼的。

中位者如同十字架的十字路口位置，既能上能下，又能左能右，但也正因如此，也面对上位方的压力，左右两方的挤兑，下位方的叫板。如果处理不当，就如被钉在十字架上一样难受，是最苦逼的一方。

一个人的身体，中间位如同脊背，支撑起整个身躯。男人要虎背熊腰，女人要杨柳细腰。所以，人未老脊背先已衰；

一家之中，上有老、下有小，左右还有兄弟姐妹，中年危机需要八面来风，对上孝顺，对下关爱，对左右友善，真正做到父子子孝、兄友弟恭，何其难也！

一企之中，上有老板，下有员工，左右有同僚，老板常训你，下属常顶撞你，左右常抹黑和挤兑你，作为中层，你苦逼了吧！

一条产业链当中，上游有供应商不给货，下游的渠道商不回款，左右的竞争对手、替代公司趁火打劫、落井下石，你苦逼了吧！

但，有阴就有阳，中间位也可能是最牛逼的。他们扭转乾坤，决定走向。是物体内的变量。

媒体，作为第四种权力，左右舆论，影响选举，全世界都在他们的掌控之中。中间方担当传播角色、流通角色。它是上下、左右之间的媒介。其他四方们通过它承上启下、传递左右，支撑起系统方位的格局。能够聚合正向的力，解构复杂的需求与矛盾，成为各方依仗的群体。

平台,上有应用开发商,下有海量用户,成为信息流、资金流、商品流、物流的集散地,A 平台说屏蔽谁就屏蔽谁,B 平台说封杀谁就封杀谁,牛逼吧! 以开放之名行封闭之实。

媒人、中间人、线人都很重要,能把原本不认识的男女撮合一对天作之合,能把资源整合在一起发挥 $1+1=11$ 的价值,能把黑幕阴谋抖出来揭开黑幕,还天下公道,也很牛掰!

由于处在上下、左右的必经位置,所以中间方群必须有足够的定力,耐性,立场。所谓立场坚定就是必须正直、刚硬。因此,中间方必须得到上势力群体的足够重视,得到下势力群体的坚定支持。否则,因为左、右势力的挤兑,上下势力的压制,他们实际上不仅起不到中流砥柱的作用,甚至还会形同虚设、最后导致上位势力被釜底抽薪。当然,现代企业的架构正在从矩阵模式逐渐扁平化,网络化,中层是首当其冲被压缩的对象。

中间方主要是交通物流、金融、媒体、咨询、中介等领域。他们可以纵向或者横向扩展产业链,横向水平的延伸为了面向终端客户打造整体解决方案;纵向方向的延伸为了面向中间服务商打造服务体。横向与纵向编织成网络,形成一个综合体。

地有三宝:水、火、气,都是中间方,都是介质。没有水,就没有生命;没有火,就没有文明。但凡是中间的,都是促成交易的,无法促成交易的,就没有价值。中间方是场景的必要组成元素。比如在各种移动互联网的应用中,货币与物流、信用就是介质。介质必须是统一的,这也是为何平台能够迅速崛起所在。一滴水解决不了多大的问题,一块钱也满足了什么需求,但一瓶水、一河水就可以,一百块、一个亿就可以。所以,介质要么是处理速度和处理效率取胜,要么是口碑好,要么是规模大,要么是成本低,要么是匹配的颗粒度够细等等。

中间方跟其他任何一方一样,重要和不可或缺。中间方由于位置的关系,为了履行流通、传递的职责,他们常被上面认为不得力,被下面认为不给力,被左右认为不出力。中间方是各方误会的对象、出气筒,为了切实履行职责,中间方必须协助上势力做好整个系统的均衡、协同工作,必须得到上访的信任与认可,这是他们保证整个系统流动的关键。

如果你是中层,你必须对上有胆、对下有心、左右有肺;如果你是平台,那么开放应用,集聚用户是必不可少的;如果你是人到中年,父慈子孝、兄友弟恭是必须的;如果你是媒介,聚合资源,整合创新是必须的。你必须做最好的自己,因为你是中流砥柱,是整个人际网、物联网、互联网、移动互联网的中间层!你是交换机、网关,是网络的核心部分。

中间,一般而言就是自己。要左右逢源,上下通吃,需要天分更需要勤奋。通晓人性,对上敬,对下爱,对左引导,对右鼓励。形成一个跳出格局看格局的模式。不能陷入到任何一方中去,才能游刃有余,中间是承上启下、对接左右的枢纽,所以,流通力、集散力、匹配力很重要。不能陷入具体事务,如果无暇顾及自己的环境,就会面临四方抱怨,遭遇十面埋伏。

最最好的自己,你就最牛掰;否则,你就最苦闷!

第三节　地位——五个平凡人

地方是地的方向,地位是人的位置。不同于地方的无差别性,这里有等级之别,高下之分。我们定义好空间之后就定义了我们自己。空间就是位置,人最重要的是守住自己的位置。一如"天地之大德曰生,圣人之大宝曰位"。如贵族与平民,优秀与劣等,先进与落后等。区分地位,就真正区分了人类自己。庙堂与江湖、别墅与棚户、纸醉金迷与食不果腹等。每年评选的百强县、福布斯与财富排行榜、纳税大户等就是一种人为区分贵贱、高低的无营养事情。通过这种区分，让人与人斗，人与天斗，人与地斗，然后坐山观虎斗。这是人性暗黑的恶性。

在传统教育下，很多人秉持"活着，就是争口气"的俗训。结果是"人比人，气死人"。而乔布斯们"活着，就是为改变世界"。结果，他们在改变世界，我们的气也没争着，反而成为了他们改变的一部分。

有人在天上，如决策者、影响者、评估者、传播者与竞争者；有人在地上，就是劳苦大众、受害者、受限者、失意失势者、自我放弃者。他们跟天象之问天里的五大角色完全不一样。他们是需要被释放的一群人——底层人群，包括劳苦大众、受害者、受限者、失意失势者、自我放弃者。他们是地位的最下层群体，与天象的五位天人对应。

劳苦大众，这个星球上最勤劳、最累、最朴素的主流人群，他们是人类 80/20 里的前者，是承受、忍耐、劳作的一群人，也是无数书本歌颂的一群人。我们一直强烈地认为，口惠而实不至在劳苦大众上体现得最为明显。正如，我们歌颂母亲，赞美父亲一样，我们歌颂得越多，表明我们孝敬尊敬得越不够。"再苦不能苦孩子，再穷不能穷教育"的口号喊得越多，表明实际表明我们亏欠孩子的很多，教育很穷。在移动互联网时代，社群兴起。群体里的领群人与其他成员成为领导与被领导关系。这种社群跨越时空，基于兴趣爱好、利益导向、身份关系等随时随地聚合。尽管是一种弱关系，但在群体存续期间，大多数成员也是如此。就像传销团队、直销团队以及现在兴起的微商群体。阴阳鱼的比例不是对称的。1:9,2:8,3:7,4:6,5:5还是相反。

受害者，是遭受过人身伤害至病残、精神伤害至疯癫、情感伤害至绝望的一群人。他们悲观，沮丧，生活在昏天暗地的日子里。受限者，是在行动的自由与能力，均受到限制的一群人。要么是法律限制，要么是标准限制，更要命的是自我观念限制。失意失势者,情场、商场、官场失势了,失意了,灰心丧气,人财两空,一无所有。自我放弃者,没有希望,自我放弃,破罐子破摔的一群边缘人群。于是乎,酗酒、吸毒、赌博、卖淫嫖娼、贩卖人口等等,将己之害转害于人。冤没有头债没有主,就胡作非为。

劳苦大众永远是人类的根本。他们循规蹈矩,墨守成规。从他们中间逐渐演化出其他的群体,分别向上升级为天人和向下为地人。他们中能出大伟人,也能出恶人。

受害者的前身可以是任何人,即便是王侯将相,也会受害。比如商鞅遭车裂、司马迁受宫刑、肯尼迪遇刺等。无论受害方是谁,他们都有强烈的报复心理。首当其冲的是针对施害者进行,如果这种行为无法实施,他们中的极端分子会转向更弱小的一方。

受限者,除了外界如法律道德等限制外,自我限制是最严重的限制。有一些是被经验限制、有一些被教训限制、有一些被圣人言限制等等。包括主观、客观,主动、被动。更有甚者被一些观念误导被一些思想桎梏,有了心魔,无法自拔。不敢挑战,不愿沟通。这些人有严重的心理问题。他们不和陌生人说话,不会帮助需要帮助的人,不会做自己不擅长的事情。加入什么全能教、拜上帝教、日月神教等等,从一个极端变成另一个极端,无视人伦道德、法律法规。

失意失势者,人都会有在某个时段某个地段失意失势的时候,需要端正心态,顺势而为。

自我放弃者,所谓人作孽,尤可活;自作孽,不可活。尤其是吸毒、赌博的一部分群体。这部分人是朝阳群众监督的对象,吸毒总是能被发现。

对于自我放弃者,无论是本我,还是他我、自我,都已经被破坏。他们心中无我、心中无他。只有一个被捏造出来的神。为了神,可以牺牲一切。就像极端人士一样,但凡心中有一丝念想、信任以及人类正常的情感如歉疚、恻隐心等都不会这么去做。

这五类群体可以是多重并存的,他们会因一个问题而导致多个并发症,如因病致残,成为受害者、受限者、失意者、自我放弃者。不幸的家庭各有各的不幸,但也有不少家庭是一样的不幸,就是按照现在所谓的穷人的家庭,底层人的家庭。地位低下的人群,总是屋漏偏遭连夜雨,船迟又遇打头风。连走夜路都碰到鬼,喝口凉水都塞牙。

在我们的身边,工作中,学习中,四处可见地位的这五类人群,他们传递负能量。所以,要么远离他们,要么拯救他们。可是从古到今都没做到,因为我们的仁人志士们并没有无比执着地将这一使命进行到底。随着他们自我利益得到满足,他们从原来的变革者变成既有体系的捍卫者。在本文之中,我们的分类没有以权力大小、财富多少、名望高低来进行,而是按照这个群体对于其他群体在利益选择、行为选择上的阴阳、形体因素来进行的。但,这多少也是一个一厢情愿。正如多少感动了中国人的道德模范,却没感动 CCTV 一样。

第四节　地势——五大江湖

我们很多人在谈到"五大"(大官、大腕、大款、大鳄、大佬)时,很自然会联想到有钱有势。说到"二代"(官二代、星二代、富二代、贵二代)等白富美与高富帅时,自然会说他们仗势欺人,也就是拼爹或坑爹。所以,势是无处不在、无时不在、无人不用的一种自然力。不仅天有势,即形势(天象有讲过,势道象数术五大元素);而且地也有势,即地势。只有占据天时(形势)地利(地势)人和(人势)的人才有最大的势,才能无往不胜。

回顾下《孙子兵法》在"始计篇"里讲到"一曰道,二曰天,三曰地,四曰将,五曰法"。地的因素在兵家看来排在第三位,居人的因素之前。虽然这是在冷兵器时代,技术不发达的情况下无法穿越时空界限的背景下,即便在当前全球化趋势下,地的因素反而更加凸显。因为个性化、人性化的服务需要结合不同的区域特色。尤其是是在物联网、移动互联网的形势下,属地化就更加重要。互联网 web1.0 是在行天势,以跨时间全天候眼球经济为主,讲究信息发布与传播;互联网 web2.0 就是重人势为主,谁的用户群大,谁的流量、谁的点击率大等;互联网 WEB3.0 时代,就是地势为主,地图信息服务、移动互联网、云计算、物联网、大数据的融合时代,这里天势、地势、人势三者合一,形成天时地利人和的立体三维模型。流量大、转化率大、用户量大、互动量大、沉淀忠诚度大等等。并且地区属性呈现出更加精准、小型的特点。地方政府招商引资发展自身经济的进程也说明这点。在改革开放时,国家也好地方也罢都是划一个圈出来做改革试点,如深圳、珠海等特区,各个地方就是申请国家级经济技术开发区。如杭州的下沙经济开发区、萧山开发区,武汉、苏州、昆山等地的经济开发区。占地面积大,以工业为主,偏吸引外资;然后就是高新技术开发区,杭州滨江、上海浦东、北京中关村、武汉光谷等等,占地面积较前者缩小,高科技含量变大,单位面积产出增加;现在是各种小型孵化器,创客空间、众创空间,在一个园区甚至几栋楼就可以开展创业。创新创业的载体逐渐脱离对土地、房产等固定资产依赖,逐渐转变为对人才、资本、技术等无形资产的依赖。这也是激发创新创业的动力。

再看看百度地图、高德地图、腾讯地图、谷歌地图等地图大战就是一例。基于位置的信息服务 LBS 将成为最有价值的服务模式。包括催生 O2O、智慧城市、远程视频服务、移动社交等等。跨越时空的信息化重构实体,未来有更多想象的空间。因为,虚拟化重构之后,能够随时随地跨越时空与群体,并且在形体中进行无层级转换。在 2015 年最流行的一个提法"互联网+",就是要重构现实世界,形成现实世界+虚拟世界的完美阴

阳调和。只有这样,人类才能认识一个完整的世界,一个完整的
自己。

　　《孙子兵法》曰:"用兵之法,有散地,有轻地,有争地,有交地,
有衢地,有重地,有圮地,有围地,有死地"。兵法讲了有九种地势。
在日常生活中,我们主要用到五种。所以,我们的地势就在于发现
有利于你的空间力,包括领海、蓝海、公海、红海、死海。

　　这五片海是每个个体、群体、组织都需要落点的地方,是每个
主体的地势。不仅要有领海——根据地,而且要不断开发自己的
蓝海——拓荒地,同时最大限度利用公海——公地,尽量退出红
海——争地,规避死海——死地。

　　于个人而言,在工作、生活、学习中,同样要面对这五地的问
题,站好个人的地势。要接地气,才有人气,然后才有地势,才会在
博弈之中选个好的位置;

　　于国家而言,在对外关系、军事、经济、文化等领域同样要面对
这五地,找好国家的地势。划定自己的红线,划定自己的范围,才
有主权,才有国家尊严与国际地位;

　　于企业而言,在经营之中,守住自己的领海,积极开拓蓝海,最
大限度利用公海,逃离红海与远离死海。很多企业都在想开拓蓝
海,结果不经意之间同时一片片蓝海立即变成一大片红海,然后在
死海里挣扎。

　　于家庭而言,守好夫妻彼此的领海,这是两人各自的私密空
间;开发各自的蓝海,每个人都需要有新的兴趣、新的朋友、新的习
惯,为自己活,才能为对方活;扩大彼此共有的公海,将领海与蓝海
的交集并入公海,使得两个人的共同话题共同习惯不断增多,这是
增进夫妻感情的最好方式。不要陷入纠结的红海与进入恩怨情仇
后分离的死海。

　　地势,于你是立足之地,不得不察也。有了地势就有了地位,
就能够规避"高而无民,贵而无位"的尴尬。有了位置,就能够开展

行动,能够与周围的个体发生交互,作为一个活的节点嵌入到人际网络。

地势之领海:你的地盘,你必须做主

广告语:我的地盘我做主。

发言人语:我方在领海内拥有无可争辩的主权,××方的行为是非法的和无效的。

普京语:领土问题没有谈判,只有战争。俄罗斯的领土的确很大,但没有一寸是多余的。

从上面三句话,可以分析出:领海/领地是专属的、专控的、不可侵犯的。我们认为领海是某一方合法拥有所有权的区域或者牢牢掌控的区域,可以是物理空间、市场空间、资产空间、影响力空间等。领海的三个维度分别是时间维度(经过长期的积累沉淀到现在)、空间维度(专属领域边界内)、资产维度(领海内的资产是所有者的核心资产)。

领海的形成主要维度是以时间维度的历史事实层面,如国家领地领海、企业的市场空间、个人名誉与影响力、个人的私人空间与圈子,需要经过很多年的经营才可以形成;法律维度的主体行为层面,如合并、分配分割、授予、租赁、购买等。领海一旦形成,一般是不可以改变的,除非进行重新的大分配,如战争、全民公决、法律裁定、协商解决等。

领海的边界有有形的,也有无形的。有形的就是国家疆界、企业工厂写字楼区间、个人房产等等。无形的就是影响力、市场占有率等等。

领海边界里面充满着所有者安身立命的核心资产。反过来说几乎同样成立,核心资产所在的领域内就是领海。领海内的资产包括土地、空间、资源、财产、信息、数据、人身名誉、权利等,都是核心合法资产,旧时还有人作为资产的,这些受到道义、法律保护。

对于非法侵犯的行为要予以坚决抵抗,对于合法侵犯的行为更要坚决还击。日常中,常见的就是隐私侵犯,隐私是个人领海内的核心资产,专利商誉品牌等是企业知识产权领海内的核心资产,还有很多搞怪的口号:老婆与车概不外借,这老婆与车就是领海内的核心资产。

一国侵犯他国领海时,一般都是在师出无名的情况下非要整出几个貌似光明正大的理由,比如建立大东亚共荣圈、推翻专制统治实施民主、化学武器严重威胁到盟国安全等等。一人侵害他人领海时,总是会打着"我都是为你好"、"我都是关心你",典型的是家长去翻看孩子的日记本、抽屉;"你没什么事情,干嘛不让我看"、"你是不是有什么瞒着我",典型的是夫妻一方去翻看另一方的手机、电脑;为了发展不强拆就没有新中国等。非法进入别人房屋、非法拆迁、非法拘禁人身等。无论理由多么光鲜,"都是非法的、无效的"。但,这种事情每时每刻都在发生。一个连对方领海都要肆意侵犯的人,注定是不受欢迎的;一个连自己领海都保护不了的人,注定是无助的、怯懦的、弱小的。

遭遇到领海被侵犯时,反抗是毋庸置疑的。不反抗是懦弱的,阻碍反抗或者协助入侵的都是领海所在主体的罪人。比如汉奸、昏君、奸臣等。虽然,大是大非上的事件常有,但日常小的不义更常见。如打探曝光别人隐私,肆意打扰别人的专属空间,窃取别人的信息、数据等。这种事情在我们身边很常见,一是因为缺乏法治理念,二是因为缺乏产权理念,三是因为缺乏道德底线。

保护领海是义不容辞的事情。领海内的事情,是每个主体的安身立命之本。比如非洲马赛马拉大草原上的狮子为了保护自己的领地,成天都要跟前来挑衅的其他动物血战到底;干革命要有根据地,当年的鄂豫皖、湘鄂赣、陕甘宁等都是共产党的根据地,根据地不容丢失;保护珍稀动植物要有生态保护地,如四川卧龙的大熊猫保护地,各种世界遗产、非物质文化遗产保护等等。一国全力保护自己的电信、金融、电力、铁路、民航、烟草等部门，一家之长全力保护自己的家人。

保护领海，就像要《黄河大合唱》唱的一样，保卫家乡、保卫黄河、保卫华北、保卫全中国。这是要动真格的，玩命地保护。但光保护还不够，所谓进攻是最好的防守。主动对外沟通、联合、走出去，开拓蓝海，积极利用公海才能够真正保护好自己的领海。当然，也有另一方面的事情，就是小的利益集团全力保护自己的既得利益，比如石油系牵出的一群窝案。他们一直以来就在保护自己在石油领域的"领海"；还有电力、煤炭、电信等等部门。这样的"领海"恰恰就是一小群人侵犯国家、公众、他人的正当领海所得。

现在国家推行改革，最大的阻力就是既得利益集团的阻挠。他们拼死保护自己的"领地"，在推进改革的过程中，这些领地是一定要打破的，可想而知，战斗也一定是惨烈的。用李克强总理的话：有些人要触动利益比触动灵魂还难。

对于合法合理合情的领海，做到不侵犯他人的，保护自己的；对于非法的不合理的"领海"，是坚决到打破的。这是每个人的底线。你的地盘，你必须做主。否则，没人替你做主；别人的地盘，你不得做主，也做不了主。

至于蓝海、公海、红海则是势力范围与利益竞争的必争之地，从死海逃离至红海，从红海抽身至公海，然后构造新的势力范围——蓝海，从蓝海中割据一块作为领海。重新建立游戏规则，重新定义利益分配方式。除了领海之外，公海是公用领地，蓝海与红海、死海都是可以通过竞争、共享等模式来进入的。不同在于蓝海是尚未开发的领域，公海是一个通道，红海是竞争失控的领域，死海是风险偏大的领域。按照六形来划分。领海是点，公海是线，死海是面，红海是体，蓝海是系。

领海是点，是将整个领海作为一个基点对外辐射。是主体所依赖存在的根据地，可以是老家、本职岗位、起家的地方；公海是通往其他领域的通道,如印度洋、太平洋航道。如同基础设施一样,死海是面,死海一方面是无利用价值,一方面是开发风险过大,人类目前的能力尚不足驾驭。所以,如同一个面一样,被翻过或者隐藏。跟什么沙漠、极地、百慕大等一样;红海是体,因为竞争激烈,大小主体、鱼龙混杂居于其中。如家电、服装市场;蓝海是系,是更大的一片处女地。如信息服务业、移动互联网、物联网、云计算和大数据等领域。

这五大江湖各有各的规则。不局限于理解为现实意义上的几片海,更重要的是势力范围与利益源地。对于霸主而言,就无所谓领海、红海,美国将全球的海上咽喉控制着,全球的海域都是它的领海。即便打倒了美国,下一个霸主同样也会如此。

第五节　地距——距离即关系

能够改变一切的还是一切本身,而一切不过是时间与空间的组合。所以,能改变一切的不止有时间。巴基斯坦说跟中国的关系是全天候的战略伙伴关系(兄弟)。何为全天候,就是不管晴天还是雨天,不管白天还是晚上,7×24小时的哥们关系。这自然不是一般的关系。除了时间外,还有空间,尤其是距离。彼此之间的距离,更能反映彼此的关系。

以群体中的核心位置圆心画一个圆,距离圆心的距离越近表示与核心主体关系越紧密。反之,就越一般。经常出入你私人会所的,能够到你家里来,跟你同乘一辆车,同吃一锅饭的自然不是外人。我们说,人类通过定义空间来定义人类自己。人与人之间关系的变化是通过调整人与人之间的距离来实现的,当然时间也是一个维度。三更半夜打电话给你的唠嗑诉苦,或者节假日在你家里蹭饭的多半是亲朋好友之类。而那种在规定的时间、规定的场合以合乎礼仪的方式来沟通的,一般都是生疏的或者公事上的关系。表面上很热情,其实很陌生。

陌生人之间,保持有足够的距离,超过这个距离就会感到威胁与不自在。熟人之间、亲人之间的距离又是有一定的限度,超过一定距离也会觉得不自在。所以,观察距离能够发现人与人之间的一些微妙关系。以核心原点为中心的圆圈内,分为核心、咫尺、紧邻、边缘、外围。这五个元素通过反映主体之间的位置关系来体现他们之间的利益关系。因为利益的获取必须要经过利益产生、交换与分配,交换就必须有场景。无论是实景还是虚拟景,都需要主体缩进彼此的距离,尤其是心理距离。

在饭局里,谁坐在正中间,左右两边各是什么人,对面是什么人,只要一看座次距离,你就知道这个局是怎样的,彼此之间的尊卑顺序等。在某个领域里,与消费者的距离越近,价值就越大。这样是为什么英特尔要打"inter inside"广告的道理。在某个圈子里,比如领导一行人考察工作,谁走在前面,谁在左右,谁在后面,都是有规定的。当然,不一定最前面的都是领导,说不定会是记者与保镖;在非公开场合,好朋友总会在身边,关系越好坐的越近,一起勾肩搭背喝酒、唱歌等。

距离是彼此的势力范围边界。亲密无间体现的是一种共同体关系,如胶似漆的恋人,他们整天形影不离;反间计则是要改变原本亲密无间的彼此之间的关系,使之疏远并且对立。距离一旦疏远,利益关系就发生变化。从朋友变成对手,从兄弟变成敌人。距离的远近取决于彼此的利益关系。利益的交集越大,彼此的距离越近;反之,也成立。

距离自然也包括情感或心理上的距离。"海内存知己,天涯若比邻"。虽然相隔万里,但是心很近。而另一句泰戈尔的话是,世界上最远的距离是我站在你眼前,你却不知道我爱你。

《易经·爻辞传》说:天地之大德曰生,圣人之大宝曰位。是人必求位,会上位、越位、串位。因为,人在与天斗、与地斗、与人斗,有了位置就有了势力,就能够胜利,获取利益。与正能量的保持足够近的距离,与负能量的人保持足够远的距离。距离是客观存在的,因为每个个体都是万物中的一个点,都会占据一个位置。这种位置呈现在地理空间、人际关系网络、项目角色等不同场合。所以,用两个点之间的距离来衡量彼此的关系。关系的远近体现的彼此的作用力与发作用力不一样,每个个体都是有磁场与能量的。

重要的是位置而不是哪个人

有过这么一个故事。老师让某个学生将自己要好亲友的名单写在黑板上。学生提笔便写,很快半个黑板写满了,我们就权当写了 N 个。然后,老师说如果只能保留 N—1 个,你必须删除一个。学生轻松地划掉了一个,接下来的要求是每次划掉一个。学生划的速度越来越慢,当黑板上的名单越来越少时,学生神色紧张,手也开始发抖。直到最后,学生忍不住抱头痛哭起来。

这个故事讲的是某个人以亲近疏远的顺序列出自己的人际圈子,然后根据亲近疏远的顺序缩小该圈子,保留最亲近的人。当你发现很难删除时,说明已经删除到核心圈子了,这些人都是你至亲密友。强链接的都是核心圈子,弱链接的都是非核心圈子。

那么我们是如何在构建和解构自己的人际圈子的?我们通过编排他人与自己的距离来构建和消解这种人际圈子。在核心、咫尺、比邻、边缘、外围这五种人际距离中,每一种都是一个层级的人际关系圈子。人际关系一定是基于一定的位置距离的。我们也通过观察这五种距离,来分析每一个群体内个体的关系。有个六度空间理论,说的是你可以通过任何 6 个人找到全世界任何一个人。大致也有这种距离的含义所在。

最核心的对象是跟自己有最大利益交集的群体。核心可以理解为第一优先的位置。处在核心位置的人更容易获得彼此更多的资源、关切。所谓近水楼台先得月,向阳花木早逢春。核心位置在一个组织内就是势力源头,是场之所存、界之所依、圈子所系、域之所指、局之所在。权力的重心,比如董事会、政治局常委会、薪酬决策委员会、家族长老会等等。这些都是核心位置。核心位置上的人就是红人,贵人,高人,强人,牛人。一个人的影响力取决于他的位置。所谓登高而招,臂非加长也。为什么有的人说一句话,被人奉为圭臬,而你的一句比他还要精炼经典的话却无人理睬,因为他的位置比你好,位置好就是位置比你高或者位置比你更近于核心,有比你多的势能。在核心的位置,因为有势力,跟哪个皮囊没有任何关系。有势能的背后是有势力或实力,能够做出一般人做不了的事情。

在家族里,核心的位置是正房长子长孙,嫡亲的血缘群体。父母、兄弟、夫妻这是最核心的几种关系。在家族里的位置也是最核心的。太子的地位不是一般的王子可以比拟的。妻子的位置永远比妾要高。

在企业里,核心部门、核心员工、核心岗位等都是争相竞争的对象。也是老板的心腹所在的对象。核心的重要性可以不断重新定义。这个根据时间、空间、人来决定。对于一个企业而言,不同的时间段有不同的核心目标,顺带有对应的核心人物、核心技术、核心产品、核心部门、核心伙伴、核心市场等。经历过创业期后,进入成长期,企业的需求发生了变化,需要重新定义核心的内涵与外延。一个初创的 IT 企业,技术部门是核心部门,需要尽快出产品;产品出来后,营销部门是核心部门;当企业稳定后,管理就成为核心目标。每个人也是一样,求学、工作等不同阶段都有不同核心点。儿时的好朋友是核心,长大了之后娶妻生子了,妻儿是核心。当然,作为一个有独立思想或者情感的人,知己可能是一辈子的核心。

核心位置不一定在物理空间上就是中间位置,也可能是整个体系与另一体系的交界处或者是重要交通要道。比如中国南海、马六甲海峡、巴拿马运河、曼德海峡、苏伊士运河等等,于美国而言这些都是海权的核心,都是美国重大利益,但何尝不是全球的核心,全球的利益。核心位置也不一定不是中心位置,如心脏和大脑,都不是人体的中心位置,但是起着核心的作用。

核心位置对应的是势、决策者。如公务员群体、富商群体、明星群体。他们处在影响力的核心位置。某个人或某个群体的重要,是因为它所处的位置重要,要么处在核心的位置,要么与核心的位置离得很近。比如一家之主的父亲,一厂之长的厂长等等。当然,希望也是一种势力,一家的小孩子是家里的核心。核心位置对应的是同人,亲人、爱人、合伙人等。在地象层面,对应的是地形之局、地方之中。

在移动互联网时代,占位更加重要。因为每个个体的差异来源于其所依赖的水土,所谓一方水土养育一方人。山东人跟广东人、河北人跟湖北人就不一样。杭州跟北京、新疆跟浙江也是如此。移动互联网,由同样富有差异性的个体所连接而成,因此个体不再千篇一律追求流行风,而是回归自己的特色。嘻哈一群、朋克一伙、搞户外的、玩电竞的等网聚有同样偏好的人。在大数据＋时代,除了所站位置之外,还有就是面对的方向,必须是符合趋势,这样才能确保持续的竞争优势。

在移动互联网时代,一般位置的重要性开始不如从前,因为网络已经形成。不再是一个扁平的网络,而是一个星状的体系。个体彼此相连,任何两个点都可以发生通信,而无需经过更多的第三方。形状网络一面形成更加强大的中心,一面形成结构洞或者桥,一面压平原有的群体结构。社群经济冲破了传统管理学的边界说,一个人可以同时和几千万、亿万人互动。网络大 V,政界、商界、文艺界领袖们可以站在群体的中心节点,发出信息,在信息技术网络的支撑下,与亿万人互动。这在以前是不可想象的。由此,方向说开始出现,因为快是移动互联网的核心特点,快就意味轻、简,意味必须重构流程。实施云＋端的部署。快意味着今天的一切都会是历史,未来比今天重要,方向比位置重要。但,在今天与明天的平衡中,只有符合方向的位置才最为重要。

地距之咫尺:最难受的位置

所谓股肱之臣,左膀右臂说的是亲密的伙伴和得力的助手;所谓穿同一条裤子,吃一锅饭,睡一个房间形容的是好朋友好兄弟。最近的人就是最亲近的人。一个是物理空间上的距离,一个是心里情感上的距离。"每天你都有机会跟别人擦身而过,你也许对他一无所知,不过也许有一天他会变成你的朋友或者是知己。""我们最接近的时候,我跟她的距离只有 0.01 公分,57 个小时之后,我爱上了这个女人。六个钟头之后,她喜欢了另一个男人。"这是《重庆森林》里金城武的独白。虽然王家卫的电影一直受人诟病,但这部电影却是例外。

0.01 公分的距离就是咫尺的距离。咫尺讲的是空间物理距离,不是心理距离。夫妻同床异梦,虽近在咫尺,但心却远在天涯。

咫尺相比核心属于靠近核心的位置。我们以大内侍卫为例。毕竟大内侍卫不是人人都可以当的,尤其是御前带刀侍卫,至少都是正五品。网上搜一下发现侍卫等级如下:正三品:侍卫统领,正四品:护卫使统领,正五品:御前侍卫,正六品:护卫使,正七品:皇后、侧皇后、太后贴身侍卫(每位妃子各 1 名),正八品:各宫小主、娘娘、太妃、太嫔贴身侍卫(每位妃子各 1 名),正九品:侍卫(不限)。《包青天》里的御猫展昭就是正三品武官,可以带刀前行。明朝一个知县也就正七品官,相当于现在的县处级干部。可见当什么官不重要,重要的是跟在谁身边。这些侍卫由于跟着核心人物,自然也位高权重。

为何咫尺的位置有如此能量?因为咫尺是拱卫核心的屏障。

比如天津、河北等地,是拱卫京畿的重要门户。核心位置的人需要有人来分忧解难,核心位置的城市需要有卫星城市来保障供给,核心位置的部门周边需要有对接的部门来分流业务。

咫尺位置的人或部门、城镇在核心得势的时候自然受到眷顾,在核心受到威胁时,自然要以身报答,自己作为屏障来保护核心位置的人、部门、城镇。比如洪水时期,为确保核心城市,周边的小县市就要替大城市分洪。1998年时的荆门就替武汉分过洪水。所以,如果你在咫尺的位置,你就要保护好核心位置的对象,做好服务工作。这样才能够一直处在核心的旁边。既不是权力争斗的漩涡,也不离权力太远。

董事长、CEO、SVP 的助手、助理、秘书或者心腹都是咫尺位置的人物,他们离权力核心很近,是核心的忠实保卫者,也是最有隐形影响力的一群人。我们时常听到某某贪官的司机贪污了多少钱,某某的二奶与情人贪了多少钱等,有多少厉害,靠的都是他/她近在咫尺的位置。

正因为如此,咫尺的位置也是最难受的。因为既不是核心位置,又要时刻替核心背负责任。同时,还经常受到核心位置的欺负。这就是,伴君如伴虎。所以,真逼急了,狗急跳墙、鸡飞蛋打的,逼宫造反的也不是没有。

咫尺位置的人,在受到赏识与获取利益的同时,也是容易被打击消灭的对象。剪出手足、清君侧,除去分支等,为的是快速打击主干,直捣黄龙。

刚刚好才是真的好

相比核心与咫尺,比邻是最合适的距离。核心距离好比"不识庐山真面目,只缘身在此山中",难免有当局者迷的困惑;咫尺距离好比"你看云时,我觉得很近,你看我时,我觉得很远。"不免徒生天涯咫尺的哀怨;比邻则是"采菊东篱下,悠然见南山",悠然自得的潇洒跃然而现。

每个生物体都有自己赖以生存的空间范围。核心距离如同两个相互重叠的圆一样,如影随形;咫尺如同两个相互包含的圆,包含或者被包含;比邻是两个相交的圆,有一定的交集,但圆心距大于两圆半径差;边缘则是两圆相切;外围则是两圆相离。

比邻的位置一般而言很难改变,既有时间上的顺序性,也有空间上的结构性。如兄弟姐们之间的关系因为既定的年龄差,国与国之间领土连接或分界因为既定的距离等。所以在家里面,年长的就是大的,长辈们对你有很多要求。他们会说"年纪大的要有表率啊之类";年幼的就是小的,大的会对小的有很多要求,比如"你不听,我就揍你"。

比邻的主体之间既有利益上的交叉,也有各自独立的核心空间,毕竟圆心附近的核心位置还是自己可控的。在需要支援时,彼此可以迅速伸以援手;在各自独立处理内部事务时,彼此保持独立。所以,中国自古有"远亲不如近邻"之说,因为空间的距离便捷抵消了人情上的情谊。何况情谊本身是可以后天培养的,先天的情谊也是可以随时空而退色和消失的。朋友之间的关系,尤其是君子之间的情谊,正如同比邻,淡而不断。而那种狼狈为奸则属于核心距离关系,追随与盲从则是咫尺距离关系。

何为刚刚好。因为多一分则有余,少一分则不足,完全比配,阴阳正好一半一半。一半一半不一定是完全规整的。比邻为何是刚刚好的位置。因为它既满足了彼此的连接需要,保证彼此接入周边一定范围内的人际网络,使得自己成为群体的一员。同时又允许随时随地断开这种连接,保持自己的独立个性,有自己独立的空间,可以加入另一个人际网络。在西方世界里,人们通过搬家来实现这一过程。想去就去,说走就走。有个广告叫:大家好才是真的好。但如果是牺牲我一个,幸福一家人的情况,就另当别论。即使只有一个个体的不幸,整个群体都不能算幸福。大家好的本质是一种理想,因为只有每个个体好,才有真正的大家好。而要每个个体好,必须拿捏邻里距离的分寸,邻里关系的融洽是前提。从网络的角度看,没有每个节点以及节点之间的互联互通,整么能有整个网络的互联互通?从智慧城市的角度看,没有每个人的智慧,怎么有整个城市的智慧;从个体与群体角度看,没有每个公民的幸福和谐,哪来全社会的和谐。

所以,与邻居搞好关系是非常有必要的。小时候,整个村子依河而建。从村头到村尾,大家都是一家人,邻里之间有来有往十分融洽。后来进城了,人人都住进筒子楼,内有大铁门,外有防盗门,门里门外两个世界。邻里之间不再和睦,甚至老死不相往来。这不能不说是人类关系的一种倒退。信任、理解没了,矛盾、敌对来了。现在甚至彼此面对面的人群中都是如此,大家都是低头族。生活在虚幻的、过去的人际关系网络里。

在企业里,与上下部门的同事合作比部门内的合作更加重要。因为部门内的岗位是分工明确的,一个萝卜一个坑,彼此之间的协同较少,基本是并行的岗位设置。而部门与部门之间完全不一样,整体上是一个串联关系。业务体系、研发体系、管理体系、市场体系等需要时刻的协同。销售人员前面有市场人员,后面有研发人员,最后面还有财务与人事人员。这种协同,我们叫邻里协同。有的人在部门里的人际关系不好(不是差,有时也是生疏,比如销售人员,长期跑外边,甚至连自己部门里有几个人都不清楚),但业务做得很好,工作绩效很好,是因为他抓住了流程的连接性质,搞好了邻居关系。用职场的一句有点负能量的话就是,人家也没义务必须要帮你。如果都是拿规章、流程等来搪塞,你也没什么脾气。所以,合作要想天衣无缝,还得真正建立在除了物质利益分配之外的精神利益分享。

在行业域或者圈子里面,邻居关系同样重要。蒙牛与伊利不是邻里关系,蒙牛与新希望、超市等是邻里关系。邻里关系在局、域里就是上下游供应链关系和左右服务链关系。以色列人在全球是最会做生意的。如果一个犹太人在一条街道开一家餐馆，另一个犹太人会去开一家洗车店而不是餐馆，开车去餐馆吃饭的人吃完饭顺便也会洗洗车，而专门去洗车的人也会因为有吃饭的需求而去餐馆。这样可以互相借力，共同成长，避免正面交锋和两败俱伤的局面出现。而如果在中国，很肯定是一条街都是餐馆。还有一点可以肯定的是，你几乎可以看到每隔不久就有餐馆在装修，改头换面。他们善于也喜欢处理邻里关系，我们则不是，我们是讨厌邻居比自己富有、文明。所以，我们要的不是自己成功或幸福，而是要比别人成功或幸福，尤其是比邻居。我们见不得周围的人比自己好，这是一种任性。

在国家之间，有毗邻的国家有先天的条件从事贸易、旅游、科研、文化交流合作。即便在通信、交通发达的现代社会，相邻的两国也比其他非相邻的国家之间有更多的天然优势。一则有历史传承下来的交往；二则人类对于土地的天然依赖，靠得近，会感觉有安全感；三则比邻之间的交流成本相对最低。当然，有领土纠纷的除外。一旦发生这种情况，比邻原有的优势荡然无存。

善于搭建邻里关系，善于利用邻里连接，才能做到刚刚好，也才是真的好。

转型升级不是屌丝逆袭之路

身处核心、咫尺、比邻距离位置的应该都算是嫡系部队，彼此好歹至少都在一个圈子里。而边缘是在圈子边上位置，它既不是独立的系统，也不在系统的重要位置。正如两个相切的圆圈，是摩擦的发源地与资源的匮乏地。好处捞不上，坏处不招自来。边缘的距离如同城郊结合部，属于三不管地带。资源、权力、财富很少能够分流到这里。一般是盲流、草寇的集散地。资源一般都是从核心位置的有势力群体开始分配的，依距离来定份额。核心距离最多、咫尺其次、比邻再次,边缘最次。所以,老少边穷的地方也是鸟不拉屎地方。用最时髦的话,他们就是屌丝。在移动互联网时代,屌丝们大都是 0,精英是 1,当屌丝碰上精英,屌丝就是 0。就像农民起义之后,还是地主夺权一样;创业者倒腾出一个项目,最后被大佬巨资覆盖一样。这个在社群经济时代就是如此,总有人做君,总有人当羊,并且移动互联网加速加剧了这一现象。

在封建社会,庶出的子弟比嫡出的待遇差很多。尽管一个男的可以娶多个女人,但是也是一夫一妻制,只有一个妻子,其他的都是妾。妻与妾自然不可同日而语。她们的子女也是如此。除此之外,收养关系、认领关系、联姻等确立的家庭关系自然比血缘关系差很多。

在公司里面也一样,嫡系部队的待遇自然跟非嫡系不可同日而语。当年国共联合抗日,国民党的队伍中,北伐的部队、黄埔的部队都是老蒋的嫡系,什么陈诚、杜聿明、薛岳等人都是老蒋的心腹,而其他的地方军,什么川军、滇军、桂系部队等顶多算是比邻部队,而八路、新四军就是边缘部队。要武器没有,要粮草也没有。但,总会被安排冲锋陷阵。事实也如凯文·凯利所言,颠覆从边缘开始。

处在边缘位置的人要么是打酱油的屌丝,要么是跑龙套的屌丝。群众演员就是代表。社会群体里,农民、农民工、鳏寡孤独废疾者则是一个个边缘的群体。处在边缘位置的企业也是卖苦力的。如同中国的加工制造,在全球产业链环节中,研发是核心位置、设计是咫尺位置、物流是比邻位置、生产是边缘、销售是外围位置。中国制造只是一个利润边缘的非核心参与者。其实,中国现在在国际上,也属于穿着名牌的屌丝。正因如此,中国制造被郎咸平批得一无是处。2015 经济寒冬,不少地区经济不振,发生企业倒闭潮。说明在转型升级过程中,要逆袭不是那么容易。不仅如此,从 2009 年开始一直喊的经济寒冬,一直到 2016 年。年年喊,终于跟"狼来了"一样，大量的实业开始被迫转型。中国也制订了供给侧改革的措施。

回到主题上来，我们整天在提的转型升级，就是要从跑龙套的、打酱油的转型成为主角、实力派。其实，一直令人疑惑的是，转型升级这个提法究竟符合逻辑吗？先转型后升级显然割裂了历史与未来的联系，不是一种平滑过渡。这种转型带给企业的伤害很大。温州的打火机公司要转型成消防类公司或者太阳能公司，跨度太大难免扯着淡。中国制造一下转型为中国创造，估计不太现实。所以，一旦金融危机来袭时，很多老板只有跑路、跳楼。因为改革开放30年来，他们中的很多人只是一味地扩大生产，圈地再扩大生产。无论是自己的思维、能力，还是手下队伍的思维、能力都只适合干加工制造的事情。一个车床间的刨工、铣工去搞太阳能显然不对路。这不是1＋1就能够＝2的事情，不是加减法，是乘除法。

回头看看那些成功的大型企业，他们的每一步都是通过升级完成转型。微软从推出最初的操作系统、办公软件到现在的WIN8、WINDOWS AZURE云计算，进入可穿戴设备领域，每一步都是升级而来，在这一连串的升级之后，微软在鲍尔默治理下也将一家纯软件企业转型成软硬合一的服务型企业。甲骨文、谷歌、IBM都是如此，一方面不断地在技术领域升级，一方面不断地通过资本并购实现产业链的贯通，推动整个企业转型为适合网络时代的服务型企业。而那些没有升级成功的企业，如柯达、诺基亚、摩托罗拉等，没有从GSM时代的蜂窝技术升级为3G、4G时代的智能技术，没有从普通手机升级到智能手机，结果一旦形势变化，想要来个完美的转型恐怕不现实。正如一个人临时抱佛脚，总不管用。

个人的成长路径也是如此。一个人从底层员工升级为经理、总监、部门总经理、VP、SVP等等，顺利完成从员工到管理者，甚至创业者的转型。一个车工显然无法去一个移动互联网企业担任位置,可如果制造业的车工在多年打拼后成为智能制造企业的高层,那么这个人可以进入到IT界管理智能设备公司,所以,升级之后才能转型。因为每一步的提升都是量变,而转型则是质变,不积跬步无以至千里、不积小流无以成江河。没有每天每年的小进步,怎会有今后的大进步。这种蜕变是需要实实在在的过程积累的。如果真有不升级就转型成功的,不是天才就是走狗屎运。马上得天下不一定能马上治天下。得天下是升级,治天下是转型,完全不是一个概念。

边缘距离的人有理想有目标,会一步一步地升级,再转型,完成屌丝的伟大逆袭。但一般而言身处边缘距离的位置久了,人也就没有了追求之心,一切听天由命。对他们而言,边缘处有远离核心的喧嚣,也有"春风不度玉门关"的悲凉。但是,作为边缘者,还是要尽量开发好塞北的好江南,不能怨天尤人,别指望神仙皇帝。升级、转型、再升级、再转型,一步一步用自己的游戏规则去打造自己的势力圈子,将自己放在核心位置。

位置是有层级的,从一级到另一级,从地层级到高层级,每一次的升级都需要能量补给,完成形体的升级。

旁观者还是野蛮人

在整个人类的网络之中,每个人都是一个节点,感知世界、存储知识、计算信息、传输信息并思考、相互行为。人际网自从有了人类社会就一直存在,人际网络是人类存续的方式。通信网、互联网的出现只是一种加强人际网络的手段。人以圈子的方式存在于人际网络之中。圈子是社会的基本组件单元,圈子有大有小,有强有弱。圈子里的人与物都是强连接,直接触发行为;圈子外的都是弱连接,产生信息并影响行为。

在地距的五个元素,核心距离、咫尺距离、比邻距离、边缘距离之后,就是外围距离。外围是一个圈子外的距离,与圈子里的关系是一种信息触发关系。前四种距离是一个体系内的关系,外围则是该体系外的。这种分法符合一阴一阳之道。体系内的节点之间必须有相互协同的行为,否则协同就不复存在,圈子会在重复循环的协同中优化节点,进而进化圈子。这些行为对于体系外的外围距离对象而言获取的就是信息。小道消息、谣言、听说之类的就是外围人干的事情。

外围距离上的人是一个旁观者。管理学大师彼得·德鲁克有一本书《旁观者》,对于企业进行了整体扫描以及善意建议。所谓当局者迷,旁观者清。"清"的旁观者必须有扎实的理论基础,丰富的实践经验与精湛的分析能力与卓越的预见力,同时必须还有一份善良的心、关爱人类的大爱。德鲁克具备这所有的一切。

我们的社会里有两种普遍的倾向。其一是好追从大师,尤其是玄幻、宗教之类的大师。比如一些明星去给什么活佛拜师,一些企业家追捧一些奇人等。可能是平日不信奉,遇到问题了就特别迷信。与信奉宗教的民族不同,他们天天信,反而不是特别迷信;其二是外来的和尚好念经。我们的管理者倾向接受外围距离的人的言论甚过内部人。这个背后的来由是因为他们觉得内部人更需要防范。家贼难防是国人普遍的心里,宁予洋人不予家奴。当然,有来必有往,前者回报的是骗你没商量;后者回报的是剧烈内乱后的两败俱伤。从旁观者变成野蛮人,只是一线之隔。这一线就是做相互促进的乘法加法还是做损人利己、损人不利己的除法减法。

积极的旁观者是社会的一种良性、积极能量。大家、大师站在整个人类的高度规划、指引芸芸众生。他们不卷入具体纷争,不屑于利益争斗,也不在于是名垂千古还是遗臭万年。消极的旁观者是一种人情漠然、良知泯灭。他们对别人的求助、境遇无动于衷,袖手旁观。事不关己高高挂起。

与旁观者不同的就是门口的野蛮人。恶性的野蛮人喜欢插手、干涉他人事物,甚至挑起事端,无事生非、无理取闹。不了解情况,不经过调查,就是胡说八道、指手画脚。他们以浑水摸鱼、趁火打劫为生,以老大自居以道德行走江湖。还有一类良性的野蛮人,他们不顾权贵势力,不顾个人安危,扶危济贫,打抱不平,哪里有不公哪里就有抗议。我们的身边有很多这样的各种各样的人。

我们每个人都需要外围距离的人,我们也都容易受到他们的影响。当然,当自己处于外围距离时,什么时候充当旁观者,什么时候扮演野蛮人需要自我判断。外围距离外的世界,是我们需要进行交互的世界,也是圈子里协同工作的对象,是开拓、创新、进取的目标。

第九章　人性本利

　　无论是性本善还是性本恶都只是探究了人性形态的一个方面。人性本是追求利益才是原点。善与恶成为人性的阴阳两种形态。人是天地人三才中居于中间的一个主体,也是迄今为止地球上最高级的物种。代表天地来维护万物秩序。人具有天地的属性,按照天地的格局来分成群体,有一个物种全部的需求。人象分为五需,五人,五型,五能,五方。人有五种需求,可以分为五种人,每个人都可以通过五种类型去分辨,每个人都可以根据五种能力去研究,每个人周围都有五个方面的人作为网络的部分。以五常为核心,五观为视角,五后为资源,与五人来打造生态联盟,满足五种需求。

五需	心理	脑里	腰里	手里	生理
五人	共同体	贡献体	影响体	同盟体	竞争体
五常	仁	义	勇	智	信
五观	三观	方法论	目的	态度	风格
五后	资源	权责	经历	家庭	教育

图 9.1　人象的层阶与元素

第一节　五需——人的五种需求

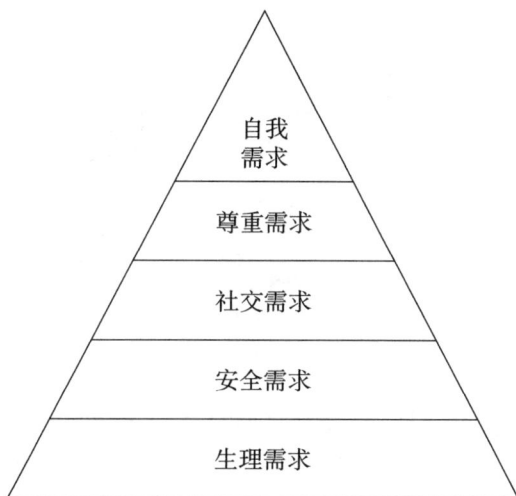

图 9.2　马斯洛需求模型

马斯洛的需求理论一直是研究人类行为科学的理论之一。这个理论基于宏观的社会现象，而不是微观的个体行为。比如解放初期的人们，简单直白地说就是穷快活的幸福、无争斗的快乐。很多崇尚宗教的地区，生产力水平极端低下，但人们依旧幸福、快乐，彼此和谐共处。比如尼泊尔，很多去过这里的朋友，无不会重新审视他们的人生观。所以，马斯洛的需求针对全体人类且在一个长期阶段具有代表性而不是针对个体或部分人群、局部、片段时间内。比如很多贪官。他们身居高位，能够影响甚至改变周围的世界，但是他们迷恋生理需求、贪图荣华富贵、渴望名垂青史。很多富豪富可敌国，却没有安全感，内心空虚。

首先，五种需求是每人每天都会发生的，需求层级的时间跨度大大缩短，甚至无缝平滑切换。我们提出一个五类需求模型。生

图 9.3　五需同存模型

理(生存与繁衍)、腰里(腰缠万贯的财富)、手里(手握权杖)、脑里(名声与影响力)、心理需求(内心平衡)。并且这五种需求在一个时间段内同时存在,随着时间、空间、对象的变化,需求同步发生变化。这种变化发生在每个人每个群体身上,每一天都在根据时间与空间、对象在周期性地跳换。有人(克林顿)在桌子上面对着全球发表电视讲话(脑里需求),在桌子下面玩刺激(生理需求)。A名人一觉醒来,饿了要吃早饭;着名服戴名表从有围墙的别墅乘豪车去赴会,穿梭于达官贵人之间,晚上参加慈善义卖活动,回到家里整理历来活动资料出了一本一本书,叫《优雅的野性》。B民工一觉醒来,哨了两个馒头,冲到车间开始劳动,周末下班跟工友去路边烧烤,唱个卡拉永远 OK 的《我的未来不是梦》,曲终人散了打电话给女友,回到宿舍整理下本月财务账单,抽出一部分明天寄回老家,晚上做了一个美梦。你会发现其实,需求是没有层次的,只是因为时间的单一维度使得人不太能同时满足 2 个以上需求。当然,随着科技与信息技术的发展,需求的同时满足或者也是可能。

　　其次,每个人对安全、社交、尊重与自我满足的理解不同,有人认为身处保镖之中,豪车之内,手握亿万财富是安全;有人认为身体健康,有人爱且自食其力是安全;社交不仅是名媛名流的觥筹交错,也是屌丝的路边烧烤;尊重不仅是被冠以大富豪、大慈善家、大明星也是"干得不错";自我满足不仅仅是有很多粉丝或出书立传,也是欣慰地看到自己的劳动回报了家人或者帮助了他人。

其次,需求之间没有高低之分,满足需求的手段之间也没有优劣之别,只有合法与非法之异。A名人与B民工的需求没什么高低,都是包含五种需求,A满足需求的手段看起来光鲜亮丽,实际上与B一样,不能说豪华宴会就会带来的需求满足就比路边烧烤带来的充实。聚光灯下的各种POSE就比手机自拍的各种POSE要优雅。如果需求有高低之分,那么就是说明有需求的人有高低之分,满足这些需求的产业有高低之分,满足这些需求的公司以及岗位有高低之分。而实际上,卖汉堡的企业如麦当劳、肯德基很牛。整天吃鱼翅、燕窝的身体不一定比吃白菜萝卜的好,送牛奶的身体比喝牛奶的要好。

但有一个可以肯定,无论是阳春白雪还是下里巴人,需求以及满足需求的手段都得合法。但现实是,很多不合法的大行其道,合法的却诚惶诚恐。前一段时间,明星吸毒成风,网友戏谑他们可以拍《监狱风云》。后来反腐力度空前,一批不法官员排队进监狱,再后来就是一批企业家。以至于《中国企业家正在通往监狱的路上》一文在朋友圈疯传。

最后,在马斯洛划定的低级需求与高级需求中,标准是满足方式为内部还是外部,依托外部的都是低级的;依托内部的就是高级的。这一点也值得商榷,现在的需求都是通过交换获得满足的。生理需求中吃穿用住行以及性都需要跟外部交互才能获得;感情一定是自己对他人或外物的反应;尊严不是自己感受的,是别人与自己相互作用的,内心满足是通过自我的行为施加他人反馈回来的心里感受等。

需求的存在不分古今中外、男女老少,需求不会减少也不会增加,只是需求满足的手段与工具在提升。取决于价值的生产、分配与消费的另一个维度——公平。效率与公平是一个矛盾的两面。需求的满足不仅取决于满足需求的条件是否成熟,更取决于需求者自身的意志与价值取向。前者是外部条件作用,后者是内心因素作用。由于世风日下,有人在光天化日之下强暴妇女,有人在大庭广众之下妖言惑众,有人在艰难困苦之中坚持原则;由于道德沦丧,有人表面上追求脑里与心理需求,实际上痴迷于生理、腰里、手里的需求;更有甚者,五种需求要同步同时满足,那些天上人间、海天盛筵里每天发生的情况就是这种极端的体现。在那里,生理、腰里、手里、脑里、心理的需求每时每刻都在同时发生、在交换中满足。

第二节 五人——身边的五种人

现在的网络达人都以群来称呼,可以说群是一个圈子或者圈子里的一种。圈子是地象之地形的面性元素。这里与人象之五人对应,说明地象与人象之间的紧密关联。

《说文》:"群,辈也。从羊,君声。"又说:"辈,若军发车,百辆为一辈。从车,非声。"因此,群,乃指人群,人的集合。所以有三五成群之称,群众之谓。在网络时代新添不少网络词汇,如 QQ 群,微博群、微信群等更加让群这个字流行起来。企业在架构组织结构时,也以群来区分,如腾讯架构调整,分为六大事业群。阿里分为七大事业群。正所谓"物以类聚、人以群分"。

在古代,群不仅是人的集合概念,而且是空间概念。古代的一群人就是一个氏族、部落,居住在一片山水之地,繁衍生息。现代的群则是一些有同样标签的人的集合,不一定会聚集在一个物理空间,彼此也不必然发生生产生活行为,简单到可以是信息的共享与交换,甚至是一个对你标签的认可。在微博上有各式各样的群,冠以"民工"、"挨踢族"、"宅男"、"宝妈"、"创客"等等,有这些标签的,就会聚合在一起。这种后天因兴趣爱好等聚合的群更活跃更持久。比那些因不可挖力导致的结群如亲友群,同学群等有价值。移动互联网开拓的是人内在的需求,重新配置群体。

　　古老的群体被解构成现代的群体,根本的原因是生产关系的发展,出现分工的细化,群体里每一个体原来主要的需求是生存与繁衍,现在却是彼此认同感、归属感,需求会越来越提升到意识层面。他们借助网络技术、交通工具等迅速聚合,形成新的群体。这一点符合马斯洛的需求理论,前面的五需也讲了这点。群是个体实现自身利益诉求的载体与平台,个体是群得以存续和发展的主体。个体为群体实名,群体为个体背书。用《三体》里的话就是,我恨你跟你无关。其实,背后跟你所在的群体有关。一个群体对另一个群体的爱恨情仇会统统喷射到这一个群体的个体上。在日积月累的生产、交换过程中,全球化背景下由于个性化、区域化因素加重,只有以群体方式才能针对另一个群体的个性化需求提供随需应变的服务。竞争不再是一个人对另一个人,也不是一群人对另一个人,而是一群人对另一群的每个人。

　　光有群还不足以说明问题,群天然与体结合。如同黄金与货币结合一样,讲群必讲体,讲势必是势力,道必是道德,术必是方术一样。讲体必讲体划分的标准。我们选择"利益"为标准。为何以利益为分类标准?在前沿里也简单分析过。(利,会意字。从刀,从禾。表示以刀断禾、收获谷物的意思。本义:刀剑锋利,刀口快。引申义:收获谷物、得到好处)。所谓"天下熙熙,皆为利来;天下攘攘,皆为利往"。利益贯穿在人的思维、行为中,终其一生一世。以利益为尺度衡量群体之间的关系以及群体内个体的关系最为简单、准确。利益包括利与害,分为物质与精神两个层面。狭义层面,利是物质利益;广义层面则还包含精神利益、无形利益。本书倾向推崇广义的利益标准。父母养育子女更多倾向后者,企业聘用员工更多倾向前者。

为何是数字五？此前的章节里讲过，五乃天地之数。我们将五字拆开，就会发现它是个会意字。从二，从乂。"二"代表天、地，"乂"表示互相交错，产生人与万物。本义：交午（纵横交错）。五，阴阳在天地之间交午也。——《说文》。天有五个方向（东南西北中），地有五个位置（前后左右中），物有五种形态（金木水火土）。人手有五指、内有五脏、信有五义，色有五彩，音有五声等等。

所以在天之五时、地之五位之后，按照体之五形，人群有群之五人。分别是共同体、贡献体、同盟体、影响体、竞争体，简单对应就是同人、客人、友人、贵人、敌人。无论是学习、工作、生活、社交等领域，还是古今中外，男女老少概莫如此。认知人必先分辨其群体，人类通过定义空间来定义自己，通过定义关系来加强这种定义。现在的小孩子都喜欢坐那种小卖部前面的摇摇车，有一个讲的是，"爸爸的爸爸是爷爷，爸爸的妈妈是奶奶，爸爸的弟弟是叔叔……"现在大多数家庭只有一个小孩，即便放开单独二孩，也没以前复杂。以前双方父母都是 6—7 个兄弟姐妹，聚会起来叫一遍都是难事。

同人：男若为知己，女便是红颜

曾经微信群里有一段转发率很高的一段文字，开头一句是：万人追，不如一人宠；万人宠，不如一人懂。……，人与人之间，没有谁对谁错，只有谁不理解谁；没有谁好谁坏，只有对谁不对谁……。想起，2009 年美国媒体评选最让人生厌的英语词汇，"You Know"位居第三。而在国内，"你懂的"2010 年大红大紫。"亲，涨价了，你懂的"、"那个谁谁谁是××的谁谁谁，你懂的"，然后是"土豪"、"小伙伴"、"暖男"、"在一起"、"逼格"以及然并卵、气质……

讲完人象之五需之后，该讲讲五人。五人是对五类群体的简化，用每个群体里最核心的人来指代。同人是共同体的核心，共同体是什么？共同体是群体的一种，如我们常说的结成命运共同体。

利益共同体是在同一特定时间段特点空间里针对同一具体对象，彼此有相同的价值观、人生观、目标或者处境，而共建、共担、共赢、共享的人群。比如李安的电影《少年派的奇幻漂流》里的派与老虎理查德·帕克。

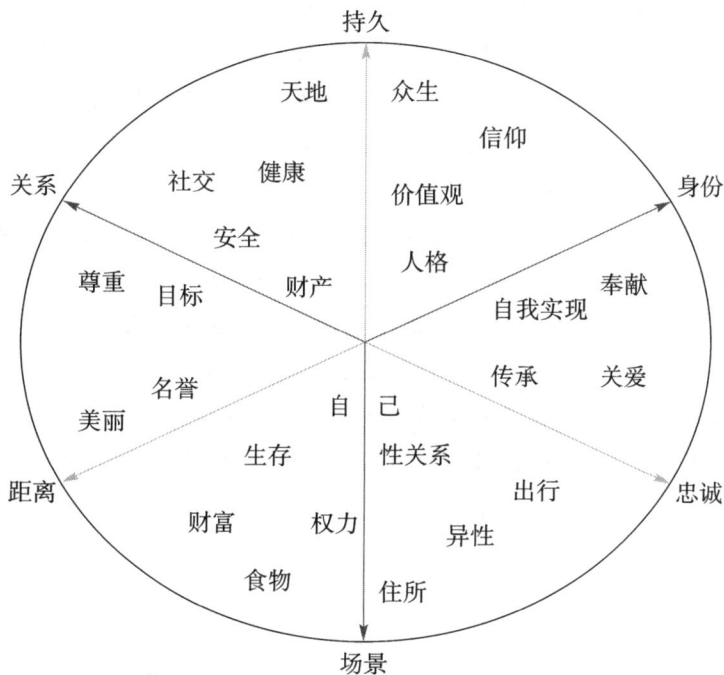

图 9.4　人象的三维地图

　　如上图所示，按照彼此在关系、身份、利益三维度里的交互情况以及背叛程度来划分彼此的关系；按照持久度、距离、忠诚度来衡量彼此的关系程度；按照见自己、见天地、见众生三个维度来衡量人生的修炼境界程度；按照不欠自己、不欠他人、不让他人欠自己和他人相欠来衡量人生美满成度。阳性的三个维度是关系维度、场景维度、身份维度，阴性的三个维度是层次维度（距离维度、忠诚维度、持久维度）。同人、贵人、客人、友人、敌人五人均可以用这个模型找出来。如果参照马斯洛的需求理论模型,共同体各成员的需求高度完全一致,从生理到安全、尊重、归属、自我实现五个层次一一对应,尤其是精神层面的需求,主要是三观(人生观、世界观、价值观,或者理想与目标、境遇)。共同体形成的因素主要有血缘、信仰、长时期的共同成长或工作经历、境遇,彼此相互羡慕与认可、协同。表现形式包括江湖上的拜把子、纳投名状、桃园结义,庙堂里的政党、社团等。创业公司的创始团队、一个家庭、一个家族、一个有严格信仰的组织都属于共同体。共同体的充要条件是无形的软性层面高度吻合,心在一起,信念在一起,目标一致。

该图说明,每一个人自己的复杂以及人与人之间的关系庞杂。人只有处理好与他人的关系才能够修炼好自己。个体从生理、手里、腰里、脑里以及心理需求的一一满足,是通过与他人发生交易来进行的。当彼此的行为、目标、观念、信仰、手段、资源等耦合程度越大,彼此的关系就越亲近。如下图所示,五人的关系与异同。从方向变化到价值流向以及动作态度可以判断出是敌是友。

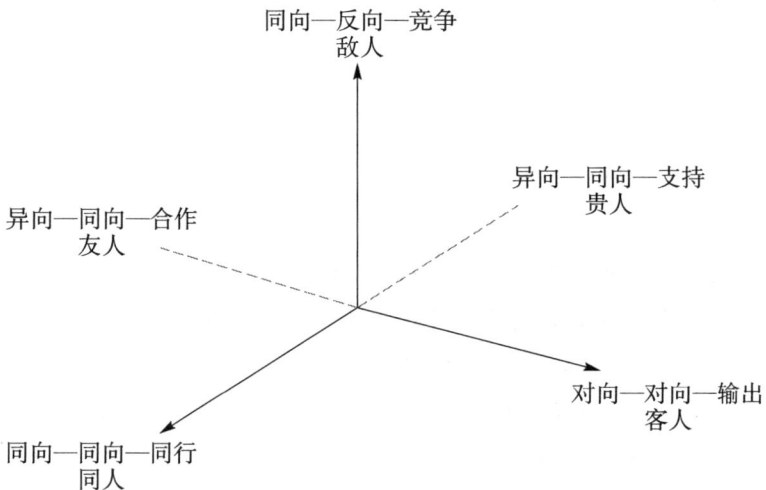

图 9.5　五人关系变化图

158

　　时间维度不一定能反映彼此的关系，时间只能说明某一确定关系之后的持续度。比如《太极张三丰》里的张君宝与董天宝曾经是 20 多年的兄弟，但是也有割袍断义的一天。不少人在某一个环境里并不能激活他们真正的性格，所以，彼此的关系也并不能真正反映他们的本质关系。那么，用时间维度衡量就会出现偏差。时间是一个方向概念，一旦关系的方向出现拐弯，原有的时间就得中止重新计量。如果是一个方向上的时间，是可以反映关系持久程度的。当然，反过来看也是合适，如果分散在多个方向上，那么可以断定关系不持久。

　　在人象之五人里，同人是第一人。同人卦是《易经》第十三卦，离下乾上（火在下天在上）。十一卦与十二卦是泰卦与否卦（前者为天地相交，后者为天地不交，否极泰来是为终于霉运过后是好运）。在天与地之后，十三卦为同人。卦象上显示为天火同人，火光冲天，如日中天。要求人与人之间和睦相处，求同存异，共同成就大的事业。如果能做到这点，接下来的第十四卦就是"大有"卦，"大有"顾名思义，你懂的。火在天上，普照大地万物，属于上上卦。所以，人象追求的是人和。天象遵天时，地象守地利，人象求人和。人和不是一团和气，也不是平均主义，人和是按照所在群体的需求来实时配置个体的位置。

　　同人是共同体里的核心组成，主要可以基于信仰、宗教、三观、人格、血缘等相互认可。可以说基于阴性的共性部分比基于阳性的共性部分更能持久和更加牢固。信仰、宗教、三观、人格、品德等基本属于阴性层面的，物质、权力、财富等基本属于阳性层面的。比如马克思与恩格斯，钟子期与俞伯牙，管仲与鲍叔牙，贾宝玉与林黛玉，祝英台与梁山伯等等。因为结成同人必须超越物质的羁绊，直达内心的认可，所以稀少、长久。知己不是因为稀少才可贵，而是因为彼此内心的认可与欣赏可贵，因为个体的严格修为而可贵。彼此内心的通达与认可，超越了尘世的种种。正是超越了凡人的欲望而使得行者稀少。在物质丰盈的情况下比物质贫乏的情况更加不易造就同人。甚至可以说,是同样的灵魂被寄放在了不同的躯体上的个体。

在时间维度层面,同人之间的认可、欣赏、支持是长久的。长久方能体现时间价值。扫一天大街是学雷锋,扫一辈子大街就是雷锋。这不是简单的异性吸引或者同性的认可而一时的头脑发热,是一种基于另一个个体对自己关乎生命、世界感知的回应。一个人对生命、世界的感知与认识是一种在历经人世间一切尘世之后的体会、心得与修为,而这种感知、体会与心得能够被另一个跟自己一样又不一样的个体所回应,并且是近乎完整的回应,岂能不让人兴奋与安慰。茫茫人海之中,有一个跟你同样的人,所思、所想、所为都是那么的心照不宣与不约而同,愿意为对方付出一切而不求回报,因为回报于他于你已经没有分别。

在空间层面,同人无需必须在一个地方,可以是"海内存知己,天涯若比邻"。因为彼此的感应能够跨越时空。就像每年大年三十一样,华人子弟都会思念亲人与怀念家乡,无论身处何地,对于家的信仰不会因地而异。如果血脉是镌刻在身体里的生理基因,那么价值认可就是融在心灵身处的社会基因。这是一种更加高形态高形体的同人,超越了血脉、地域界线。

空间维度的长、宽、高三个维度里,同人之间都体现出彼此的交往的长度、合作的宽度以及合作的深度。从事业、家庭、个人兴趣等同步,彼此知道的更多,交互得更多。马克思与恩格斯多年的合作,齐桓公与管仲的合作,阖闾与伍子胥的合作等等,更像叶孤城与西门吹雪、陆小凤,乔峰、段誉与虚竹。

所以,同人就是这个人能够理解你,你的心酸、悲愤、委屈、不堪、成就、能力以及一切的过往,包括你的好你的坏。并且,他一如既往地支持你,不遗余力,因为你的事业,你的梦想,就是他的。你们不过是一个灵魂与两个分开的肉体。

同人可以是同性，也可以是异性。同性就是一起为某个事业、某个目标进行携手奋斗。可以是革命、可以是创业、可以是科研公关、可以是著书立说、可以是扶危济困与行侠仗义等等。异性就是个人因缘。如果说个人因缘的目标是要寻找一个另一半，在寻找与彼此了解的过程中，不断打磨，最终原本两个并不吻合的生命能够形成一个圆，类似阴阳鱼一样，而人生的终极目标也是圆满。这个圆满不是自己的个体圆满，而是与另一个个体，或者与另一个团体，共同组成一个圆满的家庭组织。所以，我为人人的目的是人人为我。每个个体存在于群体的价值在于促进群体的可持续发展，而不是自身的荣辱得失。在追求正外部性的修为中，时刻保持利益的均衡，遵从"遵天时、重地利、求人和，达到天人合一。"

男若为知己，女便是红颜。你要圆满，必须让别人也圆满。我们一直被灌输的是"与天斗其乐无穷、与地斗其乐无穷、与人斗其乐无穷"。其实，我们除了跟别人竞争，成就自己之外，更有意义的是我们协助别人、成就别人之后再成就自己。这一过程就是，求己诉诸他人的过程。

很多时候的不圆满是因为，我们不懂得阴阳。有一句偏极端的话是，如果不能容忍对方的坏脾气就不配拥有对方的好品德。因为阴阳总是一体，阴在阳之内不在阳之对。由于对彼此目标、脾气、能力、经历等多方面都是选择性的接收，所以人与人之间变分成了同人、友人、贵人、敌人、客人。父母爱子女，父母接收了子女的好点、坏点，父母视子女为同人，无偿付出，不计回报。因为你的成就就是他们的成就。但，反之不一定成立。

同人，是每个个体生命中最重要的伴侣。同人对于你的优点、才干、品德会由衷地欣赏与赞美，对你的缺点与不足会默默地承受与包容，甚至以各种方式帮助你打磨，帮你优化自己。茫茫人海之中，每个生命个体都是如此的孤独与寂寞，个体对于浩瀚之宇宙，万千之生物是如此的渺小与无助，而这时有一个或几个人能够跟你一样地感悟生命,一样地敬天爱人,一样地认为我只是一粒微小的尘埃,这时才表示你真的认真地来过这个世界,因为世界给了你回应。如同一柄开刃的利剑和顿悟的修行人一样。这时,剑有灵气,剑有剑道。修行人也回归自然,不在与天斗与地斗,而是顺天时地利,求人与自然的融合。而这一切,需要经历艰辛的探索、无人问津的修为和无法回报的恪守。你放弃自我修为的那天就是贬值的开始,也是别人轻视你的开始。

在当今社会,同人越发稀少,因为太多的人在追求自己可以掌控的东西,不管这些东西是不是自己的,也不管这些东西是否能够长久,更不管追求的方式如何。所以,我们为了东西而放弃了内心的满足,放弃了同人,让自己在物质丰盈的情况下越发的孤单、茫然、空虚。我们甚至都不再奢求去谈论知己、知音与红颜,以为那不过是传说或者童话。我们作为个体有意无意遵从了马斯洛的理论,以"仓廪实知礼节,衣食足知荣辱",认为需求都是一层一层的,只能从下往上的,需求是有高低的等等,给自己一个借口去埋藏另一个自己,认为为了生存可以无须顾忌道德甚至法律地苟活,认为自己弱小可以肆意刮蹭别人沾别人好处(你弱,你有理啊)?同人,是一个完全的你的映射,是在做好你自己之后,上天给你的一个回应。让你看到,你这一生的修为,终究是为了印证你一生对天、地、人的孜孜以求的尊重。

找自己的同人,首先要找到自己内心深处的渴望。然后,真正地去做自己,遵天时、守地利、求人和。求同人的过程,其实就是做最好自己的过程。因为求人不如求己。"求"其实是自我修为的过程。只有最好的自己,才能够被人更好地认知,两个生命个体才能够感知、惺惺相惜,才能互为知己,彼此感应。你若盛开,蝴蝶自来。这个世界是天地人的世界。人的世界是交易的世界。每个人身上都先天设置了交易接口,密码就是你的修为。标的一旦接触,密码正确的话,自动就会发生深层的交互。只要个体足够优秀,足够开放。在群体里自然而然就会发生交互,感应。无需担心"养在深闺无人识",无需担心"天下无人不识君"。求,是探索自己与他人,个体与群体的交互。不断根据时空人的变化来调整节奏。求己其实是求一个在群体里的恰到好处的己,方法就是与外界交互。找一个懂你的人甚过一切。找到懂你的人就等于懂了自己。因为通过交互的方式完成"诉诸于他人的方式"。

自己,是本我、他我、自我的三体合一。我,是无数个我搞成的一个我。懂我方能懂世界,见自己才能见众生见天下。

贵人:贵人其实是你自己

最早被称呼为贵人的是皇帝的女人,地位仅次于皇后,自东汉光武帝刘秀开始。后来,逐渐演变成地位高的人,如达官贵人。作为女官的身份有所下降,比如《甄嬛传》里的祺贵人、瑛贵人,离皇后位越来越远,中间还差皇贵妃、贵妃、妃、嫔等。现在一般而言指对自己有很大帮助的人。

贵人,顾名思义就是比自己"贵"的人,"贵"可以是势力(有形的财力、权力、机会等)层次上的,可以是道理(认识、信仰、理念等)层次上的。前者是有形的,如财富、权力、机会等,只有地位或财富高于你的人才能给予你;后者是无形的,如认识、信仰、理念、观念等,只有在精神层面的境界高于你的人才能给予你。贵人给予你的帮助是一种莫大的帮助,人生中的向上转折点都有贵人出现。贵人也可以是让自己变得贵的人。

在平凡人的奋斗史上,贵人是通向成功之巅的灯塔、杠杆、助推器。

贵人可以是权贵、富贵、显贵之人。如宗泽于岳飞、左宗棠于胡雪岩、孙正义于马云等。这种贵人能够在物质、权力、层面给予你急需的外在东西。如一个职业机会、一次与关键人物的接触、一次雪中送炭的投资或者正本清源的正名。这种贵人只能帮你一时，不能帮你一世。

贵人可以是朋友、陌生人，甚至一个乞丐、一个流浪汉、一个酒鬼或者一位农夫、工人与天真无邪的孩童。这种贵人引导你去发现你内心深处真实的想法、需求、意愿，摆脱一种现实的束缚。它给予你的不一定是物质、职位或者难得的机会之类，给予的方式可以是通过一次沟通、一句切中要害的话、一次推心置腹的畅叙、一种有意无意的强调、一句天真无邪的话，或者自己对生命的认知与尊天守地的言行通过引导、回忆、对比等方式方法来进入你的内心，让你认识真正的自己，从而重新定位自己，找回勇气与自信。这种贵人才是你一生一世的贵人。

《武状元苏乞儿》中十袋长老对苏灿说的一句话，"我看阁下天生便是一副做乞丐的好料子，加上骨骼惊奇，相貌不凡，将来一定可以成为乞丐中的王者"，长老虽为乞丐，确实苏乞儿的贵人。《红楼梦》里的疯和尚与癫道士也是这种贵人。这种贵人给予你的是信仰、理念、人生观、价值观等上面的引导与支持。这是一种发自内心深处的宝贵东西。能够让你在纷繁复杂的世界，悲观绝望的低迷里瞬间清醒过来。等你醒来时，如醍醐灌顶、如梦初醒。

这种贵人是不可多得的，按照"授人以鱼莫若渔"的道理。这种无形的贵人其实很多也就在身边的家人、亲近的朋友之中。可惜的是，我们时常忽略这些最重要的人。所谓不听老人言，吃亏在眼前。

贵人可以是任何人，他们给你的帮助可以是任何不经意的点拨。他们是老天爷派来帮助你的天使，只是在不同时间不同地点变换成不同的身份出现。他们就在我们身边，一句关心的话、劝诫的话、警醒的话、安慰的话等都有可能改变我们的命运。在求贵人的时候，其实就是我们观察留意身边的人事物的时候。保持一份热爱、细心与热忱，贵人会以不同身份、形态出现。就像上帝会派一个人通知你洪水即至，一艘船来接你、一个教堂供你安身一样，而你却执迷不悟地认为上帝会以上帝的形象来救你而死于无知。

贵人可以是一个人，也可是一个集体，如一个企业、一个帮会，甚至是一个国家。贵人可以是一个高尚的人、一个纯粹的人、一个脱离了低级趣味的人和一个有益于人民的人，也可以是一个穷凶极恶、无恶不作、恶贯满盈、凶神恶煞的人，或者黑暗的组织或者恶魔般的机构。佛家讲行善不必考虑出身，恶人也可以有善举。因为道家说了，有善必有恶，善恶乃一体。贵人也可以是另一个物种。古人看到羊跪着吃奶，便感叹羊有跪乳之恩；看到虎虽凶残对虎子却温柔有加，故有虎毒不食子。一个物种的某一个行为对另一个物种的启发，这就是一种贵人之举。看到寒冬腊月里的梅花悟出"梅花香自苦寒来，宝剑锋从磨砺出"，看到出污泥不染的荷花悟出做人要清正廉明，这些物种给人类一种自省、自励。牛顿在苹果树下的好奇，瓦特对于被蒸汽顶开的开水壶都是如此。所以有人说，生活中缺少的不是美，而是发现美的眼睛。同样地，缺少的不是贵人，而是缺少发现，尤其是内心自我的发现。

既然羊有跪乳之恩，那么作为人类，对于贵人虽不必一定要感恩戴德，但也要谨记在心。一方面要用心感恩，一方面要用行动去实现梦想、完成目标。让贵人的相助能实现初衷。让贵人觉得自己没有看错人，不必后悔。其实，很多无形的贵人一开始就没有想过回报。甚至很多时候，他自己都没有意识到自己的无心无意之举给了你天大的帮助，成为你人生转折点的支点。这就是我们说的，人与人之间先天就设置好了交互的接口。

为什么贵人愿意帮助你？天下没有无缘无故的爱，也没有无缘无故的恨。贵人愿意帮助你，更多的是出于你的身上有他一样的过往、性格、背景或者理想、信念。他能够在你的身上发现当年的自己，或者同样的感悟、同样的使命与目标。你身上的某个优点、某个品格打动了他。所谓物以类聚,人以群分。人都愿意帮助跟自己有共同性的其他人。贵人于你是提拔之恩、再造之恩与救你于危难之恩和指点迷津之恩。于贵人自己,则是跟自己密码相匹配的人的交互。贵人不过是在做最好的自己,你刚好是贵人修为途中的一个属性相同的人。

所以,贵人归根结底其实是你自己,所谓自助者天助。当你的信念、品格、能力与使命、目标完全展现时,便能够让贵人感知到,贵人出现是你自我探索、自我奋斗的过程中的一种外界对你的回应。

探讨贵人的意义在于,我们不必恨爹不成刚,不必羡慕高富帅,因为周遭的一切都在轮回。如果每个人能够感悟生命的本质与自己来到这个世界的价值,就能够认真地对待自己。分清楚什么是昙花一现的浮华,什么是物是人非的尘世,什么是生不带来死不带去的财富,什么是让内心平静的力量。我们始终如一的观点是,我才是一切的本源。无论是儒家的拿得起,还是道家的放得下,还是佛家的想得开,我都是原点也是终点。

客人:最高境界是自我满足

当客户第一、客户是上帝等口号横行却不霸道的时候,我们并没有真正地领悟,客户是谁?他们来自哪里?他们最终去向哪里?这如同困扰人类的三个问题一样,我是谁?我来自哪里?我要去向哪里?

说过同人、贵人之后不得不说说客人了。因为客人是群体区分的源点。群分是因为有利益分配才会有群体分类。分什么?当然是分利益,或者说以利益为标准来分(荀子是以义来分)。所以,利益贡献体是群体的源点,有了它就有了其他四个群体。同人是利益共同体之核心,贵人是利益影响体之核心。

当然,客人是利益贡献体的核心。

要搞清楚以上的问题,首先要搞清楚利益从哪里来? 利益来自需求。需求来自哪里? 群体的需求一则来自个体的个别需求,一则来自超越个体的共性需求。群体是个体的平台,个体是群体的存在。需求来自每个人的生理需求、腰里需求、手里需求、脑里需求、心理需求。

究竟是发现需求后发现客户,还是发现客户后才发现需求,犹如蛋鸡之争。当然,需求本身是无时不在、无处不在、无人不有,因为生物的存续需要耗费能量,需要追求更高文明的状态。所以,面对如此巨大的需求,如此庞大的群体,更需要明确我们的客人到底是谁? 现在大力提倡"两创",无数创业者扎进创业大潮。作为一名曾经的创业者,现在的投资人来看,很多创业者并没搞清楚客户是谁,甚至他们并不在意这点。用他们的话讲就是"烧投资人的钱来做大估值,圈用户,再进一步做大估值,然后出售或者上市"。有很多人不会去想自己面对的这个领域,有什么群体,有什么需求以及如何满足这些需求。补贴、免费并不能带来用户。

找到客人,有两种路径。路径方向是一根链条的两种演绎方式。对于新创者,新公司或者新人、新兵蛋子,他们需要从需求出发反过来定位自己;对于现存者,他们需要从自我出发,定位目标对象。前者是创造价值,后者是实现资源的价值变现。

无论是苹果、谷歌、亚马逊还是脸书、推特都是第一种。作为互联网领域的老将新贵,他们从需求,严格上说是需求的间隙出发,从一开始就定位自己,细分、精准、独特并且极富有针对性,排除互联网自身的技术特性外,这种以需求为核心的自我定位设计一开始就具备了先天的优势,所以能够迅速脱颖而出。因为,你给的都是对方要的,并且这种满足在很多时候都是免费,一下子撩拨得客户欲望大发现,兴奋不已,官人,我要! 我还要! 不要白不要,要了还想要。以至于有一天你不给,或者给不了原来的那么多时,他们就会群起而攻之。滴滴、Uber 终端补贴、甚至倒抽佣金就引发了出租车司机的围攻。

当然，如通用、宝马、可口可乐还有其他 N 多的传统企业，在走过了创业期后，就开始从自我出发，定位目标市场，寻找目标客人。这种自我，更多的是一种自我资源、自我思维、自我市场与客户群，不断地寻找差异化、不断地针对细分市场的创新，当创新的边际收益不断降低，无法支撑一个规模化的群体时，投入与产出的比例开始逆转，使得创新越发困难，红海不可避免地出现。

为了打破这个问题，W·钱·金（W. Chan Kim）和勒妮·莫博涅（Renée Mauborgne）于 2005 年提出了蓝海战略。但同样不可避免的是，蓝海与红海的差别只是先后差别，因为还是同样的思路与同样方式去对待一片新的领域。新创者，调研市场，发现新需求，锁定目标群体，定位自己，推出新品或新服务，迅速崛起，当发展到一定程度，积累了一定资源后，就开始从自我出发，寻找与自我产品或服务匹配的客人，或者不断地对现有客人的需求进行细分、再细分，直至无法细分。这几乎是所有企业无法逃避的魔咒。如柯达、摩托罗拉、诺基亚、索尼、松下等等。我们可以清晰地梳理一下自有管理学以来的企业与客人的交往历史，发现管理的本质其实就是自组织、自运行、自服务。而传统的所谓"计划、组织、控制、协调"已经不合时宜。

最开始的企业形态是手工作坊，他们开始多是走街串巷，慢慢地开始坐地摆摊，然后搭建作坊，再然后就是兴建工厂并全球化，所以，路径依赖下来的方式就是推式营销，根据自己的资源情况，无目标、无的放矢到有大概目标的初略推广。主体从一个企业对一小群客人的战斗，到一个企业对稍大一点群体的战斗，再到一个产业链对再大一点群体的战斗，不过是主体从小到大，从少到多而已，并没有本质的不同。

当企业幸运地成长起来，发展到一定规模后，他们开始面对扩大的客人群体。在追求空间范围的规模嗜好之中，无法阻挡时间带来的冲击。因为体系的形成需要时间的累积。体系就是空间的一种形态。空间是时间的载体与范围，时间是空间的过程与轨迹，时间也是空间的整体，空间是时间的局部。形体变化的过程一定是时间延展与空间扩充的过程，而企业的个体成长快不过整体浪潮。当全球迎来网络互连时代，万物互联形成无处不在、无时不在、无人不用、无所不能的网络世界时，一切都需要重新被定义。我们关注的需求同样在那个地方，甚至会产生源源不断的新需求，不同的是需求的表现以及满足的方式。而这种满足需求的方式终将成为需求的一种补充，并最终改变需求的满足方式。

　　当互联网无处不在、无人不用的时候，我们会突然发现客人一下子消失了。因为信息的逐渐透明与渠道的不断开阔，使得客人离我们越来越远，越来越模糊。他们有了自己的主见，有了自己的想法，能够接触到更多的竞争对手。他们甚至对我们不屑一顾。我们不得不开始思考，那些客户甚至是忠诚度高的老客户都去了哪里？很多人依旧在自己的角度百思不得其解，这是为什么呢？其实，我们错看了世界，却反而责怪世界欺骗了我们。在越来越快的移动互联网时代，忠诚度将是一个伪词，不再有什么忠诚度。因为叛离几乎不费吹灰之力，现有的商业模式也最大限度地支撑了这种叛离。

　　于是，迈克尔·波特产业链的竞争理论已经不再适用于营销界。作为一种线性的"流"性理论模型，它依旧是从自我出发的推广模式，以自我定位为核心，不断细分客人群体，不断地扩大客人的范围，如同沙子里淘金一样。当一个个大昔日大佬日薄西山或者已经西去时，我们还要问最后一个问题，客人最终去了哪里？

　　我们发现广告的边际效益持续递减，成本控制的手段已经穷尽，联合体的规模已经大到成本高于收益。幸好，上帝很公平，给你关上一扇门时，一定会为你开一扇窗。于是，云计算出现了。云计算不是一种技术，而是一种理念和商业模式。它是将众多的个体与资源整合起来,为一个庞大的群体里的个体提供个性化的实时的服务。企业与企业之间的竞合不再是一个企业对一群客人,一个产业链的企业对一群客人,竞争方式也不是一个企业对另一个企业,一条产业链对另一条产业链。而是,一群企业对一群的个体。如果说以前的是点对点,线对线,那么现在就是体对点。这样才能解决规模化下的个性化需求,才能解决庞大的个体的一站式需求服务,体系才能够提供整体解决方案。这也是为什么超级市场兴起的原因,集散地与基地兴起的原因。因为客人都知道,跑千家不如走一家。

所以,当我们被互联网定义而不是定义互联网时,我们发现,我们一手打造的世界,已经模糊了边界。我们不再是互联网的主人,我们只是互联网的一个部分,并且越来越无足轻重。当社会从混沌状态进入到细分时代,再回归到大融合时,我们已经模糊了彼此的身份,我们都是服务商,也都是客人。我们的时代从主体建设客人享受的模式已经变成主体与客人共建共享,甚至变成主体客人自建自享的模式,社会的系统变成了自运行自服务,这就是云计算的时代。因为一切都已经极为透明,当成本与价格对于客人而言毫无秘密时,就无所谓供应商与客人了,大家都是客人,也都是主人。跟天堂里的人一样,他们互相喂食,自我满足;而地狱里的人却自私愚蠢,只想着满足自己,却因为勺子太大无法下口。还有消极的一面是,我们所定义的那些概念,其存在的环境已经不再。我们不可能为了延续一个个体而强行保留群体或者环境体系。就像我们不可能为了强行保护银联而打压移动支付,保护银行而限制互联网金融一样。

在互联网时代,客户与用户之争也此起彼伏。所谓的羊毛出在狗身上让猪买单的模式里,客户是猪,狗是用户。客户是付钱的,用户是付时间与留下数据的。用户是皮,客户是毛。有了厚厚的皮,不愁没有毛。在用户转化为客户的过程中,利用对方的人性之恶,来推动业务发展,吸纳资本,然后烧光资本,最后胜者为王地走向 IPO,继续一手吸纳资本,一手变用户为客户。

所以,无论移动互联网如何细分概念、切换模式,最终都还是要靠客户立足,要靠自己的变现能力存在。用户提供的是需求、参与,最后一部分用户深入参与到设计、建设与运行服务层面,这样的用户就可以是伙伴或者合伙人角色了。优秀的企业都是建立一个良性的循环,用户—客户—合伙人,不断吸纳、转化、留存。真正将企业建成自组织自运行自服务的永动机模式。

所以,回答一下一上问题,客人是谁? 客人就是我们自己;客人来自哪里? 客人来自我们中间;客人最终去了哪里? 客人去了我们中间。想想这一切,跟一句话真他妈的雷同,一切从群众中来,一切到群众中去。不会是实属巧合吧!

友人:只是有的时候是朋友的人

有一句引用率很高的话:没有永远的朋友,也没有永远的敌人,只有永远的利益。这句话引申于"A country does not have permanent friends, only permanent interests."是十九世纪英国首相亨利·约翰·坦普尔·帕麦斯顿的一句话。一直被英国视为国策,也是国际关系中的一条基本准则。鸦片战争就是这个混蛋发起的。

所以,在讲完同人、贵人、客人之后,讲讲友人与敌人,因为这两种人总是混在一起的。搞不好友人就成了敌人,敌人的敌人就成了友人。用生活中简单的对应来说明一下这几种人。同人如同兄弟、老友,无论在时间的长久度还是彼此的利益契合度都要比其他几种对象更久更深;贵人,就是良师益友,能够引导你自我发现、自我启迪的人,主要是一种利益共生或者映射关系;客人就是实现你价值的对象,是你与敌人争斗的对象;友人,是基于某某对象一起结成的临时联盟人;敌人就是要竞争该客人的另一种对象。竞争的东西可以是任何东西,财富、名誉、某种关系或者生命的机会等等。刘备、张飞、关羽三人是同人、是兄弟;鲍叔牙是管仲的贵人;曹操与关羽曾经先是友人,一旦关羽发现刘备尚在人世且在荆州,当关羽与刘备会合后,曹操与关羽就是敌人。什么申讨明教的江湖正派,几家 VC/PE 联合投资一家企业等等。这些都是联盟体,成员之间彼此是友人关系。有利益分割时的朋友,利益分割完毕就不是朋友了。

利益联盟体的出现,一是社会化大分工的产物,分工越来越细,而某个对象的需求又是一个整体化需求,于是联盟成为必然,因为你一家搞不定;二是竞争日渐激烈,当有的主体能够提供整体服务而你不能时,你的竞争优势就荡然无存;三是通信与网络技术的出现,使得联盟的沟通成本变得低下与便捷。沟通=有条件地共享+有偿地交换。所以,联盟体成为合作共赢时代最普遍的一个群体,友人成为一种最普遍的身份关系。所谓朋友遍天下,走到哪里都不怕。《水浒传》有一个故事说的是"智取生辰纲",如果一个人去劫能成的话,早就有 N 多人都去了。就像金庸小说里的各门派高手去取武林秘籍、宝藏一样。如果一个劫不了,肯定得一群人合伙去劫。随着社会分工的发展以及群体联盟的深化,一群人甚至多个群合伙的现象将成为常态。

这种联盟的方式包括链式的、罗汉式的两种。链式联盟是由一个企业居主导地位,其他企业为其配套,最终由主导型企业提供面向客户的产品与服务。这种方式在现实中最为常见。来源于迈克尔·波特的价值链模型。世界 500 强几乎都是链式联盟的方式。他们将设计、研发、品牌、生产、营销、服务链条分拆,引入在每个环节上有实力的伙伴,最后由自己整合后推向市场,自己主导产业链的利益分配,自己是老大,其他的都是小伙伴。小伙伴常变,而自己永不变。小伙伴就是友人。比如英特尔、高通、苹果等。谁知道有一台 IPHONE 有多少零部件,有多少供应商,全世界就知道苹果。

罗汉式的方式是一种以客户为中心，以客户的需求为导向的联盟。该联盟以客户需求为主要发起方，靠近客户的一方实行召集、组织，其他各方进行配合。由于客户的需求多种多样，因此罗汉成员都有机会成为针对客户某一需求的主要方。如同十八罗汉一样，每个罗汉都是一样的，攻守对等，没有老大、老二之分，谁更接近客户，谁就主导，风水轮流转，类似于轮值主席团一样。这个理论由孔方兄发现，在一些公益性的NGO组织里有体现。

罗汉式联盟与链条式联盟的最大不同就是，罗汉式联盟里所有的个体都是平等的，链条式却有一家始终主导的；罗汉式友人都有机会靠近用户来组织联盟各方，链条式有人始终是主导企业来组织；罗汉式有人是价值合作模式，每个个体都能够价值最大化，链条式有人是价格合作模式，主导方获取更多利益。当然，罗汉式有人彼此的友人关系会更持久，更有生命力；链条式有人只是针对一个临时的项目或者一个片段的时间，不会长久也不牢固。

表 9.1　线型联盟与体型联盟异同分析表

指标	链条式	罗汉式
地位状况	一家/一人主导	人人皆可主导，轮流
彼此关系	不平等的支配式	平等互助式
与客户的关系	主导者接近客户	均等机会接触客户
商业模式	价格型/资源型	参与贡献者共同得利
价值	主导者一家独大	价值型，共建共享
长久度	临时、松散	更持续、更长久
形状	链条状	罗汉状

利益联盟体可以是基于物质层面的利益，可以是基于精神层面的利益，后者比前者更持久也更强烈。

合作得久了，合作深度上升了，就成为老朋友，成为战略伙伴，友人逐渐成为同人。比如中国与巴基斯坦，我们是全天候的朋友。什么是全天候，就是说无论晴天、雨天，还是春天、冬天都是，覆盖了任何时间段的友人自然是铁哥们，而我们也总是以巴铁来称呼巴基斯坦。一个普通朋友常来常往，几十年下来，甚至几代人下来形成了世交，有了差不多的家风家训，做人做事都有很高的契合度，人与人之间融洽亲密。

当然，时间是唯一的价值尺度，长久不来往，长久不沟通，同人的战略伙伴关系会不断弱化、降级，逐渐蜕变成临时性的往来或者一般礼节性的沟通。时间是加深或削弱的唯一有效利器。

友人的分层次分类型很有必要。因各种身份各种关系建立起来的友人网络连接必须保持一定的规模，同学、同事、同乡、战友等身份产生的友人关系中，以你自己为原点铺开一种人际网络，网络的连接太多会耗费你过多的精力与时间，疲于应付。但如果网络太小不足以支撑你的人际关系，又反过来使你的办事成本很高，因为凡事都要亲力亲为。保持你的友人关系网络适当规模和实时维护你的友人关系，是一件很有必要的事情。有一些友人可以升级为同人、兄弟，有一些友人只是在有的时候是朋友即可。

兄弟（同人）要有，良师（贵人）要有，友人也要有，这些都是争取客人的必须，也是打败敌人的必须。五种人当中最基础的是你自己，你自己可以是五种人中的任何一种或多种。在同人与贵人、友人中有一种人是覆盖这三类的，他就是伙伴。

伙伴

伙伴是为一个项目结成的盟友或者战友。可以覆盖共同体、同盟体，同人、友人，甚至可以是客人。一个好汉三个帮，一个泥巴三个桩。尤其是在社会化分工日渐细化的趋势下，分工与协作更加现实。伙伴之间无论是基于横向的产业链还是纵向的企业业务链，上下、左右的伙伴关系都十分重要。

在工作上伙伴是你的同人，尤其是一条线上的伙伴，所谓一条线上拴的蚂蚱就是此理。形态越低的，彼此的关系越紧密，因为低层级的形态在空间与时间上相对便于沟通，有利于彼此的关系建设。在商场上，流行的一句话是：不怕神一样的对手，就怕猪一样的队友。

刘备当年三顾茅庐，最终拉诸葛亮入伙，当然诸葛亮也是欲擒故纵。三国里的三个政治群体，西蜀刘备群体、东吴孙权群体、中原曹魏群体，每个群体里自成一个体系，有上、下、左、右、中几个方位的群体或个体，有各种角色的个体。

在政界、官场，伙伴包括盟军、参谋（军师、政委）、同门、同派，在商界、商场，伙伴包括横向供应链上下的各方、纵向管理链上的各方，设计商、加工商、分销商等等，甚至在企业内部，不同部门之间，部门内部不同小组、成员之间的关系都可以成为伙伴。

伙伴与你结成一张共建共享的网络，一起分担、共同分享。好的团队是成就一个事业的必要条件。刘邦凭借萧何、张良、韩信一举大败西楚霸王；李世民凭借秦叔宝、尉迟恭、程咬金等夺得皇位，后来又凭借房玄龄、魏征、杜如晦等；阿里巴巴的十八罗汉，携程的梁建章、范敏、季琦、沈南鹏等都是如此。

家庭的好伙伴就是你的伴侣。人的一生中最重要的人就是你的伴侣。既不是父母，也不是子女。从时间的衡量价值来看，伴侣是一生中陪伴最久的人，最亲密的人。无论是在时间的长久度、空间的亲密度上看，伴侣都胜过一切其他人。东方文化里最重要的是庙堂上的君臣关系，江湖上的兄弟关系，家庭里的父子关系等忠孝关系，宣扬一妻多妾、女人是衣服、兄弟是手足等思想，这玩意其实政治意图太过明显。

好的伙伴是好的体系的必要条件，没有好的个体绝对不会有好的集体。有好的伙伴不一定有好的集体。一架 F22 猛禽战斗机上的任何一个零部件一定都是最佳的零部件;但众多最佳的零部件堆在一起不一定是一架最佳的战斗机。集体一定是有机的。好的伙伴是个不重叠的体系,优势互补、贡献均衡、利益分配均衡;优秀的伙伴是天然的同盟体,能够守住自己的位置,同时还能够临时替补周围的位置;卓越的伙伴是理想的共同体,如同少林寺十八罗汉一样,每个人都能够互换位置,任何一个人都能够胜任对方的位置,这样的伙伴几乎无可战胜。

在商场上,伙伴是你最有力的信誉背书。你的成功案例里,能够列举出的跨国公司的数量与你的实力成正比。因为这些跨国公司有严格的筛选体系,得到这样公认的体系认证过的,也能够更容易被市场认可。如果你的广告上注明符合欧盟标准、通过美国 FDA 认证等,那么你的食品应该是受到消费者信赖的。

敌人:另一个自己或自己的另一面

给敌人下一个直截了当的定义不是件容易的事情。在同人、贵人、客人、友人之后,我们终于要面对这个人。敌人里面也有敌人自己的同人、贵人、友人。每一个人里面都有另外的其他人,跟我可以细分成无数个我一样。

如果没有利益纷争,就不会有以上这些人,大家相安无事,如同桃花源记里描述的那样:"阡陌交通,鸡犬相闻。其中往来种作,男女衣着,悉如外人。黄发垂髫,并怡然自乐"。这是一个没有纷扰的时代也是一个没有争斗的地方。只有同人,没有其他任何人,甚至同人的概念也被弱化,因为人人都无需担忧生存,无忧天灾人祸。没有利益纷争,也就没有人群划分。

可现实的世界是,我们生活在一个无时无地无人不争斗的地方。从受孕、抢产房、抢奶粉、上学、出行、就业、就医,甚至抢墓地等等,无一例外都是。因此,竞争无处可逃,敌人无处不在。每个人都要熟悉暗黑森林法则,不是你干掉别人,就是别人干掉你。

那么敌人究竟是什么人?一个或一群与你有利益竞争的直接对象。至于利益具体是什么不重要,包括时间层面的以及空间层面的,物质层面的以及精神层面的。无论是有形还是无形的竞争,中间的对象都是利益的争斗。名、利、信仰、价值观、法律、规则、风俗等等,用来满足生理、腰里、手里、脑里、心理需求的东西。敌人的大白话就是坏人,不是嘴里随便说的那种"坏人"。

我们区分一个好人与坏人的标准很简单。

其一,他对我好不好。对我好,就是好人。对我好,就是满足我的需求,给我利益,给我面子,符合我的标准。利益可以是物质的,也可以是精神的。小明经常给你零食吃,老师经常表扬你,这些都是好人。穷矮锉的小伙子在准丈母娘面前总是灰头土脸。可小姑娘乐意,她就是喜欢小伙子踏实、吃苦、疼女人;否则就是坏人。小呆老是跟你抢座位,给老师打你小报告,背后说你坏话,在小姑娘面前装疯卖傻,他就是坏人。

其二,他是否符合我的价值观、是非观、信仰等。我们小的时候看电视,总爱问谁是好人,谁是坏人。小伙伴们总会毫不犹豫地告诉你,那个尖嘴猴腮的是坏人,为什么?因为他是汉奸,恶霸,杀害乡亲出卖同胞。电视剧里的虚拟人物伤害的是小伙伴的价值观、是非观,等同于就伤害了小伙伴,在小伙伴的眼里就是坏人,就是敌人。如同你看到大街上一个小年轻人打骂一个老人一样,你会怒火中烧,你跟老人素昧平生,只是这小子侵犯了你的是非观,你的恻隐之心。孟子说人有是非心、恻隐心、羞耻心、谦让心。(我们老批评老美当世界警察,你换位思考下。你是个有钱有势的大户人家,你的邻居中那些小土豪,老是打老婆孩子,甚至入侵其他邻居,作为一个有钱有势的大户人家,你也看不下去嘛,也该出手管管,维持下秩序)。

好与坏,不是一个客观的判断,完全是主观的词汇。它不是阴阳的概念。

回到正题上,我们的敌人有两种类型。

其一,敌人要的东西跟你要的东西是一样的。你要攻克这个客户,他也要这个客户;你要保家卫国,他要大东亚共荣;你要保护自己的财产,他偏要均贫富;你周末要看书,她非要周末要你陪同去逛街。这些对象就是同一个标的,或者要耗费同样一个载体的时间、空间。这样的敌人是外在的敌人。外在的敌人是另一个自己。因为物以类聚,人以群分,你们有相同的喜好、相同的需求、针对同样的对象。比如他们来自你的同事、你的同学、你的同僚等等。你们因为某种特殊的联系去了同一家单位、上了同一个学校、供职同一个政府部门等。某种意义上说,这些你身边的人都是你的另一个存在。

另一个自己是自己的另一个存在。你的精气神主要存续在你的身体里面,但也有一部分存续在外面,那些跟你有类似气质、偏好的人身上都有你的影子。你们会对同一个对象发生不可思议的共同兴趣。你们去同一家饭馆吃饭,结果发生了汽车擦刮;你们去考同一所大学,结果他分数比你高 2 分;你们喜欢同一个女孩,结果他得手了,你却人财两空。

其二,敌人要的东西跟你要的东西也可以是不一样的。你觉得一件事应该这样做,他觉得这件事该那样做。你觉得做人要低调、厚道、遵守公序良俗,他觉得土豪就应该高端大气上档次,自顾自己快活。所以,彼此互相看不顺眼。有些人看起来无缘无故地生气,是因为有些人的言行不符合他的标准,审美观、价值观。我们总被批评说一句话,对别人看不顺眼,是因为修行不够。有时候,还真的不是因为修行,是因为那些厮实在可恶。比如不顾公序良俗、不顾自己的责任与担当。当街大小便、公共场合吸烟、地铁里罔顾周边彼此动情出演、欺负弱小等等,自然触及做人底线。

自己的另一面就是存续于你身体里的一种精气神。所谓阴阳同体。男人体内有雌性激素,女人体内有雄性激素;男人有伪娘,女人有女汉子;好人也有阴暗面,坏人也有正义心。自己的另一面总是跟你自己在竞争。今天要不要约小红吃饭看电影,约?不约?结果一朵菊花扯完了,还是没有确定。选择 A 方案还是选择 B 方案,一夜也没想明白。心情好的时候,你会觉得春暖花开,心情不好的时候你觉得草木萧瑟。有时候,恶魔也会发发善心;有时候,天使也会耍耍性子。

敌人可以是从未见过面的,比如入侵的外敌,如小偷与罪犯。这些人侵犯的是你的生存权、生命权、财产权;也可以是很亲近的,比如身边的人,如同事、同学、亲戚、朋友等等。这些人侵犯的是你的晋升机会、升学机会、评比评优机会等等。当然也可以是竞争的东西一样,但方式手段不一样,或条件场景不一样。

这两类人有各自的特性。越是跟你没有关系的人对你的侵犯越是临时性、硬性的,比如财产、健康、生命权;越是你周围的人对你的侵犯越是频繁的、软性的,因为你们总是处在同一个时间、空间。针对一个项目,你跟同事、主管之间会有很多差异的地方;你回到家里,会跟你的家人在争夺卫生间、电视机、时间安排、费用预算、培养孩子等上面有很多争议。这些都是天天在发生的。处理好了会增进彼此情感,处理不好,就会真成"敌人"。

敌人,并不可怕。可怕的是我们到处树立敌人。敌人,一词并不是我们在文学作品、文艺作品或历史课上定义的那样,一定是跟你不共戴天或者你死我亡型,敌人就是彼此之间有利益争斗的对象。仇敌、情敌、盗贼、贪官污吏可以是敌人,周边的人也可以是敌人。敌人越少越好,因为人生苦短,何必总是争来斗去。可以化敌为友,因为你们的利益对象发生了变化,从竞争关系变成了同盟关系;也可以不战而屈人之兵,因为你知己知彼,知道自己的优劣势,也知道敌人的。敌人并不总是坏的,他会刺激我们强大;敌人也并不总是不好,他会让我们知道世事无常,一切只能靠自己。但如果非要去争斗,也必须胜兵先胜而后求战,败兵先战而后求胜。

对于另一个自己,我们要做的是,聚焦自己的兴趣、喜好,找准自己的目标客户与目标利益,同时结盟。对于自己的另一面,我们要做的就是,修炼自我的内心,净化自己的欲望。魔鬼与天使同时在我们身上,天使总是鼓励我们,警示我们;魔鬼总是引诱我们,怂恿我们。只有不断修炼,认清自己与周遭外物的和谐关系,知道小我,而非大我。敬天畏地,尊重规律,就能够内心强大,无欲则刚。

五人:同人、贵人、客人、友人、敌人是随时随地随对象变化的。世易时移、时移世易、事易时移,一切都处在变化之中,不变的是做任何事之前,搞搞清楚,这个事情里、项目里谁是我们的敌人?谁是我们的朋友?这个问题是革命的首要问题。我们探讨的是一个婆娑的欲望世界,是一个人一个群如何自处于滚滚红尘之中,面对各种争斗、各种善恶时选择的态度、方式。无关于清心寡欲、禅意佛心。无欲无求在这里没有答案。因为这里探讨的是一个利益的话题。

五人的核心其实也是自己,将自己分成五种类型,就是自己的同人、贵人、友人、客人、敌人。人的心分为左右心房、左右心室,说明人本来就是分开的。

在任何一个群体里,都有一个带头大哥。所以"擒贼先擒王"。在移动互联网时代里,社群被激发起来,产生了社群经济。这之中首先产生的就是大V、网红、大佬。关于群体的理论大致有一下几种,分别是群体精英论、群体动力论、群体动力论等。

群体精英理论认为群体内注定由精英和普通人两类个体组成。弗洛伊德:"人类内在的,不可消除的不平等性的一个例证就是,他们分成了领袖和追随者这两个阶层。后者占绝大多数。他们渴望有一个权威,来帮他们作出决定,而他们在多数情况下又都无条件地服从这些决定"。莫斯科维奇:"少数人总是在成功地统治着多数人,这些多数人对此也表示赞成。而这些少数人最终也将变成一个人,即领袖,他就像炉膛中的一束耀眼的火光。"

　　群体动力理论认为群体所具有的某些心理特征并不等于它的各部分之和。K·勒温的群体动力学主张,由于群体内存在相互影响、相互渗透的交互作用,群体为满足共同的需要,也在寻求与确定各种准社会目标,于是会出现各种能量的汇集、冲突、平衡、失衡以及群体行为的趋向与排斥等现象,即群体心理动力场。F·H·奥尔波特认为:人类的群体都是个体通过一系列的社会活动、相互发生关系而形成的。

　　群体利益理论是,个体加入群体的目的是明确的,为了个体的利益加入某群体,将群体作为个体利益实现的载体。"天下熙熙,皆为利来;天下攘攘,皆为利往","没有永远的朋友,也没有永远的敌人,只有永远的利益。"典型的是混圈子、结人脉、搞关系等。群体为个体背书,个体为群体代言。由于互联网的跨时空性,这个时代的节奏越来越快。因此,个体对于短期利益的追逐更为迫切,他们在不同的群之间切换,为了实现一个一个短平快的目标。

　　其实,个体结群的目的是复杂的、动态的。一旦结群,就会形成集中不同的群体形态。1＋N个0＝1(一个牛人＋N个随从)、1＋N个1＝N(罗汉型)、1＊N个1＝1(彼此独立型如合伙型)等。这几个类型基本覆盖当今大多数社群,最主要的还是第一类型。1就是天人、0就是地人。然后围绕1、0细分出一些分别以各自核心为中心的附属角色。

第三节　五常——人的五种内核

　　儒家对个人修为有一套完整的理论体系,仁、义、礼、智、信。仁对人,义对己,礼对人,智对己,信对人。仁者爱人,义者守义,智者不惑、礼者有序、信者立身。随着时代的进步,群体的兴起,爱人、勇敢、智慧、守信、重义都是个体立足于群体的根本。所以,人象之五常用仁、义、智、勇、信来形容个体。

仁者无忧

仁者,爱人。仁,形体本为"二人",即两人之间相亲相爱,互帮互助。后来也可以扩展到对全人类以及万物,如动物、植物。如老吾老即人之老,幼吾幼即人之幼就是这个道理。这个跟西方所倡导的"博爱"异曲同工。

一个人对大众有关爱之心,对弱者要有恻隐之心(仁),对自己的过错有羞恶之心(义),对客观现象有是非之心(智),对天地君亲师有恭敬之心(礼)。仁心仁术者,有大爱。判定一个人的气度与前程,看其是否舍身成仁。按照现在的流行说法就是,活着就是要改变世界,用科技让世界更美好,一群平凡的人组合起来干一件不平凡的事情。能合群,君子喻于义也好,小人喻于利也罢,能合能分,大度从容,追求共赢共享。

仁心,体现在约束自己,把自己看小、看轻。不是以天老大我老二自居。心怀敬畏,见自己、见天地、见众生。在仁者眼里,我只是世界的普通一员,承担自己应尽的义务,享用自己应得的果实。仁者爱人,所以"吾日三省吾身",有严己宽人,有甚至生存之不易,生活之艰难,理解人与人之间的爱恨情仇原来都是小事。谁说的,生死之外,都是小事。

仁见,体现在从仁心爱人的角度,善意、真诚,在面对群体尤其弱小群体时更容易被接受。

仁者乐山,智者乐水。乐山者,以山之壁立千仞要求自己。无欲则刚,故仁者无敌。他们会为了大众的命运、疾苦去舍身成仁。有仁心者总是将个人命运与大众命运融合在一起,将个人前途与大众的福祉联系在一起。无论是政客、商人、侠客还是文人墨客,他们"先天下之忧而忧,后天下之乐而乐"。以"我以我血荐轩辕"的气魄行诸于世。

仁术,是善意的、正向的方法论。给手段以方向,给技巧以约束。不是不择手段，而是良性改革。心术正，方式合理，技艺精湛，德艺双馨。不是"涸泽而渔、杀鸡取卵、生灵涂炭"，而是共存共荣，标本兼治。

交易始于义

义，于人也，原为義。书上说：我用羊来祭祀表示信仰、理念；公平、正义、责任等。简写的义，爻取一部分。爻的上下两个交叉意为变化，一个则为不变。道义亘古不变。然后加一点，该点为太极。极大极小，无内无外。道义可大可小，大到世界、民族大义，小到个人小义。因此，义，立人于天地之间，分人于万事万物。《荀子》：人能群彼不能。人何以能群？曰：分；人何以能分？曰：义。义，男为知己女为悦己。君子之交淡如水，兄弟之交如手足，知己之交甚生命。

一个人光有爱人之心还不够，还要有义举。"大行不顾细谨，大礼不辞小让。"大行就是大义。历史上有很多仁人志士被写入历史，但有更多的义士义举则编入了野史。儒家宣扬的仁义更多的偏仁而已。没有义，仁便只是口惠而实不至的腔调。现在互联网＋下，提倡的扁平化、去中心化观点，有点不辞小让的味道。但千万别忽视了前提是大礼。创业是要创造美好生活，是要服务社会，否则单单就外形上扎个小辫子、穿短裤拖鞋学谷歌搞企业文化，结果只能是然并卵。

随着时间的车轮滚滚向前，契约的出现让义有了更加具体的形式。权利与义务，爱心与责任比以前更加宽泛。无论是内涵还是外延都是如此。有一些甚至以契约、法律的方式确定下来。社会的进步与生产力的发展，尤其是信息技术的深入、广泛应用，义有了更加立体的含义与应用。

义工、义举、义士、义诊、义卖等等，甚至有专门的人去从事这种工作。无论是上层、中层还是底层的公民都可以参加各种义举活动。而这些义工也给各种大型活动、城市运转、弱小群体以更多惠及切身的服务。

讲义气、重情义是一个人社交的素质基础。这也是一个人的温度之源。用一句流行的话说就是,跟靠谱的人在一起。义是交易的前提。斤斤计较、锱铢必较铁定在互联网时代做不起来。所谓先交朋友再做生意即是此理。

义子、义父是血缘之外最亲密的关系,从彼此认可,相互接纳并互相扶持上超越了人的自然性,是人的社会性的典型体现。这也是当下社群得以迅速壮大的原因。义,是社群的根基。因此,社群大 V 买卖社群粉丝,将信任自己的粉丝作为商品或者下线的方式是违背义的。

信以持续交易

人无信不立。人无信,不知其可。信意味着诚实、正直,说到做到。从字面上看,一个人在说话,但说出去的话如果不兑现,就意味着失信。从失信于人到失信于天下,只是一个渐进的过程。而现在,可能是失信于一人就可能失信于天下。

一个人将凭智慧、勇气以仁心行仁义这个过程完成之后,一个人的守信形象就立起来了。仁为势、义为道、信为象、勇为数、智为术。

《道德经》曰:信言不美,美言不信。信,为真实。一个人不说谎话、不耍滑头、说到做到就是有信。纵向上,信起于人言,成于人行。食言,一是把说出去的话收回,不承认说过;一是不去履行说出去的话,或者履行了与言语中悖离的话。出尔反尔,说话不算数,说到做不到等都是表现。

信的积累是需要时间的,因为从言到行也是需要时间的。有人说爱你一辈子,只有等到最后才能证明,说不定 TA 在 60 岁时抛弃你重新喜欢了别人。有些话要用一辈子的时间去践行。有些则是瞬时行为,比如在生病期间,好好遵医嘱吃药休息;比如在得势时多谨慎,在失意时多淡然。

对一个人的判断,尤其是对一个还不成熟的人判断,就要多维度、长时间地观察。初不知,上易知。不要轻易去评价别人,管好自己的嘴。因为,单凭只言片语无法拼凑出完整的现象,以偏概全、以貌取人、以己之心度人之腹等都不利于信的建立。

横向上,信的建立是双面的,彼此的。一人无信,需要与他人发生互动,通过交易才有可能建立信任。有了信任,彼此的交易方能持续。一边做生意一边增进情感,既是朋友又是生意伙伴。

勇者不惧

勇,力气大,但量大,知死不避,勇者不惧。如果仁人为修身、义士为立己、智者为辨物、勇者为断事。有一颗仁心、讲义气、具有智慧,如果足够勇敢就能将这些串联起来变现。勇,气也,一鼓作气。它是一种行为,讲仁心、义气、智慧付诸实现的一种行为。

现在的我们,由于羁绊太多,尤其是房奴、车奴、孩奴、卡奴等等,他们只得安于现状、随波逐流,因为相比明天,他们更加担心今天。没有厚实的保障,谁的心里都没底。所以,那些大着胆子出去闯荡的人要么家底殷实、要么毫无束缚。有钱的人可以折腾,彻底没钱的反正也没什么好失去。而中间的那些有一点却又不多的人,他们就会患得患失。

另外,由于道德沦丧、礼制崩溃,社会阶层分化,群体聚合渐成气候。戾气渐重,道德模式从人人相爱切换成人人互害。利益板结,权贵结成同盟阻碍全民向上通道。底层群体晋升无门,又倍受盘剥,于是只能向更下的群体或个体施暴。此事已经超出勇的范畴,《阳货》:君子有勇而无义为乱。社会正义缺失,群体戾气增加,打人、杀人、人肉、扒粪等不一而足。

仁、义、智、勇必相辅相成、合起来方为有用。在"大众创新、万众创业"的互联网＋时代,有勇气去创业创新。即便只有一线生机,也会努力向前,奋力拼搏。成功者看到目标,失败者看到困难。勇气,不是没有,而是没有去迎合潮流的勇气,去做自己的勇气,去维护与伸张正义的勇气。

即便是在移动互联网时代,在网聚人的力量的时代,依旧是无力的。拐卖、强拆、破坏环境、暗黑无道的现象依旧猖獗,有善心正义感的人缺乏勇气的背后是缺乏可以支撑勇气的保障。当正向的勇气缺乏时,负向的勇气的上升,此消彼长。

智 者 不 惑

智,四时能变谓之智(《管子》)。简而言之,智就是聪明、有计谋。有仁人、义士,也有智者。他们能考虑周全,能辨周遭之物、识所见之人、断所经之事。凡人之智,能见已然不能见将然(贾谊《治安策》);所以知之在人者谓之知。知有所合谓之智(《荀子》)。仁不轻绝,智不轻怨(《战国策》)。

在信息技术飞速发展的今天,人与人之间的智力差距正在不断缩小。由于教育的普及和接触信息的机会均等化,个体的博弈不再是过去那种绝对不对称的博弈,而是逐渐基于共同的数据与信息进行博弈。因此,智力问题将逐渐回归到两点,一个是团队整体智力、一个是个体的先天智力。前者将是一种更加普遍化的汇智模式,所谓众智就是发挥群体共同的智慧解决一个难题;一个是天才,天才们将继续在科学、艺术、体育等领域发挥常人无法达到的境地。尤其是以个体为主体的领域,甚至只有天才才可以继续在已经有很高门槛的领域进行拓展。

智者不惑,是因为他们知道的比别人更多。一般的智者知道"已然",卓越的智者知道"未然、将然"。跟先知一样,具有预测能力。

在移动互联网大行其道的情况下,借助搜索引擎和万能的朋友圈能够轻松解决问题,"外事问谷歌,内事问百度,房事问天涯",现在大事小事都往朋友圈里扔,还总有人回复。所以,这是一个个体智商不断下降而群体智商不断上升的时代。很多时候,一些奇思妙想的段子发来发去的背后都是一群人不断加工、不断提炼的结果。智慧在民间,这句话在网络时代,才真正地应验。

有智者,能够选择更加科学合理的方法去实现目标,智与术结合起来,能够整合资源、去伪存真、去粗存精。他们用自己的天赋或勤劳先人一步到达成功的彼岸。但,智者不能仅有聪明、计谋。如果心术不正,就会适得其反。从智升级到慧,需要有更多的仁心、情义来完善心智。

目前,科技让很多物品具有拟人化的特征,机器人、智能设备大行其道。它们借助各种传感器、大数据以及物联网已经能够进行采集、传输、分析并且自我运行和自我修正。当这一天来到时,人便逐渐让出了这一领域,回归到慧。以物之智体现人之慧。让智力服务于人性。因为,智是一种力,智力。智力需要一个正确的方向和适当的分寸,何况智者千虑也会有失。当我们的世界有传感器和智能设备接管时,即便是一时也是灾难性的损失。

在智能化趋势下,更需要发挥人的智慧。用心去爱人爱己,发挥物之智能与人之智慧。在以前单凭其中一点就够你立足世界,甚至出类拔萃。但现在不一样了。成功成为小概率事件。这五样或多或少都要有,或至少有一个突出其他辅助。如果个体实在做不到,只有靠团队弥补。

第四节　五观——人的五个维度

五常是人的阳性面体现,是象形,背后是五观在支撑。五观是任何一个个体都有的五种心里特征,包括三观(世界观、人生观、价值观)、方法论、目标、态度、风格。这是一种隐性的个人特征。任何人都需要与其他人或物发生互动,所以都有其背后的行为特征。除了辨识群体(群和形体)和五人之外,为了细究个体,发现不一样的个体特征,我们需要从微观入手,围绕个体开展立体分析。如果五常是人之心性,那么五观便是人之言行。前者为道,后者为象。所谓的心术不正说,是因为将原本是道的心性变成了言行的方术。

五观之三观

这个百度上有现成的说法。就是一个人对于世界、人生与价值的看法。这三者属于一个人看外界的三个维度,从客观世界之我见、从主观世界之我想、标准世界之我行。在此基础上,有对应的方法论,并且形成属于每个人的行为风格。这三个观点可以是借鉴别人的,可以是自己切身感受并体会出来的,也可以是言不明但是行为上是有一套标准体系的。不说出来不表示自己没有,形容不出来不表示自己没有。三观没有高低、贵贱,全面局部。任何一个人都不可能去走遍世界,看完历史,然后深入自省。人类历史到今天,已经浩瀚几千年,地球到现在也有几十亿年,用有限的个体生命去丈量近乎无限的时间、空间,显然不够。所以,没有人说自己的三观比别人的高明、伟大、全面。任何人都是在盲人摸象,接近世界真相的只有一个角色——上帝。

并不是每个人都有同样的条件去认识世界、了解人生,评判价值。人类通过分工解决了这个难题。有人负责探索世界、有人负责养活人类、有人负责治疗人类、有人负责娱乐人类、有人负责繁衍、有人负责教育等等。于是,人就有了阶层、有了分工。人类星空上的星星们把自己的三观通过书籍、法律、道德、风俗、礼仪等固化下来,成为民众的三观。民众在这个基础上微调。所以,村里的张老汉一辈子没有出过县城也不妨碍他有自己的世界观,从周边人那里,从电视广播里他能够获取外面的人的信息与认知,然后加工成为自己的。在东方民族,普通大众总是将英雄、圣人的三观借为己用。比如说"三纲五常"、"务实、守信、崇学、向善"、"八荣八耻"等等。

尽管如此,但是每个人还是尽量在拼凑自己的三观,读万卷书、行万里路、交天下友,希望能够把这个世界看个清清楚楚、明明白白。然后,比别人高明一点、聪明一点、成功一点和幸福一点。这种幸福感来源于跟过去的自己比,跟别人比,跟过去的别人比。

三观合起来就是认识论。百度百科:认识论是探讨人类认识世界过程中一整套思维、意识逻辑的本质、结构,认识主观与客观存在的关系,认识的前提和基础,认识发生、发展的过程及其规律,认识的真理标准等问题的哲学学说,又称为知识论。大多数人并没有一个整体的认识论,认识论其实是一个论认识并且表达认识论的过程。对天、地、人、物、法以及他们之间关系的认识。苏格拉底的名言:认识你自己。强调的是从认识自己开始认识世界,认识了自己就认识了世界。孔德说,认识自己,还是认识历史吧。认识自己,是微观说法。是因为自己是本体,外部是客体。外部的一切,都是自己在不同形体下的映射。你高兴,世界就是晴天;你倒霉,别人就都是心里有鬼。认识历史,是宏观说法。历史上的人、事,这些能帮你校准自己,选择做一个什么样的人,是正义的,还是邪恶的,做英雄还是做败类,你自己看着办。一个从内到外,一个从外到内;一个由阳到阴,一个从阴到阳。如果两者能够结合,就是极好的。

有什么样的认识论就会有什么样的理念和观点,就会持什么样的态度与采取什么样的方法论,就会有什么样的结果。认识论于企业就是企业理念、愿景、宗旨与文化等,于个人就是三观。这是主体对客体的感知与判断,然后主体选择相应的行为来影响客体。《美人鱼》钻石王老五认可了"如果有一天,我们连一口干净的空气、一滴干净的水都没有,即使我们再有钱,也是死路一条。"于是捐出财产与美人鱼过与世无争的生活。

一个人认为有钱能使鬼推磨,那么他就会选择钱来作为达到目标的手段;有人认为人与人之间是一个交易关系,他就会选择共享与交换作为手段维系彼此的关系;有的人认为强者主宰一切,那么他就会做出成王败寇的行为。如项羽、蒋介石。

认识论基于客体对主体的影响,不同主体之间认识论的异同取决于主体自身的异同。一个岛屿上光脚的少数民族族人在一个善于发现商机的人眼里可能是机会,在一个总是消极悲观、总是看空的人眼里就是威胁与劣势。主体的异同就是包括主体资源、权利、经历、家庭、教育等异同。主体的五种异同是主体显性的特征,用于分析之用。

一般而言,认识论主要归属于意识范畴,是个哲学概念。什么唯物主义、唯心主义,形而上等等。这些对认识本身的分析源于不同主体的不同身份,源于他们所处的环境、经历和目标差异。认识论不会有对错,不会有好坏。如同光线透过不同形状、不同颜色的棱镜之后一样。

五观之方法论

百度百科:方法论,就是人们认识世界、改造世界的根本方法,是人们用什么样的方式、方法来观察事物和处理问题。概括地说,认识论主要解决"怎么看"的问题,方法论主要解决"怎么办"的问题。以前有句流行语:元芳,你怎么看?其实,狄仁杰问元芳,要是你,你会怎么办?哪有领导问下属你怎么看的。看,必是高瞻远瞩、提纲挈领,办的必是脚踏实地、不折不扣。

俗话说,杀猪杀屁股,各有各搞法。有的事半功倍,有的事倍功半。就是因为方法的当与不当。得当的方法,找准了主要矛盾与次要矛盾,踩好了事情的节奏,充分利用了资源,激发了团队,一路顺风顺水。

方法论是根据目标而来的一整套做事方式。包括设计的模式,制订的行为准则,激励措施等一整套实现目标的行为。所谓行家一出手,就知有没有。因为行家的点与体系是协同的,也容易辨别各种形体的对应关系。而菜鸟确实东一榔头,西一棒子,没有章法。即便是混搭与杂烩,也是有体系的,有对应的。比如一直以来的炸鸡与可乐,可是一旦炸鸡与啤酒搭起来,在韩国风情里被俊男靓女们一演绎,并且被网络一传播,炸鸡与啤酒跟炸鸡与可乐比,也是蛮搭的。

认识论与方法论的关系,认识论是方法论的指导,方法论体现认识论。

现在智慧城市的建设如火如荼,国家对于产业解构调整、经济升级转型、各种产能过剩的去化等通常采用"顶层设计、总体规划"之类的字眼,这个就是方法论的范畴。规划,规是标准与原则,划是范围。是对目标对象的作业准则与作业边界进行定义;顶层设计是对如何作业,各元素如何对应关系进行设计。上下左右、前后左右、起始、转折、收尾等各个局部如何摆在合适的空间位置上,本质就是时间顺序性与空间结构性的一一对应。比如,建设智慧杭州,我们要建设到什么目标,哪些范围是属于智慧城市的边界内容,如何去构建这些元素的顺序性,项目之间的起始节点如何安排,就需要首先草拟总体规划,然后是顶层设计,其次是行动计划,这三者都是属于方法论的范畴。而,认识论就是杭州市政府认为智慧城市的建设核心在于发展智慧经济。

还是以《西游记》为例,唐僧认为孙悟空的兽性未除,打杀成性。所以,三打白骨精之中,他下意识地就认为孙悟空是天性未泯,人性不够,不听师训。然后口念咒语。唐僧恼怒的不是大圣打死了白骨精,而是三番五次的不听自己的教训。在天地君亲师的排序中,对于无父无母(石头缝里蹦出来),无君(不信玉皇与老君,不服观音和如来)又谁也不服的孙大圣而言,就是师这一个关系了,唐僧认为自己要承担更多管教之责。在严加管教这认识论与之下的方法论就是屡次责骂,泼猴、兽性等。吴承恩要展现一个满是封建教义的人性(唐僧的目标坚定,性格软弱,肉眼凡胎,骨子里的君臣、师徒层级,人与兽的差别——一体现)和一个满是自我的灵性的冲突(独立、自主、惩恶扬善、反抗暴政、说到做到、有情有义等)。

五观之风格

风格是一种行为的表现形式,也是一种时间顺序性和空间结构性的搭配形式。艺术作品有婉约风格与豪放风格,绘画作品有写实风格与写意风格。不同的风格体现了不同主体对表现对象的认识偏差。有人看到秋风起秋叶落,就会有一片秋风萧瑟的悲凉,有人却吟出秋实冬藏的现实感。同样的场景同样的对象,因主体的不同,或主体心情的不同所呈现出来的形式不一样。

中国人喜欢水墨山水,欧美人喜欢油画;中国人喜欢太极,欧美人喜欢拳击;中国人喜欢五谷杂粮,欧美人喜欢牛排奶酪。不同的表现形式源于不同主体对世界的认识,根源于不同主体所在的时空环境差异。到处流传的一个法国人、一个犹太人和一个美国人被关起来,然后放出去的故事,其实在中国,一个四川人、一个东北人和一个广东人也会有差异。甚至三个四川人,中间也会有,一母三胞也会有。正因为这些风格上的差异,才给了倒推主体的线索。使得观其行听其言,从而判断其态度、为人。

风格无关主体的能力,只关乎一种习惯。跟主体的成长环境、教育背景、个人经历等等有关。有人喜欢吃生黄瓜,有人喜欢凉拌黄瓜,有人喜欢吃酱黄瓜。所谓杀猪杀屁股,各有各的搞法。

五观之目标

目标是主体行为的动机,是利的主要成分。因为有了利益之争,所以博弈各方就表现出了不同的认识论与方法论。主体获利的手段是通过不断达到一个个目标后接近终极目标的。目标的设计体现了主体对于利的态度。公利、私利，长期利益与短期利益，物质利益与精神利益等等。目标，体现了主体的需求，五需中的一种或多种，都可以是目标的驱动力，都属于利。

目标一致，群体里的个体可以忽略认识论上的差异，求同存异。但，目标不一致，就是心怀鬼胎、居心叵测，群体的各个就是乌合之众，一旦有利可图或者面临危害，就会大难来时各纷飞。我们在探讨群体法则的过程中，尤其是探讨个体如何结群，如何取义，群体如何持续发展。所以，对目标（宗旨）的认知是先决条件。

目标决定了一个人某个时段的行为方向。在一定程度上，它并不总是那么贴近三观。某一域与子集的方向是为了某个局部或子系统，该系统不一定与整体是同向关系，可能是相左、相反关系。

对于目标的确定，就能大致知道起点与终点，之间的路线就有很多种。有时，最便捷的不一定是直线。大多数情况，甚至基本上的情况是曲径通幽、曲线救国。知道对方的目标就是知道了对方的需求，跟我们在人象之五需里所讲的一样。获取需求是第一步。无论对方是体，还是点。前者是集体如企业客户，后者是该企业的负责人。两者之间的共性、个性提炼，最终找到一条边界的经济的路线。

很多时候，我们将目标与手段混淆在一起。短期的目标于长期的目标而言，可以是阶段性子目标，可以是手段。追求金钱与地位，这个应该算是一个手段，也算是一个目标。前者相对于最终需求而言，金钱与地位也是服务于人的真正需求（五需），后者是目标计划期内的终点。如三年赚100万，五年坐上副总裁位置这些就是这个时段的目标。在最终而言，人的需求就是五需的最高处——内心平衡。金钱、地位、名誉、性等都是为此服务。正确的人生观是很清楚自己要什么，不会本末倒置。

我们现在很多人的一个共性是不太知道自己要什么。因为，从小没人让我们去思考。他们给孩子们安排好了一切。一旦人生的轨迹偏离了设计好的航线，就会发生恐慌。真正的好司机不在于在宽阔平坦的马路上开车，而是在地质条件恶化突发交通事故时的临时处理能力。忙得没有价值，忙得连自己都觉得没有意义。但，尘世的一些观念又摆脱不了。他们的原因就在于不知道自己的要求。

我们在与一个群体交往时，了解群体整体需求以及组成个体的需求，并且将自己的目标嵌入到该需求当中去。

五观之态度

百度百科：态度是人们在自身道德观和价值观基础上对事物的评价和行为倾向。态度表现于对外界事物的内在感受（道德观和价值观）、情感（即"喜欢—厌恶"、"爱—恨"等）和意向（谋虑、企图等）三方面的构成要素。激发态度中的任何一个表现要素，都会引发另外两个要素的相应反应，这也就是感受（道德观和价值观）、情感（即"喜欢—厌恶"、"爱—恨"等）和意向（谋虑、企图等）这三个要素的协调一致性。

态度将认识论显性化，是外界借以猜测主体意识的切入口。态度顾名思义就是，心大/小到何种程度。对于利益的取舍程度，对于责任的承担边界等。态度决定一切，实质是态度的背后认识论决定方向，方法论决定范围。平常所理解的态度偏意向一些，你的态度是什么？表个态等等。比较少地溯及前面两个要素，尤其是第一个要素。态度是一个人的认识论、方法论的简单融合，表达了怎么看，怎么干的粗略意思。

态度是针对点的，对于某一人、某一事而言，不会设计全体全面。它是认识论因时空节点被切割而成的碎片或部分。某一态度不能推测人的认识论，某人的认识论可以指导推出态度。态度是我们对一个事务或人的看法。它是一个点性的属性。一事一态度、一人一态度。态度的背后是三观的标准尺度与目标的结合反应。很多时候,我们只能够感知到对方的态度,需要倒推去分析背后的目标、三观。

态度不过是支持、反对或者骑墙。骑墙的态度是模棱两可,未置可否。需要继续打探或者对方已经露出蛛丝马迹,只是尚未被感知与觉察。需要聚点成线、聚线成面,聚面成体系方能窥探全部。正如以前有人问和尚,三个进京赶考的人谁能中一样。和尚伸出一个手指头,不说话。等结果出来后,众人前来质问。和尚有一说一,一一化解。这个就是需要去感悟,需要智慧。

表态是一个沟通中常见的行为。利益关联方就某一事件进行沟通,表明态度。表态就是取舍、选择。这个过程就是重新划分人际关系的起点。态度相同或接近的人聚合成为利益同盟,共同应对态度相异的一部分人。表个态针对的就是具体的事情,某人的具体行为。比如对成都女司机被打一事,如果要惩罚男司机,请你表个态。你作为陪审团成员。但不能说,你对该男司机表个态。

在企业、政府等组织机构中,一般会有态度考评一项。内容大致就是平日的工作态度,对待上司的态度,对待工作的态度,对待员工与客户的态度等等。合起来就是该员工这段考核期间的态度。结果就是端正、不端正。标准就是员工手册、企业文化、客户要求、上司要求等等。

态度决定一切。这句话曾经相当的火爆。态度端正地做起事情就会全心投入。然后就会想尽千方百计,历尽千辛万苦找到方法,解决问题。但,态度与结果没有正关联关系。态度端正的不一定会有好结果,不端正的也不一定没有好结果。态度没有好与坏,只有是否认可对方的规则,是否符合对方的选择。上级要求你早餐5点起来去机场接客户,结果你拖延到6点到机场,让客户等了你半小时。上级就认为你态度不端正。

第五节　五后——人的五种能力

五后是指主体所有的资源、权利、家庭、经历与所受到的教育五种后端资源或经历。它支撑着前向的几种特质。如果说五型是个体的隐形的特征，那么五能就是显性的特征。用以判断个体或群体的特质。这五个方面是有据可查，有源可溯的。只有全面了解五后才能知道五观的来由。

五后之资源

资源是一切可以用于产生价值的要素或载体、工具等。包括人、财、物、流程、技术、数据、品牌等等。整体而言，拥有可变现资源的主体能够较快确立起势，有软性资源的主体能够有持久的影响。能够快速整合和利用资源的主体，是新一代的成功者。

资源有硬资源和软资源之分，有限资源与无限循环资源之分。资源是利益的一种变现载体，用于产生能量、传导能量、保存能量等，甚至是辅助扮演类似角色。在工业经济时代，资源是一种硬实力。在网络社会，人脉是一种硬实力。在移动互联网时代，一切都可以成为硬实力。由于科技的发展，人可以快速地到达想去的地方，所以，土地的所有权就不是那么重要。因为任何人随时都可以来到你的领地。在经济全球化与分工合作化下，拥有资源不如整合资源，使用权比所有权更加重要。

资源有不可持续与可持续之分，追求资源的可持续利用需要对资源所有主体进行互惠互利的合作，对资源进行持续的开发利用。在大数据＋时代，拥有你的数据近乎没有意义。必须把你的数据放在时代背景下的群体行为数据中去对比。阿里发布的购物数据、支付宝推出你的花费数据，微信呈现你的好友、红包数据都是如此。资源的虚拟化、证券化，使得数据的所有权不如使用权重要。

五后之权利

权利是主体享有的该怎么行为的资格。接受教育、生命财产不受侵害、老人有得到赡养等这些都是主体的权利。如知情权、名誉权、投票权等等。权利的存在与否以及大小多少反映主体的能力。比如 18 岁以上的成年公民,比如公司的股东,比如监护人,比如医生等可以比其他人有更多的权利。

权利有先天与生俱来的,后来与他人交互发生关系后产生的;有伴随生命始终的,有随着关系解除而消失的等等。权利是可以判断主体态度、责任、甚至品性等方面的要素。

权利有多大,责任就有多大。你要去做 CEO,就必须要有 CEO 的担当和能力。在现代企业制度中,权责利是对等的。利＋权利＝责任。三者都是具体的,才能支撑起该等式。现在很多人只想拥有权利,获取利益,却不想承担责任。权利的大小,背后一定程度上体现了担当、能力。我们不能一看到年轻男人驾驶豪车呼啸而过就说,他妈的富二代;看到年轻的女人珠光宝气地从豪宅里高端商场里出来跳上一辆豪车就说人家是二奶或者什么,有很多的年轻男女同样很勤劳、很聪明,通过自己的努力获得成功。他们是公司的董事长、CEO 或者 VP 之类,能够勇敢去尝试,去承担变化带来的后果。网络时代,给了更多的不可能,让人变得更加的不可捉摸。

五后之家庭

家庭是每个人的第一学堂。它决定了人的一生。从小有良好的家庭环境,对主体今后的人生选择有决定性影响。家庭的和睦程度、长者的教育与关爱方式、家庭文化等直接影响成员的性格塑造。

父母是最好的老师,家庭的好氛围是一所无与伦比的好大学。爸爸爱妈妈,长辈疼晚辈,晚辈敬长辈,父慈子孝、兄弟齐心、妯娌和睦、与邻为伴,家和万事兴,才能培育出人格健全的后辈。

我们看到过很多历史人物中都有家庭不和的影子。阿道夫·希特勒、迈克尔·杰克逊,家庭的破碎或者不和给他们的心理蒙上阴影。在犯罪尤其是青少年犯罪原因分析中,家庭问题是主因。

家庭的规模、层级、氛围、家规家训、家长风格都是影响子弟的重要因素。一个四世同堂的家庭,长者长寿乐观,父辈知书达理,家庭崇尚节俭、读书,自然能够培养出更多人才。其他的家训,如《了凡四训》、《曾国藩家书》、《傅雷家书》、《弟子规》等等。家庭的血脉不仅在于自然的 DNA,更在于社会的家训文化,在于祖宗的榜样、后辈的不负先人。一个吉庆之家,必有一位仁厚的长者。一个兴旺的家族,必有一部可行的族规。

五后之经历

所谓,前半生由父母决定,后半生由自己决定。如果家庭是先天的环境,那么后天的经历对人的成长也有重大影响。投笔的、从戎的、行商的、卖艺的各不一样。不同经历带来与不同群体的沟通,得到不同的反馈与对自己的修正,也会改变自己的风格。

经历跟读书多少没有直接关系,再多的书都赶不上脚下的路长,书里的东西跟脚下的路结合起来才有用。不同的家庭背景、认识论、资源状况,能力大小等都会让个体有不同的经历。司马迁宫刑著《史记》,孔子周六列国倍受冷遇后编《春秋》,《白发魔女传》里的练霓裳如果不是为情所困、为情所伤也不会杀人如麻。每个人的一生都是由大大小小的经历组成,有些经历是拐点,改变人的个性与认识论,从而彻底改变其本人。所以,读人,需要读其经历。读名人,要读其传记。有些人变得与世无争,淡泊名利,是因为其年少之时多争斗,历经了生与死,看淡了得与失。

经历,从自己见众生见天下,用自己的心性去感悟周边的人群。去穿越一座城市的名人,来到西安,去遐想自己在唐朝时的大街上,看着行为开放、衣着华丽的人言谈举止,自己会是一个什么鬼;来到长城,你去回望那些狼烟四起、战鼓齐鸣的年代,如何刀光剑影、人鬼一线间。走到什么地方,就会把自己跟此时此地的人融在一起,想想当时,想想现在,一阵感慨、一阵唏嘘。

五后之教育

职业的教师,是一群以教书为饭碗的群体,现在很多人只剩教书了。人无论以什么划分,都没有以职业来划分更体现其特性。因为人,食色,性也。就像我们判断一个项目的商业模式也就是卖点一样,要看盈利点。武大郎是卖烧饼的,CJK 是卖肉的。职业本身没有高低、贵贱。老板不是一种职业,只是一种称呼。师,才是一种职业,一种有悠久历史的职业。学高为师,身正为范。其实也不一定,三人行必有我师。整个社会对老师的要求太严、期待太高(这背后是一种自我的懒惰与放弃。养育子女是家长的第一要务,无论社会化分工如何细化,这一点都不应该改变。因为成才的核心在于人格健全)。教师被较为老师,大概是因为孔老夫子的关系。教师、医师、会计师、税务师、律师、精算师、架构师、咨询师、分析师、厨师等,还有匠如木匠、瓦匠、油漆匠、石匠,以及工如车工、磨工、修理工、环卫工等等。大概因为师比较高大上,而匠比较穷矮矬,而工,则夹在中间,牛逼的上去为师,LOW 的下来为匠。

国际上公认的第一位职业教师是孔老夫子。美国、中国台湾、中国香港、新加坡等地都将 9.28 作为教师节。这充分说明过去的教育更侧重于教师端,在于传道、授业、解惑。从私塾到学堂、学校、网校与 MOOC,经历了 C2C,B2C,B2B2C(互联网＋教育)。这符合东方人内心深处的"依自不依他"、"崇拜英雄不信鬼神"的哲学。老夫子成为了圣人(出乎其类,拔乎其萃),风光时成为过神,在倒霉也成为过鬼(阴阳不测为神,阴魂不散为鬼)。

在知识更替与信息爆炸时代,板结的知识点已经不再重要。事实已经成为历史,比历史更重要的是历史的规律以及透过规律对未来趋势的判断。脑残们总是出一些脑残的考题,×年×月×日发生了官渡之战,五代十国是哪十国?

一直以来,我们都过分夸大了自己的权利与权力。"子不学、父之过,教不严,师之惰"。桃不能教李如何去做一个更白富美的桃子,西瓜不能教冬瓜去成为一个又红又甜的苹果。但都可以让让彼此去珍惜时光、享受雨露、努力做好哪怕是一棵小草。一棵桃树就应该让每一朵桃花都盛开,一朵菊花就应该让每一个花瓣都绚烂,一朵向日葵就应该让每一个花瓣面向太阳结出果子。我们不认为谁有教育谁的权力或者资格,每个个体都在自我修行的路上且行且珍惜,不一样的个体、不一样的目标、不一样的路径、不一样的感悟,都是与众不同,都是主观的或者片面的。长者多的是经验与稳妥,幼者多的是憧憬与冲动。前者是阴趋盈、阳趋亏缺,后者是相反。无法让老者去教育幼者,只能是启发、引导、建议。在天地君亲师中间,师生或许是最庞大的社群组织。从孔子 72 贤人开始,到后期的各种门生,书院,桐城派、东林党等等,更有甚至如黄埔军校、各种同学会,直接说明了师门与亲戚之间的本质区别在于,前者是出门后的路,后者是回来的门。

用余秀华的"穿过半个中国去睡你"中的一句,我是无数个我搞成的一个我。所以,教育的本质就是,认识到"我是无数个我搞成的一个我",然后让无数分之一的我去发自内心地成长,风调雨顺就长得壮实点,干旱贫瘠就长得矮小点。选好场景去充盈、绽放。女的上得厅堂,下得厨房。撒切尔回家也得照样做饭,奥巴马回家也得带孩子。

教育,其实应该是育教。孕育,遗传 DNA 与胎教,出生后教化、感化。人发生质变不是教出来的，是化出来的。从外到内是感化出来的，放下屠刀、立地成佛；从内到外是悟道出来的。顺治皇帝也好、弘一法师也罢，都是此类。人类作为群体的进步体现在DNA的优化上，后天的教化是完善DNA的过程。教育是一个个体与群体交流、向群体学习的主途径，入学是激发人的社会性的最有效方式。教育，对子女的三观培养、认识论、方法论、知识、人脉建立都有直接作用。好的教育让孩子成为一个独立人格的个体，学会思考、学会合作、学会反抗、学会承担。差的教育，只能培养各种自私、各种自利、无理、暴戾、野蛮，成为一个欺世盗名的精致利己主义者。

教育的目的不是培养所谓的接班人，不是让自己的孩子成为一个更优秀的自己。每每看到马路边那些修剪整齐的植被，不是替植被悲哀而是替我们自己悲哀。人的成长应该是立体化的。人为划分德智体美劳的做法既不科学又不讨好。全世界没有这种划分方法。人不是产品，尤其是孩子，《易经》曰："初不知，上易知"。

教育的本质不是教养与培育，而是启蒙、引导、激励。教育工作者自己被教育成为一个教育机器，然后用自己被安装的教育程序与内容去给下一代的孩子们装机。教育部甚至以上的人认为教师们应该是"传道、授业、解惑"的群体。传授知识为教，进行心理与人格辅导为育。其实，人天生就生而平等。人具有自适应能力，能够结合自己的特长、兴趣去选择合适的门类合适的方式去了解世界、认识自我。现在的孩子玩手机、电脑，不用谁教，一上手就会。谁都没有资格去教育谁，谁也没有能力去教育谁。因为任何人都不能说他自己就是正确的。对于认识世界与改造世界，谁都还是一知半解。对于过去，我们还不甚了解，因为不知其然，或者不知其所以然；对于未来，我们都是一样。甚至往往孩子们的创新之举更加贴近科学与自然。不要把孩子当成白纸和容器。如今的小孩子一副成人的模样，这是一种扯淡的事情，看到孩子们跟丑陋的大人一样，不由内心拔凉。不怀疑，我们当初都不想在成年后变成讨厌的自己。可是，我们让自己成为这种人之后也加速让孩子步入后尘。我们无比渴望自己的孩子光宗耀祖，出人头地，却又害怕自己的孩子变得跟自己不一样，变得自己不可操控。我们想要一个跟自己一样，却又比自己优秀成功的，并且这种优秀与成功是在自己的培养管教下产生的孩子。更加不可理解的是，我们太希望自己孩子出人头地，别人家孩子倒霉到底。

然而，教学相长，且教且学，平等互动。在重视体验的现在，学习依旧还是体制内的一种手段。尽管"皆秦之罪也"，作为家长，自己不改变，就没人代替我们改变。在所谓的教育活动中，教师与学生是两个基本主体。老师也可以在此过程中得到学习，学生的讨论与探索也可以启发老师。没有谁对谁错。对与错，压根就不应该存在，或者在学术领域不应该存在。这两个词不是阴阳属性，不具有客观性。对与错的背后就站着好与坏，一旦有了好与坏，或者轻而易举地贴上好与坏的标签，人群就分化了，就形成了阶级、门派，就会有各种莫名其妙的争斗。这或许，不是教育的初心。当初老夫子提倡：有教无类，三人行必有我师等理念是符合人性的。教育不能作为政治的工具，也不能作为牟利的手段。一旦越了雷池，人就变得不可理喻、失去人性。

教育的根本在于启迪思维，自我思考。不仅包括教育，还有学习。前者是施教主体，包括父母、老师、长辈等；后者是受教主体。有时候两者的边界并不是很明晰，教与学相辅相成，互为一体。任何教育都不能代替受教方去思考，或者教授一套所谓"放之四海而皆准"的理论。

教育背景的不同，在于当下更多的家庭背景与出生的不同。如名校区、学区房、机关幼儿园、私立学校、贵族学校等等。这种背景主要是基于财力、人脉等，不是普遍的教育情况。它们从建立到产成品都是有严格人为属性的。

教育的目的决定了教育管理者与教育各方的选择。所以,我们从一个人受教育的情况以及其求学经历是可以推导出一些关于个人的片段的。比如出国留学情况,勤工俭学情况,自学经历,同学圈子,师门情况等等。这个在古代中国尤为明显,尊师重教之传统,老师的位置也被放到与天地君亲同等之位"天地君亲师"。同一个师门的人就是一个圈子,这个在现代的大学也很流行。写论文、找工作、投资合作等都跟这个有关系。同学会就是典型例子。

教育的方式也会影响教育各方的关系。硬性的、填鸭式的教育只会教出书呆子,高分低能的人。应变能力、创造创新能力严重不足,经受不起挫折和打击,极为脆弱。人性化的教育、个性化的教育与平等的教育取代政治化、机械式的教育势在必行。有统计资料证实,历年高考的状元在政界、商界、文艺界成为翘楚的预期远远高于现实。

每个人受到的教育内容不一样、方式不一样、背景不一样,教师的言行与同学的关系不一样,就会产生不一样的学习成果。有的人从小被要求"精忠报国",有的从小被要求做大官发大财,还有的就是不要吃亏,要投机取巧等等。个体在自己的生长成长之中,受到了太多的外力干扰,包括思维模式、目标选择、价值判断等全方位的干扰,个体的发展轨迹就会偏离合格人格的方向。从一个人的教养情况看家庭教育,从一个人的学习能力看学校教育,从一个人的三观看社会教育。

2016年春节新片《美人鱼》大卖,口碑与票房齐飞。众人的目光再一次聚焦到周星驰身上。这位因家庭背景、从演经历起伏至今的艺人,不去了解他的过往,便不能理解他的为人,也不易分辨关于他的评价。

第十章 物性皆人性

物是人非。这个常被用来形容世道变化，其实是物非人非。因为一切都在变化。用禁止的心与无所求的角度看世界，就是无是无非。天下本无事，庸人自扰之。但只要是物质就会为了存在而获取能量、追逐利益。在一个人所主导的地球上，一切都被赋予了人性。人用人类喜好、视角、方式来看待万物。有萌宠，有猛兽，有可爱的花花草草，有坚强伟岸的松柏等。万物皆有人性。人性是物性的集大成者。在这样一个天地人的环境里，天象是形势与环境，阶段与状态；地象是空间与边界，载体与结构；人象是主体与需求，性格与类型。充斥这三象的是物象，让物象以何种方式呈现的是法象。所以，物象作为客体与作为人象的主体一样重要。按照水、木、火、土、金五类物划分，对于组织而言，尤其是企业类似的盈利性组织。

水	人力	思维	时间	财力	模式
木	产品	技术	管理	运营	服务
火	核心力	团队	领袖	友人	贵人
土	市场	土地	政策	法律	文化
金	愿景	理念	宗旨	价值观	品牌

图 10.1 物象的层阶与元素图

德鲁克说过，企业的宗旨是创新与营销。而这两方面的瓶颈都在于人才，尤其是高级人才。所谓瓶颈，没有在瓶子底部和中部的，都是在顶部。当人作为一种资源时，兼具了主体与客体的双重属性，越发显得不可替代与不可或缺。随着生产力的发展，人类对于改造自然的影响力越来越大。但，当科技日渐发达时，个体却越发虚弱，个体对群体的依赖越发严重。当今的很多人，已经离不开手机、电脑、电视、汽车、飞机。而手机、电脑、汽车、飞机等也只是一个个具体的终端点，背后都有一张一张的无形网络。脱离了网络，个体就消失了，终端也失去作用。

物　力

物力是指群体在时力、财力支持下对物进行的获取、开发、分配所需的必须物质资源。包括工具、能源、设备、原材料、半成品甚至是成品等。可以是有形的、无形的，可以是天然的，人工的等等。当年孙悟空为了找到一件像样的兵器，可没少费工夫，最后拿了东海龙王的定海神针。在《西游记》里，基本上也是以物力的法力大小而不是神仙妖怪自身的法术来比高低。从紫金铃铛、阴阳瓶、芭蕉扇等来看都是如此，正应"工欲善其事，必先利其器"的道理。奇葩的是现在的医生也一样，任何身体不适，首先就是化验，没有各种仪器与设备，医生大抵是不会看病的。

在现代社会就更不用说了，从蒸汽机到电力工具、航空航天工具、信息通信工具等等，物力已经飞速发展，人类可以上天入海。物力已经能够体现一个国家、一个群体的先进性程度，比如欧美国家的技术、工艺、设备相比落后国家的，老板的坐骑是大奔，员工的是自行车；达官贵人的服饰总是珠光宝气，穷人总是衣衫褴褛；技术先进的公司采用软件进行分析，落后的公司用人工进行对比等等。工具的先进性体现了生产力的先进性。当然，在所有工具中最先进的还是人力本身的素质。老板将工作委托给下属去做，下属就是老板的人力工具，这些下属再利用各种仪器设备。所以，御人之术为最高手段。有些人可能举奴隶社会的例子，那个时候也都是使用人力,难道奴隶社会的生产力比现在还高?这个问题混淆了人力本身的内涵,它已经变化,不再是刻舟求剑的一成不变。那个时候的人力资本比当下的人力资本如同天上地下之别。

物质资源是群体生存的基础,包括能源、土地、水、光等,也包括加工后的如食物、机器设备,运载工具、容器、度量工具、工艺、配方等等。

物力是衡量企业拥有财富的标志之一。人类社会也是伴随对物质的争夺而不断发展的,从食物到财富、到能源。为了获取稀缺的资源,不惜发动战争。企业需要对物质资源的开发来体现自身价值,无论是开采石油、天然气,还是加工石油,出售石油加工品等等,企业与个人改造的对象都是具体的物质,物质世界就是现存的自然世界,包括有机物、无机物,动物、植物、微生物。

对于法人而言,工具、工艺、配方、加工设备、运输设备等都是物质的一部分,凭借这些工具进而对资源进行开发,将原材料变成产成品,成为工业用、生活用的消费品。

在不同阶段不同领域,企业对物力的需求不一样。由于物天然存在于自然界,跟地理位置有紧密联系。因此,处于资源丰厚储存地方的国家或企业就拥有无可比拟的物力。如沙特、伊拉克等产油国,俄罗斯的天然气等。这些国家重点放在对能源的开采上。而另一些国家,如日本,则放在生产、加工设备、消费品加工上,他们通过进口原材料,利用技术进步和科技创新把初级产品变成消费品。

对于不同类型的企业而言,在社会大分工形势下,总能通过市场交换获得自己需要的物质,落后国家有初级产品,先进国家有技术、设备、市场,能够加工成消费品。不同企业的需求是不一样的,农业需要工业的设备,工业需要农业的原材料,商业需要工业的产品。掌握任何一项都可以存在于市场上,横向层面都是合作关系,如开采油田,运输石油,加工石油,出售石油制品,这一个链条上的企业都是合作伙伴。但纵向上就不一定,油田之间、石油公司之间、出售石油制品的企业之间多是竞争关系。

物力的强弱体现在丰富度与价值提升度上面。资源的稀缺带来高价,精细化制造能够生产物美价廉的商品,得到市场认可。哪个企业拥有丰富的资源,高精尖技术工艺,能生产具有竞争力的产品,就意味着有强大的物力。

物力层面,中国的企业普遍比较弱势。因为在资源、工艺、核心技术、专利商标等层面,中国企业起步晚,发展意识淡薄。这块目前已经形成很高的门槛。知识产权壁垒、专利壁垒等都是中国企业绕不过去的门槛。

物力只是一个工具与资源方面,非洲、拉美、中东这些国家有丰富的物力资源,却依旧贫困与落后,甚至说正因为丰富的物力使得他们遭受殖民。因此,物力需要被人力所掌握和应用。在很多时候,物力并不一定遵循所谓的制度。按照客户至上的观点,中国应该是澳大利亚必和必拓的客人,然而中国在购买铁矿石时总是遭受欺负。甚至很多东西,你花钱都买不到,比如核心技术、武器等,美国和欧洲不卖给你。有些商业领域的公司并购,会有各种损害国家利益的借口来拒绝中国公司并购。所以,美国的一些媒体嘲讽说,国家利益是美国一些政客为一己之力常用的遮羞布。

人类的进步是通过物力的提升才得以体现的。从石器时代到铁器时代、蒸汽时代、电气时代、信息时代,每一个时代的进步都是来自于物力的提升。包括今后的一些趋势如人工智能、太空技术、基因工程、环境保护等都将带动人类社会向前发展。

物力需要以循环、可持续、精细化的方式对待。地球上目前的开发已经严重浪费了有限的物力,空气、水、土壤均遭致不同程度的污染。当有一天无物可用时,天、地、人也没有什么可以聚合的纽带了。天、地、人、物缺一不可。

这些需求是针对群体需求而言的,仅有此还是不够的。正如你作为一个销售人员,在分析一个公司客户的需求时,还需要确定能够决定这个客户购买行为的个体的需求。简而言之,A公司是你的目标客户,你是销售软件的销售人员。除了要搞清楚A公司在需求上的诉求,如功能、类型、价格,影响采购的因素如品牌、稳定性、个性化等方面之外,你还得搞清楚,决定采购的张总、王经理的个人需求,包括他们的喜好、利益。所以,针对群体型的需求满足,从来都要将群体里决策者、影响者等个体的利益考虑在内,并且在不同的时空背景下,作为优先考虑对象。

第一节 水——最佳连接体

水之人力:人既是主体又是资源

主流的学术观点认为人力是资源,而现实中人力却是成本。其一,在劳动附加值低的领域,人力总是最后被投资的,当出现经济风吹草动时,人力也是最先被干掉的。中国的制造业里,经营者们总是将土地、厂房、机器设备、工艺、原材料等放在优先考虑的位置,劳动力放在最后的位置。一旦出现市场不景气的波动,首先砍掉的是劳动力;其二,在组织体系内的低层阶岗位。所谓的铁打的营盘流水的兵。一则他们的贡献度不高,二则组织对他的依赖不大,三则削减他们的成本小,四则招聘也相对容易,五则他们都是以群体的方式体现价值,小部分或者个体不影响整体。

所以,这时人力是成本,人与资金、物质一样在老板们的眼里只是"物"而已。作为企业的人、财、物的一部分,人力一项被作为成本在看,成本天生就是被削减与压缩的对象。所以,在中国的商业环境里,不仅仅是制造业、服务业,甚至在一些所谓的文创、IT、能源与生物技术等新技术领域也是如此。

但是,在一个晋升通道通畅的组织里,人力是作为一种资源存在的,尤其是在创新型组织和追求人本文化的组织里,人的重要性被空前提高。比尔·盖茨说过一句话:如果把我们最重要的 20 个人挖走,微软就会变成一家无足轻重的公司。《孙子兵法》曰:一曰道、一曰天、一曰地、一曰法、一曰将。将,就是企业的优秀管理人才。道,就是将与士兵一条心。这时,人就是人物。所以,是物还是人物,要看你处的风水、磁场。这也是优秀企业与平庸企业的差距,根本上是优秀老板与平庸老板的差距。

在任何组织里,人人都在想一件事,先是被需要然后是不可替代。但作为组织(组织其实就是群体),却在想另一件事,不让这种情况成为事实。所以,如何在博弈中达成均衡是一个困扰很多人的事情。共享经济、合伙人模式给出了一种选择。

在组织里,位居上层的管理层与决策层是以人物的身份出场的。他们负责决策与执行,定目标、搭班子、订规矩、做考核。在这两个层级里,有决策者、影响者、传播者、评估者与破坏者。居于面点、体点或系点的高位与要职,其他的都是作为成本被考虑。位阶低的形体更容易作为成本被考虑。比如保安、前台、助手、工人等等。

人物是作为稀缺资源被供奉的。他们自然就是体系层阶的形体。比如老板、主管。这在群体经济里,尤其如此。而群体一旦聚合,就自然分出君与臣(羊)。对于不同的组织而言,组织的不同层级,对人物的定义不一样。目前的大 V、网红、大咖具有足够的影响力。他们来自各个领域,影响各个群体。

从横向的空间维度看人力,内部是成本,外部是人物。随着社会化大分工的推进,尤其是在网络经济下,分工更加细密,更加碎片化。单一企业也无法在尽可能短的时间内提供给广大消费者个性化的需求。一边是大批的服务对象,对象的个性化需求,一边是快速的时间以及低成本、高质量。矛盾十分尖锐,这些聚合在一起对任何一家企业而言,都是不可能完成的任务。因此,企业之间被迫进行结盟。他们需要合作伙伴的人力支持,需要各种各样的广告公司、媒介、制造商、人力公司、财务公司、评估公司、律师、会计师、外包商、金融机构等接入到他们的商业体系,这个体系的接入其实是伙伴之间人力资源的接入,人力的共享。所以,任何一部IPHONE,都不是一家公司生产的,它从图纸到消费者手里的潮品,经历了N家公司,跨越了多个国家。任何一台笔记本电脑也是如此,于是,超越组织边界的人力共享出现了。外部的人力作为专家的身份与高效的身份出现,对于企业而言无疑是一种解脱与拯救。

而内部的人力却是批量化、重复性循环同样的流程,无论是底层的工人还是中层的白领,还是高层,都一年一年地做同样的事情。参照科斯的企业边界是因为交易成本的原理,他们的出发点就是把同样的工作做到极致,成本最低。凡是做不了的,成本高的一律外包或者联盟合作。于是,外部成为专家,外部的是资源,凡是能为公司找到合作伙伴的,找到联盟的都是公司的牛人,因为牛人们引入了公司没有的或者急需的资源。

从纵向时间维度看人力,不同阶段情况不一样。对于法人组织,不同阶段,有不同的人才需求与要求。创业阶段、成长阶段、发展阶段、成熟阶段、衰落阶段的人力需求均不一样。不同阶段使得不同岗位的人的地位也不一样。

需求的不一样带来了人力所在部门的地位不一样。重要的部门自然是由重要的人负责,如创业阶段的研发、营销部门,自然要有重要的关键成员加入。我们认为全宇宙都是这样的做法。因为企业的目标是生存第一位,发展第二位。《管理经济学》告诉我们,要把眼光放在利润上而不是市场份额上。所以,作为企业的最高决策者要清晰地传达正确的人力需求、要求、培训规范。这是为法人组织良性发展所必备的。部门与成员的重要性都是一时一地对应的,让每个成员都能平滑理解公司目标的阶段性与任务的过渡性,并随公司调整而调整是主管的首要职责。

　　人力的需求不仅体现在引进层面,更在培养、使用、辞退等立体层面。在人力培养上面,内部培养胜过外部引进,无论在忠诚度还是对内部的激励效果,重要干部的内部培养都是关键的。在使用层面,人尽其才、物尽其用是最高境界。在辞退层面,以负面效果最低为优。

　　公司最高决策者或者创始人要做一个木桶的铁箍,将公司所有的成员紧紧箍在一起,建设好公司文化氛围、实施合理的奖优罚劣措施、将每个成员放到合适的位置上、协调不同部门之间的合作,真正将 N 个成员变成一个。

　　无论是物,还是人物。一方面取决于你本身的质量,一方面取决于你选择的风水。风水就是最适合你能使你价值最大化的空间范围。而在不同的时间选择不同的空间作为载体,才能够让物变成人物。作为个人而言,都是从底层到高层,从物变成人物的。所以,脚踏实地与坚持不懈是唯一的一条人生升值之路。

　　人力需求作为一个组织是最基本的需求,既然法人是一群特定的人为了一定目标参照一定法律的集合,那么至少有 2 人以上的规模。所以,法人对于自身成员的需求是每个法人最基本的需求之一。最典型的莫过于招聘新成员、吸引高端人才加入。

　　人力需求的本质是创造、整合资源以创造价值。在有限的资源条件下,在天时、地利的背景下,如何获得足够的空间势力,以及这种势力如何持久。很多公司都要做百年老店,要成为五百强。这就需要公司所有人的共同努力。将影响力发达,延续。

　　一个法人内部需要有的组织体系,如决策层、管理层、执行层,横向层面如研发、生产、销售、服务、后勤保障等部门。这些构成一个矩阵。人力需求参照法人组织的阶段目标、财力保障进行。现代企业的竞争本质上是团队的竞争,这个团队包括法人内部的核心团队,也包括外部的供应链团队,智力团队,金融支持团队,媒介团队等等。在经济高度一体化的形势下,竞争形态已经从点对点升级为线对线、面对面、体系对体系,也就是说,不再是一个人的战斗,而是一群人对另外一群人的战斗。

法人内的人力结构中,最重要的是决策层与管理层人员。这是法人人力的两个基本面。决策层负责方向,管理层负责动力。管理层其实就是中层人员,决策层就是股东与管理者代表。另外一类是技术类专家型人才。对于管理层、技术类人才的需求也是很多公司最主要、最迫切的需求。

流传的段子讲:21世纪什么最贵,人才最贵。这足以说明,人才这种稀缺资源的重要性。对于法人组织,不同阶段不同区域下,有不同的人才需求。创业阶段、成长阶段、发展阶段、成熟阶段、衰落阶段的人力需求均不一样。

在网络经济下,单一企业也无法在尽可能短的时间内提供给广大消费者个性化的需求。批量的对象,对象个性化需求,快速的时间以及低成本、高质量。这些聚合在一起对任何一家企业而言,都是不可能完成的任务。因此,企业之间被迫进行结盟。

国与国之间的竞争,以人力为大。《孙子兵法》曰:一曰道、一曰天、一曰地、一曰将、一曰法。除了前三个自然因素或客观规律外,将领的才智、勇气是决定胜败的关键。人力包括对方的能力、类型、需求等等。秦末,刘邦对阵项羽;三国时,魏国对阵蜀国吴国;北伐时,北伐军对阵袁世凯等。现在,全球各地的优秀人才都前往美国。在2012高考之后,香港的大学在内地招生中,21省的状元都被招录过去。这些都说明人力人心之相背的力量。所以现在,当亚裔的子弟的学历情况以及求学质量高于美国本土时,美国当局各个方面的人士都开始忧心忡忡。2015年奥数比赛,美国战胜中国拿了第一。奥巴马接见团队时发现是清一色的华裔。

企业对人力的需求总体上要求的是服从阶段性目标第一,整体和谐第二,实质上是满足生存第一位,发展第二位,对人力的标准要求是不求最好,但求最合适。

其他组织或机构也是如此。孔雀东南飞,然后东西形成了明显势差,当东部从蓝海变成红海时,孔雀或者孔雀的后代开始返回祖居地,在新的蓝海开疆拓土。无论是中国历史上的唐朝时期,还是今天的美国,以及今后的中国,都是如此。人往高处走,高处就是势力高的空间。

水之思维:思维之魅

用寻常的话说就是,你怎么想的? 如果问你到底是怎么想的,就表示你让别人的思维混乱了。狄仁杰问元芳:你怎么看? 元芳心里在问狄仁杰:你怎么想? 高阶的人问你怎么看的背后是问你打算怎么干。低阶的人问你怎么看,是问你怎么想,有什么态度,我们好去执行。所以,揣测心思是很费劲搞的事情。思维是五象的五人中共同体的纽带,在形体上是系之层阶。

时下流行学历是纸牌、人脉是铜牌、能力是银牌、思维是金牌。思维,就是在三观、方法论以及各种目的综合作用下,如何认识一个事物,然后采取何种方式去作用该事物的整套脑力预演程序。分析前因后果,找出来龙去脉,然后判断利弊得失。《超体》给我们揭示一个道理,脑力才是一种最强大的力量。我们束缚自己的脑力,用各种观念,以至于我们要么坐井观天,要么杞人忧天,要么畏手畏脚,要么大手大脚。思想上的囚犯才是真正的囚犯。

这就是所谓的,不变中的万变。思维的运动是对一个人全部知识、信息、模式、观念的集体检阅。我们在处理一件事之前,都会对事情进行背景分析、关联人分析、困难分析以及资源状况分析,这个事前过程就是一个思维度量的过程,就像一条蛇碰到一个动物,在进攻之前要判断:能否吃、打得赢否、如何打、何时何地动手等等。可以说,思维的过程就是行动的预演。它是一次对自身能力的集体调配。思维,是我们对现实世界的一种自我映射。有人认为钱是万能的,有人认为天道酬勤,有人认为人性本善。《狮子王》里的小辛巴以前只吃虫子,认为自己也是一只疣猪。而孙悟空则认为众生平等,凭什么玉帝老儿高高在上,有的人死后要下地狱,有的却长生不老。不同的思维,反映出不同的利益诉求。

我们现在很热的互联网思维,本质就是虚拟与现实的对应。数据的本质就是降解实体物质的维度,将其整体进行信息化转化,实体虚拟化、过程虚拟化、交互虚拟化、模型虚拟化。降解维度之后就从四维变成一维度的液态甚至零维度的气态。从深奥、复杂、高冷转变成容易、简单、熟悉的东西。就像那些装逼的人说,我是成天穿梭于美女之间,行走在城市之内,专门为她们送健康和快乐的人。其实他就是一个快递小哥。后者就是我们常说的——人话。在标准之下的数据化后,经由平台,结成网络,网络将个体结合成群体,将点聚合成体系,将虚拟化的世界与现实世界合体。而,思维,就是如何去界定利益、区分群体,以及如何观象与形。

思维的系阶形体要求它必须开放、灵活、包容。思维能够让个体具有强大的整合能力。人与人之间的差别主要在于思维模式。当所有的人都去淘金时,有人却另辟蹊径去卖起牛仔裤,卖水卖饭。矛盾思维、逆向思维、像哲学家一样思考、像法学家一样思考等都是一个合格的个体应有的思维观。这就是以小搏大、以柔克刚、以少胜多的前提。诸葛亮舌战群儒之前肯定深思熟虑过,大国之前的博弈同样如此。各种策略的推演、拉练,就是思维的反复练习。就像战地沙盘一样。我们讲的复盘就是思维的演练。

水之时间:形变与位移的节奏

时间是什么?有很多头牛车的名言警句是关于时间的。一般而言,它们以说明时间的重要性为主。时间为何重要?主要因为它是一维的,不可逆。那么为何是一维的?因为全宇宙的所有物质在大爆炸后都在运动且有一个共同方向的状态(个体的迭代维持群体的存在),某个单体或某个群体甚至某几个群体的暂停无法改变全部物质运动的状态,正如在川流不息的高速公路上,某几辆车抛锚或者下高速一样,无法改变整个车流的态势。

因为世界是物质的,物质是运动的,运动是永恒的,所以物质的形变与位移也是永恒的,这个过程自然也是永恒的,所以时间也是永恒的。

一般而言,时间是作为一个整体被看待的。其实,时间应该分为时与间。时其实就是物质运动变化的过程与轨迹,物质运动会带来位移,物质变化会带来形变。一只幼鸟跟随族群从北方的西伯利亚飞到南方的长江流域过冬花了 3 个月时间,这个位移与形变的过程就是 3 个月。从北到南,从小到大的过程就是被以时间的方式记录下来了。整个族群年复一年,所有生物的迁徙都是时,当某个族群或某些族群的过程被截屏出来时,就需要有间,比如 3 个月,就是一个时的间隔。年、季、月、周、天都是时的间隔,是人为划分的一种时的片段。从动态中定格一个静态来观察与分析。

我们用空间来定义物质的形变与位移,所以时间就是空间的过程与轨迹。那么空间是什么?空间是物质的存在范围,是形变与位移的场所或者就是形变与位移本身。空间具有三维属性,长度、宽度、高度。所以,空间是时间的载体与对象。

时间的价值?当速度的概念被引入后,时间的价值就凸显出来了。因为整个世界的模式已经从空间模式调整为时间模式。农业社会里,人们只有抽象的空间概念,比如率土之滨莫非王土,普天之下莫非王臣。时间只是用来日出而作,日落而息的参照或者祭奠祖先的议事安排。一切依照自然的状态进行。随着生产力的发展,从农业社会向工业社会的转型,传统的计量方式已经不再适用,于是有了全球统一的时间计量方式,格林尼治时间,全球划分的统一的 12 个时区,有了各种各样的时间表,北京时间、纽约时间、悉尼时间等等。当工业社会来临时,产生了产业链,分工与合作的对接需要时间的对表,产业链的各个细分主体在何时对接必须有统一的时间安排。人们从追求规模大进而到追求速度快,于是,快鱼吃慢鱼的模式取代了大鱼吃小鱼的模式。领先成为一种提升竞争力的手段。

时间在互联网时代成为了一种竞争力,时间力本质上是一种领先优势冗余。领先优势主要也就是时间领先。落后主要就是发展时间较短。对于竞争时代,先下手为强,后下手遭殃。所以,争先恐后成为一种心理暗示。以更快的速度攻取目标或者让对手耗费更多时间成为获得时力的两种典型方式。

除此之外,时间还是价值的最终标准。衡量一切商品的价值都是用劳动时间来进行。商品的价值是生产该商品的时间,商品的价格是以黄金为核心的货币。

如何管理时间?时本来无法管理,因为它不以人的意志为转移。连人本身的存在、行为都是时的一种。当时被以间隔来划分时,时间才可以被管理。管理不是传统管理学上的管理概念,不是计划、控制、组织、协调。时间管理是时间计划、事情控制使得在规定的时限内完成目标或者协调不同人的时间,使得大家能够在同一个时间段,或者相互接连的时间完成分工合作。

兵贵神速,尤其是进入互联网时代,时间优势几乎是不可比拟的优势。《孙子兵法》:故兵贵胜,不贵久。网络时代就是速度时代,不是大鱼吃小鱼,而是快鱼吃慢鱼。因为,层出不穷的概念与不断升级的产品将消费者拖进了新颖、时尚大于功能的需求陷阱。使得每一个产品在出来之时就注定带有瑕疵,因为一个创新点而广受追捧。时力,就是某个个体或群体拥有的针对某个对象行为时间的长度或范围。比如进行准备的时间、协调的时间、占领某一领地的时间、到达某一关隘的时间,或者脱身的时间等等。时力是个比较级概念,是相对于竞争对手或者客户需求而言领先的时间资源。由于各种开发模型和流程优化,迭代模式规避了在求快状态下的不足,使得追求速度与质量的兼而有之成为一种可能。

在竞技场上领先一秒钟就是胜利,新品领先一天发布都抢尽了先机。时力是个比较概念,体现在长度、宽度上。长度概念是指时间永远是纵行的;宽度是指我们在从事很多工作的过程中,都会给定一个范围,在此范围内达成最佳效果即可。因为很多竞技或者非竞技活动并非以时间的长短为唯一衡量指标。如考试,在规定时间内,谁考的分最高,谁就是第一;如招投标,在截至期限内,谁的准备最充分,产品或服务最符合要求,谁就获胜。

对于长短概念的时力要求,时间就是一切。评价标准可能是更快、更短,也可能是更长、更久。更快更短的例子很多,更长更久的同样也有,比如挑战吉尼斯运动的极限运动,如在冰水里的持久耐力,在水里的憋气时间等等。

很多时候,并非快就是最好的。在范围概念里,只要是规定的时间内,竞争就回到了产品品质与服务质量上,如果能够在足够短的时间里提供质优价廉的产品与服务,那自然更好。这就是真正的核心竞争力,提供 5A 级服务,在任何时间任何地点针对任何人以任何方式提供任何对方需要的服务。

时力是一个公司综合竞争力的最佳体现。锁定目标市场与对象,发现需求,整合资源进行生产增值,通过供应链提供服务。这个过程体现的是个体或群体发现价值、获取价值、分配价值的能力。当然,一阴一阳谓之道,快与慢都有用武之地。在一个近乎偏执求快的时代,要战胜对手的唯一真正手段不是比他更快,而是更准、更给力、更人性化。有的公司一年推出数十款新产品,每个产品之间的间隔甚至不到 1 个月时间。而回头看看真正通过产品取胜的公司,如 IT 界的苹果公司,一年一款 IPHONE 手机,多年一款 IPAD。每一款产品堪称精品。

时力不以人的意志为转移,任何个体群体都须服从时间力的安排,时力控制着事件本身的进展,也控制着人本身。珍惜时间,获取时间力,通过时间力来弥补其他的不足。比如勤能补拙,笨鸟先飞,熟能生巧等等。投入时间,最终赢得时间。

对时间的管理是一个现代人必须具有的能力。目前流行的时间管理已经进入第五代管理模式。第一代是记录时间,第二代是安排时间,第三代是规划时间,第四代是平衡时间,第五代是如何与时俱进。对于时间的管理与控制是一个人控制能力的集中体现,他能够有效控制事件、人群之间的关系,最终确保按照要求得出结果。比如乐队指挥家、项目经理等等。

时力是个体、企业、国家等都渴求的一种资源。于个体而言,能够以超越其他个体的时间力存在于组织,就能够迅速脱颖而出最终升级成为组织有影响力的人,也就是得势。对于企业,需要在尽可能短的时间内推出市场需要的产品,快速提供产品销售之后服务,能够对各种危机信息进行快速有效处理。对于国家,需要抓住发展机遇,努力发展经济、文化,赶超在其他国家之前完成国家优势的强势奠定,打造成以自己为核心的价值环或者价值平台,最好是价值体系。

时力无论是快的、慢的、短暂的、持久的,都是一种竞争力的体现。时力也是唯一衡量个体或群体实力的标准。时力作为比较概念服从与比较对象。有的时候比的是,谁比谁更快,有的时候比的是谁比谁更沉着冷静,有的时候比的是在规定的时间范围内,谁的产出量更大价值更优。有的企业一年推出数十款新产品,每款都能获得市场欢迎;有的企业一年推出一款新产品,但每一款都是经典,都值得消费者珍藏。有的领域流行快,比如时尚领域;有的领域钟情慢,比如文物领域。但对于大多数有价值的东西而言,经过时间淘洗的东西,时间越久,也就越有价值。一个企业赢得比对手或客户的时间越多,就越有可能获胜。但前提是,该领域已经显现出对新技术、新产品的需求态势。

时间是空间的位移与形变。时间自身无法被觉察，我们只能通过被其影响的物体来推测时间已经走过。如季节的变化、时钟的运转、建筑物的斑驳、人的苍老，时间在万事万物上留下痕迹。

什么是节奏？有一句叫来得早不如来得巧。巧，就是节奏掌握得好。不早不晚，如同弹钢琴一样，每个键按得不早不晚。所以，节奏就是时间与空间的一一对应，拿捏得恰到好处。早上从家里出门，来到公司上班，中午去拜访客户，下午开电话会议，晚上回家吃饭，洗澡睡觉。这就是一个普通的、正常人的节奏。时间与空间的对应。而有的人却不是，日上竿头还在睡大觉，人家吃午饭，他才起来，晚上人家都休息了，他才真正来劲。这就是时间与空间没对应上，没掌握好生活、工作的节奏。

为什么讲究节奏？因为世界是由物质组成的，物质是运动的，运动是有规律的，运动就是空间的轨迹，包括位移与形变，这个过程就是时间。因此每个物体的规律性都要求处理对内对外关系时讲究节点。一栋大楼还未建成是不能入住的，一个苹果还未成熟是不能吃的，一辆车还未经检测是不能下线出售的，这就是节点，不同物体、人、事件的节点，要合起来完成一件事情，就是节奏。你要去吃饭，前提是楼下有饭馆，且正在营业，并且能够采购到相应的食材，有足够的厨师与服务员。这个链条里缺一不可，这就是节奏。

所谓事半功倍是踩着节奏进行，伴随惯性；所谓事倍功半是相反，没有遵守关键路径。在一个快节奏的时代，快来自于节点数量的减少与节点之间距离的缩短。比如网购，厂家直接发货给你，通过快递邮寄到家里。既减少了中间环节，又提高了效率。这就是快节奏。在移动互联网飞速发展的新常态下，步步踩对节凑，不一定最后获胜。如同每一步都踩着台阶，最后可能通向悬崖。而中间经历一些跌倒、挫折，或许能登上顶峰。创业就是如此。太过顺利的节凑可能是陷阱。

快与慢也是相对而言的。当人们疲于应付快节奏的工作时，人们就需要慢节奏的生活。这样就形成了平衡。

水之财力：人不是为财死

自从有了货币，人类共同的目标就有了共同的指向。人与人之间交易就更加便捷与容易。财力需求是一种中间需求。在五行上它属于水，是中介性质。但凡是中介的，维度都比较低，易于溶解、粘着、混搭、寄宿、嫁接。用来运输、交换、衡量等。就像一个人缘好的人，总是低姿态善于迎合别人需求，严于律己宽以待人。所谓做人如水，自己往地处流，成就别人，从善如流，上善若水就是此理。水，就是我们这个世界最大的介质。介质本身没有营养，介质的作用就是连接。连接的最高状态就是水乳交融，你中有我，我中有你。连接的最高境界就是想连就连，连完即断。不用婆婆妈妈，拖泥带水。微信之父张小龙说，好的产品是用完即走。而无论是投资人还是创业者都在追求产品的粘性。投资人衡量产品的在线时长、活跃度等，看的就是产品对用户的时间占有情况。

从最古老的兽皮、贝壳、珍珠到铜钱、铸币、交子以及金银，纸币、虚拟币，甚至下一个货币符号信用，货币是流通手段与价值尺度的绝佳代表。人们获取财产的目的是为了去获取食物、异性、安全、荣誉以及实现自我。财力支撑是自我实现的基础设施。

财力是物质基础的代表，在一定程度上也是主体强大与否的重要指标。人类如此，一些动物也是如此。雄性为了争夺配偶也会展示自己的财产，如鸟会展示自己巢内的果子、玩具，甲虫会展示自己的粪球大小等等。随着财富的增加，有多种理财途径。投资、筹资与经营活动、接受捐赠、拨款、继承等。财力的体现也有多种形式，不动产、动产，个人品牌价值等。

对于现实的物质世界，有衡量尺度的货币。一个物体被人接受的程度跟物体被计量的准确度成正比。而人类也逐渐精于去计量这个世界,人类的进步体现在计量的宽度、深度与精度上。要么是用模型,要么是用理论,要么是用工具。

财力从物物到货币,然后到动产、不动产、权益以及具有挣钱的能力经过了一番漫长的变化过程。从实物的贝壳到虚拟的比特币,反映了人类对于财富的认识深化。由于物质的高度发达和生产、生活的快节奏,虚拟货币的应运而生,解决了流通手段与价值尺度的难题。助推了经济、社会的持续发展。同时,从一种物品到一种能力,则进一步证明财富不过是一个自我实现的工具,金饭碗不是拥有财富,而是具有端起金饭碗的能力。

目前,互联网金融异常火爆。互联网的水性与财富的水性速溶之后变成一种混合形态的业态,既可以作为中介,又可以作为产业。两者一结合如同风借火势迅速蔓延。但财力的最终目的还是实现人的需求。对于产业而言,金融的交换速度、便捷性、安全性等对于拉动产业有举足轻重的意义。互联网时代,金融先行。金融成为"两创"时代新型的基础设施。各级部门、政府设立的投资基金已经接近数仟亿,社保基金险资入市都将极大撬动社会资本。

财力

对于企业而言,组织的目标就是营销与创新,就是要创造价值。价值的最直观体现就是客户价值,而最大回报就是财富。组织的运转以财富为动力和目标,这是组织成立时的宗旨。财力本质上是一种组织贡献的回报。财力雄厚要体现在提高客户价值上,而不是在投入,更不是在价值分配上。

财力雄厚的组织能够整合更多资源,招募更多优秀的人力,赢得更多的竞争时间。我们看到公司在运作中,借助金融机构来放大自身的价值,让公司成为一家社会企业。

财力是一家公司的竞争力外在体现。由于市场交换原理,拥有强大财力的公司能够赢得时力、人力,最终在争夺客户的过程中脱颖而出。同时,财力可以在一定程度上转化为时力、人力。在一定条件下,人、财、物三者的相互转化,能够说明人力要素、资本要素等经济基本要素的流通程度。

财力主要体现是流动资产,如银行的现金储备、可转换债券。企业的流通性资产越多,表明企业的能力越强。现金是流动性最强的资产。我们看到不少有实力的公司如苹果、微软都有数百亿甚至仟亿美金的现金存在银行。而有一些公司,看起来很大,但是现金却很少,资金流动性很差,不得不拆东墙补西墙。其他还有短期借款、预付账款、计提准备、坏账等等。

再就是长期投资、固定资产、无形资产等等。资产的流动性越差或流动资产占比越低,表明企业的实力很小。包括各种债权、权益等。有形的、无形的,长期的、短期的。实力雄厚的公司变现能力强、应收账款少、预付账款多。

另外就是企业的信贷额度,信誉好的公司能够获得金融机构更多更宽松的信贷优惠服务。如 AAA 信誉等,表明企业的融资能力极佳,获得现金的能力也强。

另外还有一些就是资产的分布,是否有核心资产如核心技术、专利、品牌等无形资产,分布结构是否合理,是否安全等等。大多数公司都需要寻求资本市场的支持,进行投融资服务,以放大提供产品或服务的能力,赢得更多利润。

很多公司的失败也是因为财力不济,资金链断裂所致。现金流是公司的血液,资本链是公司的血脉。所以,公司需要在合适的时候合适的地点进行财力的运筹。

财力强大的公司拥有更强大的抗风险能力,如一条巨大的船一样。但是财力强大的公司需要的发动机也一样强大,需要资金的地方也更多。保证每一个机构、部门都能够得到稳定的现金流支持,是维持这条巨船不沉的关键。因此,流动性作为财力的关键标志。投入产出比作为财力的核心指标。

　　财力与权力一样同样都不是单纯的。两者是天然的盟友。有些时候有些领域,财力的持续得益于权力的存在,比如美国。全世界最大的债务国,但它照样能够发行自己的货币,照样能够借到钱,照样继续大手大脚地消费。因为美国的权力基础依然牢固,包括美国的军事势力、美国在全球各大机构的控制地位(世界银行、联合国等)、美国的科技势力等,所以要分解其势力需要进行一条一条的拆解,破除。

　　世界上很多国家很富有,比如北欧一些小国,中东一些石油出产国,但是他们由于只有平均财力上的相对优势,没有其他领域如军事、政治、文化等诸多优势,所以也难有全球影响。因此,财富必须与政治体制、军事结合起来,才有影响,才有保障。美联储两次三番的量化宽松,就是抢钱。不过,你又能怎样?财力并非最终需求,财力只是实现企业所有者、经营者、管理者的个人目标之用。用财力来衡量企业的质量、管理者的水平是目前最为合理的指标。

　　财力,在一个成熟规范的社会、国家、组织里,是衡量一个人、组织、国家能力的显性标志之一。财力是最直接的利益争夺点,《投名状》里结盟时的口号:所谓抢钱、抢粮、抢地盘。财力体现在流动性与再生性上面。现在的互联网金融,包括第三方支付、P2P、第三方理财、征信、借贷、保险、理财、记账、分期等等,不过是积小流以成江河,从小到大,由少变多,聚合势能。将个体聚合成群体,然后再解构分配到新的群体的新的个体,进入到流通、生产、交换、消费,实现群体的自助互助与个体的共建共享。

水之模式

　　模式是方法论的象化与形体化。围绕某个目标,选择切入点,在实现目标的过程中完成点到形体的升级,形成有特色、可复制的模型。比如连锁店模式,B2B、B2C、C2C 模式,O2O、众包、众筹、P2P、BOT、PPP 等都是模式。日常生活里的擒贼先擒王,打蛇打七寸,杀猪杀屁股等都是一个道理。

将模式归于水系列,是因为模式必须为业务服务,为愿景、宗旨、价值观服务,与时俱进地调整。没有不变的模式,否则就是刻舟求剑。模式有很多类,所谓条条道路通罗马。京东搞电商以自营为主,淘宝天猫搞电商以平台为主。切入点不一样,后面的路径就都不一样。就像法医查看死者的伤口一样,刀剑等锐器下去会留下刀剑的痕迹;锤子等钝器下去会有钝器的痕迹;火枪下去会有火枪的痕迹。所以,选择一开始就决定了结果。只能围绕切入点进行系统性构建。现代人所共讲的"不忘初心"即是此理。一路走来,一路做过,最终就会成为风景。

模式在互联网时代尤其被强调。模式是一种方法论。所以,它必须能解决某一个问题。所以,模式,既然是方法论,必须是一整套,有自己的认识论,包含环境、主体、客体、方法、内容、目标等。从现有我们对这些概念的理解,只有目标与方法,缺失其他部分。而缺的这部分就是认识论。没有认识论下的方法论是危险的,危险程度不亚于错误的认识论。

互联网时代下模式的三种形态分别是:天上模式、地下模式、水中模式。

天上模式。在这一环境下的模式,是飞行模式。要求主体必须轻快,能够落地。否则跟荆棘鸟一样,没有脚无法落地,只会死掉。飞行模式里最典型的代表是飞鸟。包括后来仿生的有飞机、飞船。现在从事互联网、移动互联网、云计算的一些企业运行的模式就属于飞行模式。所以,对运行这类模式的企业要求是轻资产、快速度。他们的口头禅是:现在是快鱼吃慢鱼的时代。他们的组织能够快速灵活地调整,模块化与积木式的组织构造能够迅速扩大适应范围。而很多实体企业在进军互联网领域,从地上模式切换到天上模式时,并没有将自己厚重的身躯改造成适应天上模式的那种组织形态,包括组织理念、架构、文化、沟通与激励等。这种做法如同在人身上夹两个翅膀,或者自己抓自己头发企图飞起来。如果猪能飞起来,一定是天变了(龙卷风),而不是猪变了。

地上模式。在这种环境下,是爬行模式。跟所有动物一样,一步一个脚印。这就类似于现在的实体企业,通过从小到大、按部就班地发展壮大。这个包括现在所有的农业企业、工业企业。为了适应地上重力的节奏,这些企业必须有严谨的组织架构、链条式的联盟形态,也必须进化出一整套的理论体系。包括价值链模型、流水线生产、前端与后端。他们以控制见长,以务实为第一要务,解决所有物质财富的供给。几乎所有企业都在这一个环境下。如果他们想要飞起来,必须革自己的命。让自己的骨骼空心化,自己的组织架构去中心化,自己的文化富有人性,把自己从一个老实巴交的中年人打造成一个青春活泼的少年。

水中模式。在这个环境下,是游行模式。在某一个特殊的领域持续地发展,比如实体类的服务业,如电信、金融、交通等,都是一些能沉在下面的大鳄。这个对其组织有严格要求,流线型、大骨架、后脂肪、超大体积等。这些企业要向上岸或者上天,其实更难。因为其组织形态、机体都远远不适应另外一个模式。更重要的是,这些组织的头脑很简单,一头鲸鱼的大脑对身躯占比远远不及一只猩猩的大脑对身躯的占比。我们的很多垄断企业,如石油、化工,电信、铁路、银行等就是这样的组织,他们也只能采取这样的模式。一旦离开水,他们必死无疑。水,就是体制机制。当他们遭遇到空中来的天外飞仙时,简直没有还手之力。

三种模式里的任何一种切换,都不是那么容易。人们只看到了支付宝、微信、电商的辉煌,却忽略了它们背后曾经有成千上万的同伴,而这些都已经一一死去。重要的是,空中切换到地上与水上时,并不彻底,革命远未成功。那些空中的小鸟们偶尔歇在枝头或者停在荷尖上时,他们看到的只是地上模式与水中模式的皮毛。所以,天外来客们还是要生于忧患,地上与水中的巨头们不能死于安乐。

模式已经逐渐不那么重要。因为很多有所谓模式的企业都快死了,如凡客、各种网、各种宝;很多开始没有模式的最后都长成了巨头,如 whatsapp、facebook 等。移动互联网一直所强调的方向比位置重要,那么就应该以"初不知、上易知"来看待一个全新的事物。对于一个新设企业或者一个创业企业的早期,无论是投资人还是创业者本身都在绞尽脑汁地编造模式,首先是 X2X,其次是美国版的××,其次是××领域的 YY。然后,创业者就奔着自己假设的这个模型狂奔。最后成功的是丢掉所谓模型的那批人,成为他自己。而投资人给创业者安装的模型,如同给创业者戴上的镣铐一样。

模式,是从点到体系的升级,是以点切入到体系运营的有机构建。它是一个高阶维度的形体,不能简单用 X2X 来代替解释。(SAAS,软件即服务、PAAS,平台即服务,IAAS,架构即服务,DAAS,数据即服务)所谓没有相同的树叶。模式也一样,无论是 2 系列,还是 XAAS,还是其他,当共同部分一样时,看的就是差异部分。如同一瓶白酒、啤酒、花露水、农药等一样绝大多数都是水,但决定属性的是少部分物质。

第二节　木——最佳工具

水生木。水是向下的、流动的、低维度的、变化的。木就是向上的、生长的,繁荣昌盛,生生不息,是组织的活力之源,生存之本。它包括技术、产品、运营、管理、服务。企业只有把这几块弄好,就会让企业之树常青。满足好客人,服务好贡献体,赢得影响体、传播体,打败竞争体,自己就能团结好员工、伙伴成为共同体。

木之产品

产品依靠企业的人、财、思维等从市场需求而来,作为企业与用户沟通的一个连接载体。产品是满足用户需求的一整套有形与无形的功能集合体。它经历了想象设计、被动推送到用户参与订制、双方共同设计的阶段。好的产品是一套从输入、处理、输出的程序。用户输入自己的需求,产品后台进行处理、匹配,然后产品生产用户需要的结果。要么是提供搜索结果、要么是提供分析结果、要么是找到人等等。

传统的产品就是实物。基本都是满足人的刚需为主的。如衣食住行用方面的有形的、实物产品。如衣服、食品、房子、汽车等等,具有使用价值,功能特点明显,物美价廉是他们追求的目标。几千年以来都是如此。

自从有了信息技术,产品便有了无形的存在。如软件、程序、一种体验。产品变成了一种服务。衡量的价值是体验性、交互性、安全性、便捷性等等。产品就是方法论的具化。好的产品经过设计、研发、采购、生产、流通、零售几个环节,并且在设计、研发与制造阶段尤其注重用户参与。

任何一家优秀的公司都是建立在优秀的产品基础上。无论是工业时代的硬件与大件产品,还是信息时代的软件与小件产品,甚至服务都是一种特殊产品。汽车公司的汽车、地产公司的房子、食物、衣服等都是产品。他们的共性就是具有使用价值,满足用户某一方面的需求,经过一套流程,由生产商推向用户。网络时代的虚拟产品同样是满足用户某一方面的需求,微信的熟人社交、陌陌的生人社交以及其他的 APP 等都是如此。不同的是,它们注重用户体验,甚至就是用户参与设计的,极具个性化、便利的东西。

无论社会如何发展变化,产品都是核心载体。它支撑着企业与用户的良性交互。它包括硬件、软件、内容等,甚至是他们的集合。

木之技术

科技是第一生产力。科技水平高低反映了社会进步的轨迹。

从石头、贝壳到木棍、计算机、纳米等等，有什么样的技术支持就能生产出什么样的产品，但反之不亦然。科技是一整套的方法论集合。它是人类在认识自然与自身的基础上对这两者作出的反应。在这样一个大变革时代，也是一个技术变革和技术推动社会、自然变革的时代，科技变革改变了人类的生存与生活方式，带来人与人、人与自然、物与物关系的变化。因为每个人都是无数个"我"聚合而成，每一个"我"都有自己的场景、对象。每一次科技的进步都会重构人与人的关系，因为科技的进步体现在人思维的进步。从地球是方的到地球是圆的，再到地球外的探索。从望远镜到宇宙飞船，工具充当了宿主。

凯文·凯利有本书叫《科技想要什么》，探讨的是技术对于人类的作用。他甚至认为，技术是在植物、动物、原生生物、真菌、原细菌、真细菌之后的第七生命体。科技是什么？为了定义这个概念，他提出了技术元素的概念，认为技术是一个大系统。它包括了人类所有发明、语言和文化，是一种同自然一样强大的力量。或许他是对的。因为语言有的出生后就死了。从生到死就是生命，两点之间就是生命的长度，生命里的成就就是高度。

科技是什么？科技是人的思维作用于自然的方式，以工具来体现。跟物质世界的碳、铁、氧、钙一样所组成的现实物理世界一样，它就是意识世界、虚拟世界里的理论、工具、规律的大集合，是世界的另一面。是人类集体的意识、理念、认知、技能的总和之后被规范化、条理化的符合自然规律的方法论与世界观体系。回头看看邓小平的话，科技是第一生产力似乎不无道理。科技的更新是站在群体与历史的维度来覆盖空间。所以，科技无国界，但科技有时界，也有人界。因为电力科技与信息科技不一样，科学家掌握的与扫地工掌握的不一样。屠呦呦获得诺贝尔奖，是中国的科学家用中医药方式造福全世界人民的奖励。后人的每一次进步都是在前面所有人的基础上的，如牛顿所说的那样，站在巨人的肩膀上。

我认可科技是有生命的,这种体现以人的意识的方式呈现,散落在各地的图书馆、研究室、大学以及数据中心里。物质与意识的聚合才是完美的世界。当科技进步到一定程度,人类对于物质世界的重构才有了理论、工具。技术在思维之下发展,反过来进一步帮助拓展思维。技术提升工具的性能,反过来工具辅助进行技术的研发。

那么生命体是什么?有机生命体是一个个活生生的自我生长的个体,如猫、狗,如细菌。有机体无论是个体还是种群,都是给人一种生机勃勃的迹象。生长、壮大、死亡。种群通过个体来彰显存在,个体通过种群得以延续。但无机体是否有生命?按照生物学的意义来算,是没有的。因为,它们不能自己生长。但从一个长时间的维度来看,一块岩石历经万年风霜雪雨的风化侵蚀之后,面目全非,甚至化为乌有成为泥沙消失在远方。一座宫殿历经千百年,从金碧辉煌到腐朽破落,这个过程就是该宫殿的生命历程。或者,所有的砂子最终会粘合成石头与砖块,重新建造起宫殿。尽管这个过程是一个被动的过程,但也再现了宫殿的重生,可能不是同一座宫殿。如同哺乳类动物的幼崽也需要被照料直至具有自我生长的能力。至于,我们现在讲的产品生命周期,企业生命周期。但凡有起、承、峰、转、合的起点到终点循环都是有生命的。科技也是如此,只是它似乎没有终点,貌似也找不到起点。因为人类还在继续繁衍和进步,也由于人类的起源至今未被界定清晰。人类所掌握的科技或许只是科技的一毛,而科技的大牛远远没有被发现。

但如果有一天,科技自己会生长,自己有意志,超出人类的意念和控制,那么科技就成为一个有机生命体。这也是众人热议的话题,如果有一天机器人或者程序统治了世界,人类该怎么办?回头看看科技,科技作为另一种生命体,一直伴随人类在发展,体现了人类对于自然的改造。我们以前的教科书认为工具进步是生产力的体现,甚至是人区别其他物种的标志。如动物不会制造和使用工具,但人会。现在的发现,动物也会制造和使用工具。所以,工具不再承担这项标志性责任。那么究竟是什么体现了人类的进步和人类区别于其他物种?

我们发现,这就是时间。时被切成更多的细分,体现了人类区别于其他物种,也体现了人类的进步。在远古时代,人类经历了宙、代、纪、世、期、时,到现在继续细分成年、月、日、小时、分、秒、秒、毫秒、微秒、纳秒、皮秒、飞秒、渺秒。以前在狩猎时代,男人们外出狩猎可能几十年回不来;农耕时代,日出而作、日落而息;工业时代,实行流水线,精细化管理;到了信息时代,实现了跨时空的运作。同样一件事情,以前的效率远远低于现在。所以,人类对时间的切分体现了人类的进步。而支撑时间切分的背后就是科技,或者说科技的飞速发展体现在效率上面,而不是工具上面。工具只是实现效率的手段,手段永远不是本体。而动物永远是他们祖先的样子。

如果细分时间体现了人的进步性,那么空间与人间则进一步体现了差异性。为了获取更多的利益,人将空间进行划分,庙堂与江湖,董事会与一般大会,别墅与农舍。空间的划分正式宣告了人与人之间的差别。有的人身居政治局,有的人活在山村的茅草屋,有的人住在顶级豪宅,有的人流离失所露宿街头。人间体现了结群与分群的原则。关系、身份是人间的标签。不断地加强这种标签,促进人群的分分合合,共享交换。

在此前的文章里,探讨过人类对时的切分过于细颗粒度之后的后果,就是人类将自己逼上绝路。因为过于细密的时隙让人类无法脱离工具,就像那些手机控、微信控一样。人类越来越依赖群体以及工具的后果就是,个体能力的弱化并最终影响到群体能力的衰退。对应上文的内容,如果人类无法控制科技,那么也就意味着人类无法再量化时间,人类所依赖的价值交换体系将不复存在,因为现在的价值体系是以时间来衡量的。

　　那么，人类与科技的关系究竟怎样？正如业界存在的疑问，究竟是把数据给程序还是相反？抑或说是把产品推给业务，还是让业务兜售产品；把客户带进产品，还是把产品卖给客户。按照邓论，科技终归是人类的一种能力，属于寄居在人类之中的。如果是这样，那么科技是以人类的存在为前提。如果是，那么科技就不会控制人类，以往的所有担心都是多余的。科技呈现的生命体是人的生命体的一个映射。如果科技的生命力能够脱离人类同样存在，那么就不是杞人忧天。如果机器人统治世界，背后同样是科技的力量，通过程序运作数据来驱动，甚至实现有机无机的混合机体。但会学习的机器人出现，让我们逐渐改变这种观点。或者，科技以最广大的群体智慧存在，跨越时间、空间、人间不断地生长。而人，却在被时间、空间、人间所束缚，即便是最广大的群体也有生命周期和规模宽度。在移动互联网时代，科技的力量将无与伦比。

　　我们从另一个主体来看，作为一个有机生命体，人类与曾经统治地球的其他所有物种一样，会起会落。最终的地球将是能够适应生存的物种统治。或者是有机无机混合体，或者是无机体。但有机体统治地球的时代很可能逐渐趋于弱化。那么，科技一旦成为具有自我生长，自我迭代的生命体，它最终将不以人类的存在为前提。所以，最终人类跟其他所有生物一样充当科技的宿主。而科技，就是一种万物自运行的无形无象变形体。在三维的世界里，未来已经来了，只是尚未流行。但在更高维的世界里，我们现在的一切都会被重新定义。甚至连科技也一样，世界尽是引力、磁场、黑洞。

　　人类利用科技改造自然，在此过程中，科技顺势成为一种强大的体系，甚至智能化与生命化，它的进化体现在人类对时间的量化。是否人类的进化也如同科技的进化一般，还是说人类充当了科技的宿主，人类有限，科技无限。如果，人类利用科技最终改变了人类,比如人类的身躯,各种机器造成的器官如眼睛、心脏、手臂、皮肤甚至大脑,那么科技与人的合体就成为命中注定的事情。

木之管理

管理,有很多种定义。无论是传统意义上的,还是现代意义上的,管理都是一种围绕目标、组织资源、设计流程进行满足用户需要的活动。管理在一般意义上主要是订目标、制度、流程,设计组织架构,任命人员,进行绩效考评等。运营的对象是事件,管理的对象是人。一个侧重流程,一个侧重规范。

德鲁克说管理是知识工作者凭借自身知识进行的活动。人人都是管理者。管理的东西是不变的,非常态的;运营的东西是变化的,常态的。企业的价值来自运营,运营依托管理。很多人将企业的管理扩大化,重视管理轻视运营。制订一堆的规章制度,任命一堆的管理人员,忽视企业的流程优化、运营协调,忽略输出与接收的衔接。这种意识的背后是将战略重点锁在组织内部,认为价值来源于管理,来自于管理人员。而实际上,企业的价值来源于外部,来源于用户。只有高效的运营才能达到这一个目标。

管理,在很多人眼里还是管人与理事。认为权力跟管人的多少、签字额度大小、职责边界大小正相关。所以,他们喜欢手下的人多多益善,喜欢自己的部门边界越宽越好。喜欢内部折腾,善于派系斗争。其实,管理还是对于人、财、物的匹配,以产生最大效益为目标的一种协同行为。管理不是管人和理事。管理,就是一种节奏把控、流程优化以产生最大化的手段而已。

但凡与人打交道的概念,都需要跟着人的进步而变化。管理,从科学管理到精益化管理,人性化管理一路走过来已经逐渐成为一种意识而不是事务。如果群体间的关系发生变化,比如说员工变成合伙人,客户变成合作伙伴,那么管理的内涵与外延也是如此。

木之运营

运营就是基于产品服务用户的基础上，持续扩大规模，增加效益的过程。运营是组织的生命运动，跟人体八大系统共同支撑人的新陈代谢一样。运营体现在流程上面。流程是制度与行为的组合体，制度在流程的节点处，流程确保事情按照设定的程序进行，协调各个主体的行为，确保步调一致，行为的有效性与高效率。

运营是对战略的落实，将组织的愿景、目标与文化细化分解到具体的业务之中。一定程度上是战略与战术的融合。包括执行力、决策力、沟通力以及对研发与用户体验的互动优化，后端与前端的对接，平台的维护改良。运营依托于资源，受限于五常与五观。运营能力能够弥补产品、技术等资源不足，如同一个人拿着一柄并不那么锋利的剑却能够舞出剑风和剑花一样。

优秀的运营能力体现了思维与行动的有机统一。它不是对战略的盲目服从，而是围绕目标的动态调整，并且反过来支持对战略进行优化。对于产品经济时代，运营能力主要体现在生产、销售环节；对于服务经济时代，运营能力体现在用户体验、交互以及粉丝群的扩大和粘性。在移动互联网经济下，运营能力时时刻刻都面临着用户逃离、对手竞争、资金短缺、品牌传播、团队合作等方方面面的问题，运营官需要一一面对，一一解决。

在当前时髦的移动互联网领域，移动电商平台风起云涌。用户运营、平台运营、品牌运营、类目运营四大块协同推进。营业额＝访问数×转化率×客单价。关注 DAU/WAU，转化率、复购率，提高 PV/UV、客单价，推广品牌，增加用户体验与留存，不断扩大市场份额，降低运营成本，提高运营绩效。

产品运营中要制造爆款，平台运营中要制造入口、品牌运营中要制造爆点、用户运营中要打造大 V，要搞用户上规模，通过降价、降价、降价，免费、免费、免费的方式来迎合用户的恶性。最后搞来一群毫无价值的用户,他们跟无根草、无源水一样,随波逐流。

运营无论如何耍花招,不过是以更好体验的方式提供物美价廉的产品与服务,其他的都是浮云。所谓的各种直通车、竞价排名、购买关键字、刷单等等,都走偏了。

木之服务

信息经济时代,服务经济大行其道。产品服务、信息服务、体验服务等服务产业已经占据到主导地位。作为第三产业,服务将继续扩大影响力。服务既是产品又是将产品送达给用户的途径、方式或他们的混合体。

一般而言,用户对与服务的瑕疵容忍度比产品的要更低。因为用户直接接触到提供服务的人,但他们不一定会直接接触到生产产品的人。这种直接的体验使得对于服务比产品有更高的要求。产品品质是可控的,因为产品可以大规模、标准化生产;服务的品质是难控的,因为服务是个性化、非标准化的。这也是为什么很多公司标榜自己的服务口号,电信公司、零售公司、产品公司等都会打出"服务零距离、顾客是上帝"等口号。

提升服务品质的途径,一是从源头开始,打造好的产品,让用户参与设计、参与生产、参与获取,这种途径是高层次的途径。用户已经把自己的需求、喜好融合进了产品之中,并且全程享受了这种产品的从无到有。一是真正提高服务的水平,严格遵照承诺进行。对于生产型服务业,重点还是产品质量以及回访监督;对于生活性服务业,重点是服务人员的态度与水平。当人与人面对面接触时,用户对服务员的要求远比产品本身重要。有些如医生、护士、手艺人等他们自身的技术、态度就是服务。

好服务是用户自组织自运行自服务。商家提供平台、规范与结算等,用户自助式的开展,自我满足,自我服务。目前的网络平台、电商平台、社交 APP 等都是如此,用户自己来建设来维护来分享。

第三节　火——最佳动能

火是一种热能,一种驱动力。企业的火包括核心竞争力、领袖、团队、合作伙伴与高人相助。这些是企业内生与外生的动力。

火之核心竞争力

在很多书本里都讲到企业的核心竞争力,他们认为核心竞争力是一种持续的保持竞争优势的能力。它由普拉哈拉德和加里·哈默尔两位提出来,原作者认为是保持与竞争对手的一种竞争优势的差距。这一内涵在移动互联网时代已经落后。新时代下,关注用户本身甚过关注对手。以对手为核心的战略是迈克尔·波特的《竞争优势》五力模型,这属于工业经济时代下产品模式的产物。新常态下,关注重点从对手转向用户。有时候,在服务用户的过程中,企业来不及关注对手,甚至过于关注对手并不能有助于竞争力的提升。因为,用户并不是在矮子中选个高的,他们要么不选,要么选适合自己的。用户不会去花心思与时间看谁更取悦自己,而是看谁更懂自己,谁更愿意与自己互动,让自己参与。他们不希望与服务商保持一种买卖的关系,而是一种合伙人、合作者、利益共同体的关系。

因此,在万物互联、连接一切的时代,组织的核心竞争力就是开放、合作、共享与体验。

火之企业领袖

领袖如明灯一样照亮着群体,给他们指引方向、鼓舞士气、协调合作、拟订规则、分享成果。只要是一群人,就会有领袖和群众。领袖天生就会站出来发号施令以及凝聚众生,并以此为责任。群众也愿意接受领袖的领导,这不仅是一种依靠,也是一种分工,更是一种人性内在的依附使然。

在移动互联网时代，究竟是强中心化还是去中心化，争论不休。对于一个网络而言，尤其是一个尚不是真正的多维网络，平面网状的人际联系中必须有主节点与子节点，随着网络的扩大，主节点中便竞争出中心节点，形成蜘蛛网状的发散网络。因此，对于尚不是真正意义上的网络而言，它的确是现实世界人际网络的映射。现实世界中地位高的、影响力大的人自然就是虚拟网络中的核心节点、主节点。他们散发信息，进行评价，引导舆论等等。比如当今大神一样的企业家，微博大V，网络红人。一个班级的微信群，班长就是这样的一个节点。这种直接正对应的关系反映了虚拟网络的世界尚未重构真实的世界，它依旧是平面的、低维度的。所以，这样的社交网络里是对现实网络的加强，中心更加突出，看客更加沉默。我们手机里有很多群。大部分的人都是沉默的。如果不发红包，他们一般不会冒泡。这说明没有真实世界里的个体交互，在虚拟世界同样难有。虚拟的社交网真实再现现实的人际网络中的某一个部分，而不是全部。因为在现实的世界里，个体与个体之间的交互是点对点的；但在社交网络中，尤其是在群中，变成点对多的方式。表达的内容更加多，也更加直接。

在云计算重构IT基础设施的情况下，云与端的思想影响着组织运营的方方面面。强大的云后台与多终端模式直接催生企业领袖的接地气。他们从后台到前台，从决策到品牌形象人，从远离用户到与用户零距离接触。大佬们从未像今天这样走进用户与大众心目中。无论是政府官员还是企业领袖都是如此。他们的一举一动、举手投足都会不受延迟地推送到用户面前。因此，从这个维度上看，是强中心化的。只有强中心化才能维系多终端。

中国的企业领导迎来了最好的时刻。他们学会了沟通，努力作出科学决策，也学会了表演。我们的屏幕被大佬们占据的时代已经到来。你偶尔看到一些小清新的东西，一些东家长西家短的东西,但这已经不是主流。所以,当小米的雷军凭借自己的能实干、锤子手机的罗永浩凭借自己的能吹嘘、阿里的马云凭借自己的能忽悠、360的周鸿祎凭借自己的能耍酷等坐拥中国互联网诸神一席之地。

曾经有一篇微文,大意是其实并非是你不聪明,而是你没有那么幸运。那些阿里发达了的员工中有很多无论智商、情商都比你要 LOW,但是人家选择了马云的公司,一干到底,终于修成正果;再看看人间华为,有很多人一毕业就进去了,数十年如一日埋头苦干,听从调遣,甘心作有贡献的人,实干派,也是名利双收。跟对老板有多么重要,无论是官场还是商场,情场(选对丈母娘)都一样。

在天象之问天,人象之五人里面都有这样共同的角色,决策者、客人。在组织内部就是决策者,在组织外部就是客人。甚至这两种角色是重合的,只是视角不一样而已。领袖们作为一个群体的核心竞争力,体现在其洞察力、决策力、创造力与凝聚力上面。他们判断趋势、作出决断、团结成员,在危难之时显伸手,力挽狂澜于既倒,扶大厦之将倾。作为体系元素,他们需要被尊重、保护。他们是群体的最高能力代表。

火之团队

"悟空是唐僧在取景路上上认识的,八戒也是,沙僧也是。这说明,最好的创业团队是在实战中形成的。"这段话在微信朋友圈很流行。团队的重要性在今天被强调其实跟重视领袖并不冲突。团队型领袖如华为的轮值委员会,阿里的 30 位合伙人、中共政治局等。领袖负责决策,团队负责执行。在全流程、全方位竞争的时代里,没有哪一个链条、节点可以被忽略。

由于社会化分工的不断细密,时代更迭的速度不断加快,用户的个性化整体需求要求被一站式满足,这些背景都催生了团队。任何一个组织都不是一个人在战斗。要想走得远,一个人走;要想走得久，一群人走。社会进入到群体化、网络化阶段之后，团队就承担了合众连横的重任。

团队而不是团伙。他们是一群有共同目标、行为准则、作业流程、利益分享机制的实心群体。共建共享、取长补短、竞争合作，在领袖的带领下完成目标。目前，优秀的公司一定是有一个优秀的团队。从有一个牛逼的领袖开始，逐渐吸引一批优秀的人，慢慢形成一个优秀的团队。这个团队能够与领袖互相促进，甚至这个团队能够产生新的领袖，无论这个领袖是从现有成员里产生还是从下面层级的团队里吸纳。这是一个组织成熟的标志。

团队的时代来自社会竞争加剧，来自用户的觉醒以及合伙人的成长。从领袖时代到领袖＋团队时代，是领袖权力的分化，也是领袖自身在能力、精力、影响力等诸多方面不足以应付新形势竞争的一种主观客观选择。领袖逐渐回归到阴性的层面，比如精神、方向、激励方面，团队则负责执行与落实。一阴一阳之谓道。团队从新技术新形体回归原始的人之社群属性。改变了过去的血缘、地缘等群体聚合方式，更多因为目的与价值观。

火之合作伙伴

伙伴类似于人象五人之友人角色。来自外界力量的驱动才是内部变革的起因。德鲁克说组织的价值来源于组织外部。合作伙伴作为企业所在价值生态系统的一环已经从组织外围纳入到了组织内部，使得企业群的协同效率与资源实力大大提升。更重要的是，目标的一致性与利益的共同性使得他们成为最终意义上的一家人。伙伴不再是独立的分包、供应角色，而是共同设计目标、共同打造价值系统的主角。

工业时代的链条式伙伴只负责自己所在环节的事务。在整体产业环境不佳的情况下，彼此甚至会成为恶性的合作关系。向上挤压、向下延伸，实行多元化战略，要么并购，要么成为对手。很多角色甚至就是利用自己的主体地位去牺牲上下游的伙伴的利益以确保自己的利益不受损害。当行业遇到好年成的时候,就多收三五斗;当行业不景气的时候,就拿合作伙伴开刀。因为,价格时代彼此就陷入到红海,玩的都是零和游戏。伙伴就是自己的垫脚石和替死鬼。在价值时代,用户倒逼供应商进行整合,甚至需要打通IT 系统,业务上、决策上的高度合体让合作伙伴成为自己人。从被迫迎战到主动调整,反映业态的健康情况以及用户的成熟度。

在移动互联网时代,巨头们的开放策略吸引了无数的小伙伴。跟政治学上的道理一样,得道多助、失道寡助。谁的应用更丰富、服务更人性、结算更便捷、价格更合理,用户就选谁、为谁买单。伙伴无论是在产品上、技术上、应用上、服务上还是在用户群自身的规模上,都是组织进行自身调整的驱动力。沃尔沃要求所有供货商进行电子标签的认证,淘宝要求所有店铺进行诚信认证,BAT在打造自身生态的时候同样如此。只有这样,才能形成寡头＋生态圈,领袖＋团队的成熟业态。《从 0 到 1》讲创业者要追求垄断。只有垄断才可能创造巨大价值。在移动互联网下,的确如此。巨头负责平台、规则、数据、资金、信用,流量,伙伴为巨头深耕细作。

产业,无论是智慧的产业还是实体的产业,都在进行板块的融合。互联网首当其冲。对于强者而言,整合各种周边业态迅速打造生态群落有利于提前确立势力范围;对于弱者而言,尽早加入到一个系统,成为该系统的有力组成,确保自己不被冲洗掉。无论是组织,还是个人;无论是群体还是个体,真正的强大从来不是一呼百应与振臂一呼,而是实时实地地整合别人以成为群落,实时实地地嵌入系统以确保存在。用简单的话说就是,该称王称霸的时候要有魄力去接纳别人,该低头做人的时候要有胸怀去帮助别人。前者当主角,后者当配角。好的演员无论是演技还是人品都超人一等。他们不挑角色,不摆架子,不僵化守旧。该独当一面撑起场子就豁出去了,该演小角色陪存新人就摆正心态。这就是无形的力量。

火之高人

曾经流行的是互联网＋，风口与猪论。其实，在此前我也明确反对过互联网＋这个提法。站在网络企业的角度提出互联网＋，实体企业从自己角度提出＋互联网。我以前的态度是互联网×。这里不再赘述。

回到风口，我认为是牛逼的人在那里鼓吹，然后傻逼的人相信着奔跑而去就形成了风。钱多人傻的地方就是风口。所谓风助火势。牛逼的人就是高人、贵人。这些人在人象之五人有阐述。他们具有资源、有阅历、有实力，能够影响到业态、舆论的走向。任何一个行业都有这样的大佬。他们通过内部讲话的形式如任正非，内部邮件的方式如马云，媒体报道的方式如很多人，微博的方式如潘石屹、李开复等等。他们就是指挥棒。

高人们无论是在自己的企业，还是给别人当顾问，都是能够产生思维流、认识流，能够产生能量，如风能，引导资源的配置。对于一些小微的项目或者人的意识能够产生足够强的驱动力。很多人频繁引用大佬的话语用来自省，也用来与员工们分享。他们动辄引用高人们的经典，如猪论、风口论、改变世界论、连接一切论等等。不仅仅是口头之语，更是行动之纲。而现实世界里，听成功人士的成功之道，并不能让自己成功。因为这些成功之道都是删剪版与美化版。

第四节　土——最佳载体

土为长养、承载，容纳的性质。所谓"地势坤，厚德载物"。它"不易"，不会朝令夕改，不会说变就变。比如市场、土地、政策、法律、道德等等。市场承载各种企业的经营，从新生、发展、壮大、成熟到衰落;土地滋养万物,包容万物;政策承载社会各种行为的规范,无论是自然人还是法人实体;法律,为主体时间的交易提供标准以及追责依据;道德文化成为软性的约束。

土之市场:市场永存

兵无常形,水无常势。企业的经营也是如此。变化的是主体,不变的是市场本身。无数个主体在博弈,你方唱罢我登场,各领风骚数天。从工业时代到信息时代、智能时代,市场的活性极大被激发。几乎每天都有公司倒闭、新生。500 强的企业目前已经去掉了三分之一。曾经的巨头轰然倒塌,新兴小公司几年就具有当年工业企业几十年的市场地位。这个世界就是一个变化且快速变化的世界,市场如同处在飓风和洋流作用下的海平面一样。有时候表面风平浪静但下面波涛汹涌,有时候海面上狂风巨浪、摧枯拉朽。

任何企业在市场上要立于不败之地,都需要有过硬的弄潮本领。熟悉水性、精通风向,知道潮起潮落的规律。老水手知道大海航行靠舵手,他们深谙市场之残暴,于是学会了万年行船靠小心。正如《教父》里的黑社会大哥说的那样,我用了大半辈子,终于学会了什么叫小心一样。

市场的动态变化体现在进入市场的个体。市场的承载体现在不同行业不同企业的生长、发展、繁荣、衰退。跟生物界一样,春天发芽、夏天生长、秋天收获、冬天凋零。但环境永在、地球永存。市场就是这样一个载体。当然,市场的规律就是客户价值与创新、价格围绕价值波动、供求影响价格。柯达、诺基亚、摩托罗拉、索尼、通用等巨头走下神坛就是因为创新不够。苹果、谷歌、特拉斯等迅速崛起就因为解决了用户的痛点,产品更加人性化,用持续的创新与满足用户需求立于不败之地。而同样通过创新崛起的 IBM、Microsoft、DELL 等没有做到持续创新,以至于现在举步维艰。

市场是一个群体的状态。个体的新陈代谢保持着市场主体的持续迭代繁荣。它的外延不仅仅是市场主体，而是主体们所存在的土壤、遵循的规律和群体状态。市场是集中交易的场所。从集市到小镇，从城市到经济圈，从国内到国际，从有形到无形。义乌国际小商品市场、上交所、深交所等都是市场。交易规模对象、形态都在变化。

市场永远不可能被谁长期占据，因为用户的需求在与时俱进，并且对手更具有后发优势。从小的、局部的创新到颠覆式创新已经对于公司产生了强大的破坏式再生压力。一家公司几乎不大可能同时生长、作战，同时破坏掉原有的东西去新生一个不一样的体系。就像生物一样，不可能边进化边维持，这不符合逻辑，一半是一半不是。企业、个人都不是吸血鬼，自我进化的速度远远没有新的市场主体从零到一发展的速度快。

土之政策

自从有了法律规范、社会礼仪、道德之后，人类才成为文明人。各种各样的政策法规、律法、道统约束着人们，一则是确保协同运作；一则是确保彼此权益。无论是群体还是个体的行为都必须要遵从这些约定。西方从《论契约的精神》开始，就进行了长达数百年的脑力洗礼。我们从礼仪开始教化，至今都未成气候。而礼的初衷也是约束民众以遵从君臣之道。

政策的范围很大，法律、规章、制度、规范、道德等都是，甚至一些标准、守则、约定、承诺也是。政策有刚性的法律，有软性的道德；有成文的规定，也有不成文的潜规则。它既要保证足够的密度，又要体现足够的宽松，并且要保持与时俱进。当前，我们的很多法律都是高龄法律、失效法律、无效法律甚至是恶法。在推进社会发展、经济改革与政治改革的过程中，这块已经成为瓶颈。

政策由当权者制定。在政界是执政党，在商界是主导标准的公司,在群体里是有话语权的大佬。他们将自己的利益诉求固化成政策,形成暴力的合法化。在博弈进化之中,博弈多方的焦点就放在了对政策的立法、司法与执法权上面。一个成熟的领域内,立法与司法更能体现权力的高低与大小。

我们对比发达的国家与不发达的国家,优秀的公司与劣等的公司,优秀的个人与坏差的个人,明显的特征就是对于政策的态度。良法就遵守,恶法就反抗。社会的进步就是不断变更法律的过程,法律以国家机器背书的方式保证彼此的沟通、交往与利益。随着时代的进步,公众参与立法、执法的情况不断增多。群体里的个体真正意识到"共建共享"、"自组织自运行自服务"的好处。并且积极参与政策的指定、执行、完善,参政议政。

土之土地

土地的原始属性是不动产,是生产资料。随着技术的发展,人类对土地的依赖逐渐加强。人的属地性最终会从出生地变成目的地。土地所有权不再那么重要。因为对于一个网络无时不在、无处不在的时代,跨越时空更加方便。那么人们就不会固守一个地方而放弃全世界。人们不会羡慕谁是美国公民,谁的家乡在新西兰。他们更在乎可以去更多美好的地方。拥有一个地方,就等于放弃全世界。在本文,土地就是平台,用来孵化、支撑、连接。包括特区、开发区、孵化器、众创空间等。于单个企业而言就是公共支撑部门与底层人员。

在地象篇我们有讲土象的"地势"。此处的土地不同于上述词意。此为支撑与滋养,土壤之意。每个主体对土地的理解都不一样。于房地产商而言是土地储备,于电商公司而言就是平台,于社群就是微信、QQ 群,商会、协会、联盟、工会、董事会等都是此性。

土地逐渐成为社群时代的重要载体。因为,身份、网络、交互三个维度缺一不可。土地是网络的重要组成,无论是线上的还是线下的。在追求个性化的趋势下,属地化的个性化价值凸显。我们似乎又回到了农业社会,靠天靠地吃饭的年代。不同的是这里的土地上不是直接生产粮食作物与生产资料等,而是生产各种具有本地属性的资讯、活动、美食、娱乐等。

工业化与信息时代的初期将地球扯成一个大村庄。在城市化大背景下,城市千篇一律,无论是建筑道路还是人们的服饰、饮食等都是一样。这是经济决定城市,政治决定地理的结果。今天,随着智能技术、智慧城市的深入建设,属地的价值开始被重视。开始由地理、文化、资源来决定城市风格。所以,成都的餐饮O2O跟广州的餐饮O2O绝对不应该一样,西藏的旅游与海南的旅游也应该不一样,北上广深的社区O2O也应该不一样。所以,关注身边,活在当下,才是土地的奥义。

土之法律

法律是由权力机构发布的约束一定区域的主体与客体的规则集合,在区域、时间、对象三个维度发挥作用。法律具有最强刚性。作为物性的法律主要用来作用于来自人性的协同、争斗,弱者的保护与群体关系的延续。Thinking like a lawyer! 这句话的意思是像法官(律师)一样思考。以法律的严谨、尊重事实、遵守程序公正来看待对象。法律作为规范主体身份行为、客体的规则,它本身是一种连接剂。

将法律作为土元素,是因为在从人治社会转向法治社会的进程中,现代公民、现代企业、现代政党都是依托于与时俱进、完善又不失人性的法律。美国有了人类历史上的第一步宪法且切实遵守,所以美国逐渐发展成为最成熟的法治国家。英国、法国、日本皆是如此。我们当前的法律体系不具备支撑国家转型、产业升级的能力。老化高龄、漏洞、重叠、无法执行、冲突使得法系在法理本身就是问题。对于一个高度依赖政策、规章的社会而言,法律成为难言之隐。在我们现今的时代,法律是个少数人用得了的工具。在社会发展、经济发展各个方面没有法律保驾护航,奢谈改革是一种滑稽的事。

土之文化

文化是小文化概念。包括道德、风俗、校训、家规、帮规、行规等等。这个作为一个约定俗成或者传承、口头遵守的东西来约束君子行为。所谓橘在南方为橘,在北方为枳。氛围能够影响结果。就像杭二中的女生被哈佛录取,而同班其他的同学就没有这个机会。一直以来如"了凡四训"、"傅雷家书"、"哈佛校训"等都倍受推崇。文化在于一言一行,潜移默化。无论是企业、还是学校、家庭。个体交互与群体互动中间的氛围,默默遵守的准则就是文化。对于创新创业时代,氛围不是在天上的,而是在地上的。它支撑着团队在条件艰苦的情况下,废寝忘食、不知寒暑,也不计较一时得失。当初阿里的十八罗汉,惠普与戴尔在车库起家,都得益于文化的力量。今天的创业者也一样,没有休息日,没有奖励与鼓励,筚路褴缕创造一个新的应用,让更多人有更好的体验。

这就是隐形的支撑力量。包括分享、分担、学习、鼓励、互助、欣赏等等,组织必须有强大的能量支撑,提供足够鸡血与鸡汤。让自己觉得自己真的是在做一件改变世界的大事,真的是在实现自己的理想,真的可以成就一代豪杰。文化建设来源于自上而下的发动,属于自下而上的触动,成功于不分彼此的互动。文化本质上是群体行为特征的固化。群体通过繁衍与传承文化使得群体得以在阴阳两个层面两种形态得以持续发展。

物之三性

物体自身的三种属性,物理属性、化学属性、生物属性是物体自带的基因。认识这些属性有助于辨识它们自身的功用、价值。

物质的物理性质如：颜色、气味、形态，是否易融化、凝固、升华、挥发等，都可以利用人们的耳、鼻、舌、身等感官感知，还有些性质如熔点、沸点、硬度、导电性、导热性、延展性等，可以利用仪器测知。还有些性质，通过实验室获得数据，计算得知，如溶解性、密度、防腐性等。在实验前后物质都没有发生改变。这些性质都属于物理性质。

物质的变化包含有物理变化，指的是物质性质未变，只是形态上有变化。比如固体变成液体、气体。位置发生变化，石头从山上被运输到建筑物上；数量变化、大小变化等等。如物体的运动、发光、发热，运动的状态变化，从静止到运动，从均速到变速等。

物质的物理变化是自然界最常见的变化。比如一个军队的数量、队形、位置等变化，投资的种类、大小变化反映出投资的趋势，一个公司的分子公司数量、位置、人员变化，产品线、产品的价格等变化都属于物理变化，通过物质的变化来了解物体变化的规律。

物质的变化还包括化学变化，如物质在化学变化中表现出来的性质。如所属物质类别的化学通性：酸性、碱性、氧化性、还原性、热稳定性及一些其他特性。可燃性、稳定性、酸性、碱性、氧化性、还原性、助燃性、腐蚀性，毒性等都属于化学性质，化学性质是通过化学变化产生出来的。

物质的化学性质由它的结构决定，而物质的结构又可以通过它的化学性质反映出来。比如钻石与碳的解构就不一样。物质的用途由它的性质决定，就是使用价值。

生物属性：针对生物而言，如新陈代谢、遗传与变异、应激性、生长发育生殖、适应性等。

工程属性，就是一个事情得以完成需要的时间总量、人力、物力、财力耗费总量。据悉，1992 年我国载人航天项目正规启动以来，载人航天项目已耗费约 350 亿元人民币。载人航天项目办公室的数字评估，从载人航天项目启动到 2005 年完成神舟 6 号飞船发射,即完成载人航天项目第 1 步时,项目总耗费约 200 亿元人民币;从 2005 年载人航天第 2 步起头实施到现在为止,项目耗费约 150 亿元人民币。这个就是典型的工程的属性。每个工程项目都含有时间、人力、物力、财力的耗费总量。如三峡大坝、南水北调、高铁建设等等。

数学属性是指物体从产生到消失的全程内发生的除物理、化学、生物、工程变化之外的其他所有变化,以及具有的数据特性。是衡量物质以及物质变化的数据信息。

在天象、地象、人象、物法象四个象限中,每个象及其子项都可包含有上述五种属性,都需要用数据来计算、模拟分析。尤其是在信息技术时代,超大型计算机系统的不断推陈出新,使得海量数据得以快速地计算、分析,便于人们能够更加快速、准确地辨识、开发自然界,构建和谐的人与人,人与自然的关系。

包括太空技术、基因工程、人工智能、新一代信息技术、新材料、新能源等等,这些未知领域的物体、工程都必须基于物理、化学、生物、工程、数学等性质进行了解。

第五节　金——最佳体验感

金并非黄金,也不是金属。金是固体的、坚硬的、支撑的、核心的、长久的。比如说企业理念、价值观。基业长青的企业有自己独特的理念。甚至《基业长青》的作者自己也认为,不在乎企业有什么理念,在于他们是否有理念。

比如品牌、价值观、理念、宗旨、愿景,这些是企业最核心的东西,最坚硬的东西,最不应该变化的东西。所谓坚如磐石,长久如金就是此理。有了这些东西作为内核,企业才能整合资源,实现目标。金生水,才能有人、财、物、时间、模式、思维的出现与聚合。

长久的公司必定有系统、科学的企业之金。一家致力于成为伟大公司的创始人必须要铭记:磨刀不误砍柴工。统一思想、确定愿景与价值观对于一个由不同个体组合而成的群体有多么重要。每个个体都是一个具有不同方向运动的点,需要一个力来协调成为一个统一体。

当然,尽管在我们的现实中,很多人说中国的企业都是老板自己的企业。老板的性格就是企业的性格,老板的理念就是企业的理念,老板的文化就是企业的文化等等。在实体的工业经济时代,或许是这样的。在互联网时代,情况就发生了变化。公司不再是你一个人的公司,因为在发展的过程中,你需要合伙人,他们分担你的责任也分享你的权益。不仅如此,合作伙伴如投资方,用户等都会一起受益。甚至在不久的将来,输出与输入已经融合起来,真正的是自组织、自运行、自服务系统。

第十一章　错综复杂

法是人类对天象、地象、人象与物象的认识体系与作业方式。它适用于人与人之间、人与物之间、物与物之间的关系等。此处的法等同于《道德经》"人法地、地法天、天法道、道法自然",法就是遵循、服从其规律、原理与交互关系,包括运行规律以及交互规律。

本	错	综	复	交	互
分	众包	分包	解构	新设	发散
合	整合	融合	重构	乘除	覆盖
虚	辐射	循环	嵌入	假借	连接
实	拦截	位移	加减	纵横	借壳

图 11.1　法象的层阶与元素图

遵照易理,天下物体皆有本体,基于本体进行彼此作用,按照错综复杂方式组合,其中杂分为交与互。无论是错综复杂,还是分合虚实,有几个前提就是标准、数据、网络、平台与沟通。

关于标准

所谓标准,就是一套游戏规则。这里给它下一个定义,就是标准是配置资源以满足需求的时间顺序性与空间结构性的集合。这种顺序性与结构性就是象与形的对应,是时间与空间、人间的对应。比如太阳从地平线升起之时,就是鸡鸣之时,就是人们起床开始一天工作的时候。

标准规定游戏的主体,包括主体以及行为,包含价值的创造、获取以及分配的整套准则。参照本文的意思,标准就是将点、线、面、体、系、宇聚合一套体系或者将体系解构成宇、系、体、面、线、点的规则。标准是法象的核心,所谓万变不离其宗,宗就是标准,就是魔方的核心。就像元素之间的合与分一样,从低阶到高阶升级,正负电子和为零一样。

标准存在于任何生产生活的活动中。上到国家法律法规,下到行业规定以及企业各种规定,家庭的家规。所谓没有规矩,不成方圆。标准就是整个自然界皆需要遵守的法则,也是《道德经》里所谓的自然。"人法地、地法天、天法道、道法自然"。自然就是一种无形的规则,制订的规则也需要符合自然。受约束的各方能够自然地按照规则行事,接受规则的约束与保护。不自然的规则就是恶法,恶规则。比如不合时宜的法条,2012 年 6 月美国国会为之道歉的《排华法案》就是恶法,就是不合乎自然。中国古代的株连九族法规就是恶法,不符合自然,不被制定者与遵守者共同认可。

标准可大可小,一国之内,最公开、最有力的标准就是《宪法》。另外,还有无形的、同样有力的标准,中国的《易经》、《道德经》、《论语》等已经成为一个民族思维、行为的标准。文化性标准经过几千年的洗礼已经成为一个民族、一个国家人民的人话 DNA,每个人的言行举止、思维习惯都体现着这种文化的标准。

标准不是越严格越好,也不是越多越好。对生产生活的活动起到阻碍最小的推进就是最好的标准。标准的执行与标准的拟定同样重要,标准的被认可比标准的制订更重要。我们讲述的是一套竞争法则,竞争必须是在一定规则下的竞争。因此,没有同等的标准,就不会有公平的竞争,也不存在均衡。

最近德国大众在美国遭受重罚就是例证。监管标准是一回事,监督不监督是另一回事。所谓"有法可依、有法必依、执法必严、违法必究",任何象包含的最低阶形体就是线体。不到最后一个环节,不可能是完成。就像足球没有进球门一样,中间的过人、盘带技巧频出,然并卵。

我们的社会进入到网络社会后,各种标准不断被改写,淘汰、融合、新设,整体而言标准不再是事前的假设,而是一种事中事后的补充、完善。比如虚拟社会的人际关系、财产评估、信息管理,比如网络经济的整合原则,共享的标准、分享的标准、交换的标准,如何衡量虚拟的价值,如何管理一个没有边界的社会,这都需要行之可行的标准。小到数据的格式、接口的标准,大到用户隐私保护、价值衡量与评价、财富的交换与分配、风险管理等等。尤其在进入新一代网络技术、云计算与物联网后,数据的大聚合,平台的大开放,网络化、社会化、智能化趋势下,各种新的技术标准、交易标准、分配标准等都亟待确立。在虚拟化时代,如云计算、大数据、虚拟货币、人气,如何计量成为标准中的优先部分。因为如何界定之后的如何计量关乎到如何去交易,无论是有条件的共享还是有偿的交换。

标准必须是具有时空条件下的,因人因时因地而变化。没有一成不变的标准。标准统御的范围越广泛、对象越多,就越不能具体,如《宪法》只能规定国家根本大计,人民根本权利。至于细化的行为准则,则有法规条例补充进行。标准也必须是与时俱进的,世易时移,标准不能刻舟求剑,以过去的思维约束现在甚至未来的行为。我们需要与时俱进、需要入乡随俗、需要因人而异地拟订、迭代、遵守标准。这是我们与其他人交往的前提。

在法象还有一个部分是分与合。分与合都需要有标准,"物以类聚、人以群分",动物、植物,有机物、无机物,男人、女人,富人、穷人等等。合也一样,同学、同乡、同僚、同事等等。

标准是由上位群体的人制订的。古时是用来规范下面的人的,随着上下势力的博弈,各种观念不断普及,标准的适用范围不断扩大。标准的适用范围内是一个空间共享的范围。如一个主权国家内,法律体系自然是全部覆盖。如果有两个国家签署了相关条约,一国法律也可以适用在另一国范围。所以,标准的范围标志空间共享范围。如果一个市场被分割,是因为有很多不同的标准,这些标准是按照不同的对象进行拟定的。比如在中国市场,户籍制度将同一个国家的人分成两种,各个地方制订的条例办法将国家分成更多的小地方。尤其是如能源、教育、医疗、社保等领域,各个都不一样。另外,即便在一个地方的一个领域,如一个城市里的交通领域,公共交通的公共汽车、出租、长途、地铁等都有各自的标准。这些标准林立反映的是利益群体的林立。当时秦灭六国的原因之一就是秦能统一自己的货币、计量单位等,尽量减少林林总总的标准,减小交易成本,促进生产力发展(遵照物的属性,按照时间的顺序性与空间的结构性配置资源以满足人的需求的规则集合)。

在移动互联网时代,自组织自运行自服务的社群组织里,UGC 模式、众包、众筹模式等,让生态圈里的伙伴共同参与,并形成事实标准。即便在"地球是平的"这样的时代或在未来,标准无论是谁拟定的,但必须通过一个权威机构的认可,在阳性层面可以是个人、机构、组织、群体,在阴性层面可以是公序良俗、宗族规定、家法家规等。

在一个经济全球化与移动互联网时代,不过是货币的全球兑换与市场的逐一开放,而这一过程在网络的融合下加速前行。网络的大一统正式来自于统一的万维网协议以及各种技术标准。标准,是人与人、人与物、物与物,是万物互联的条件。在本书中,趋利避害就是群体与群体、群体内个体之间沟通的标准。

标准的确立是一个时代或一个模式的开启。但要建立一个新的时代,就需要打破旧标准。就像社会的更替一样。从农业社会、工业社会、信息社会到智能社会,对应的模式就是以分封化、工业化、网络化、智能化为特征的。

关于网络

《地球是平的》讲的是世界已经被新技术和跨国资本碾成一块没有边界的平地,《地球是湿的》讲的是已经形成的各种无疆界组织如何分分合合、有条不紊、高效地运转,《第三次浪潮》描述了各种各样的趋势,其中指出世界如网。

网络的形成源于一套健全的标准体系,网络形成的前提是平台。在六形里面,网络是系的层面,属于最高层次。要么从低阶向高阶进化,要么从高阶向低阶覆盖。前者如农村包围城市,后者如从国外打响品牌再杀回国内。平台如同经纬线或台柱子一样,平台之间的连接就形成了网络。人类社会进入到网络经济后,经过近三十年的互联网发展,平台型经济已经无法支撑越来越平与越来越湿的地球,平台之间的融合促进平台升级成为体系,体系之间不断开放,形成没有一丝多余的有机体,彼此完全差异化,立体链条化。

网络包含三个维度的空间,其一:横向;其二:纵向;其三:延伸价值向。以《宪法》为核心,法律为基础,法规条例为补充,办法为修正补充,共同构成完整的法律网络体系。如同一张蜘蛛网,在中心的就是《宪法》,横向纵向的几条骨干框架就是法律,如民法、刑法、诉讼法等,然后就是各种补充,共同构成一张完整的网络体系。所谓"天网恢恢,疏而不漏"就是这个道理。

一个标准必须是一个完整的体系,体系必须能成为一个健全的网络,没有重合、没有疏漏、没有多余之处。有多少个标准,就有多少个体系。标准与体系之间可以是一对多、多对一、一对一的关系,包含与被包含都可以在现实里找到样本。

一个国家要维持正常的运转,必须在国防、外贸、科技、经济、文化、社会、民生、人口等各个面打造平衡,形成一张相互连接互相支持没有漏洞的网络。不能牺牲某一个方面去突出另一方面。历史上有很多国家不顾国内民生、经济发展,穷兵黩武对外侵略,最后都遭到惨败。一个企业只专注产品研发与销售,而忽视品牌、服务与管理,同样也无法持续发展。因为支撑企业运行的网不健全,有很大的漏洞。

经济一体化下,地球成为一个大村落。虽然分工有合作,但是分工是有极限的,随着需求的日渐个性化、本地化、多样化,单一服务供应商除了外包一部分业务之外,还需要对自己提供的产品与服务给予 7×24 小时的服务支撑。这对于企业的响应能力提出了挑战。因此,复合式的运营模式、复合式的人才结构成为应对个性化、本地化、多样化挑战的一种必须。企业必须是一个能提供尽可能服务的综合体、多面体,如果实在解决不了,就需要成为联盟体与共同体,变形体能提供的服务无法支撑企业做大做强。

进入网络化时代,每个体系能自助提供包括面向终端用户 5A服务,即任何人在任何时间、任何地点以任何方式获得任何需要的服务。这种压力倒逼企业、个人对后向链条、后向体系进行变革。改变从自己走向客户的模式,变为从客户方反推过来,实行随需应变。并将应变力、整合力、危机处理力、创新力提升到新的高度。闭门造车、引导用户、以产定销的模式已经逐渐日薄西山。

在一个理想的网络中没有任何一方是最重要的,因为缺一不可。网络中最重要的是一个中心点(体)、多条关键线、一个坚固的底面和良好的正面,它融合了点、线、面、体、系中最优秀的元素,构成一个和谐的有机系统。网络体现的是渠道功能,主要由线组成。但在网络的核心需要有一个平台,即核心体。能够进行集散、计算、分合。网络的形成不是一天可以的。无论是从地方到中央,还是中央到地方,网络都需要具有快速的通道能力,能够整合领域内所有资源。

在云计算时代,云与端的关系就是核心节点与一般节点的关系。网络自身极简、自生长。遵循强者愈强、弱者愈弱原理。一旦网络的规模超过一定限制,即核心节点无法有效与子节点进行沟通时,就会发生网络裂变,形成新的子网络,在不同的子网之间通过各种桥来连接。

在网络的不断演化之中,原有的中心点、关键线、面也在随时发生变化,时空的变化必须更换不同的点、线、面,所谓风水轮流转,明年到我家。如联合国一样,每个国家都有机会当轮值主席国,不分大小强弱,都有一票。所以,网络将是动态的,即中心点是变化的,网络的形态在变化,可以是线、面、体,可以承载除通道之外的其他更多职能。

关于平台

平台是集散地。实体世界有各种交通枢纽、秘书岗位、交易所、介绍所等,虚拟世界有网络平台、游戏平台、搜索平台、社交平台等。据说杭州火车东站在规模上是亚洲第一大火车站,萧山国际机场是国内第十大机场,微信成为国内最大的社交平台,百度成为最大的 PC 搜索平台,体现的无不是集散、来去、分合。实体世界里的平台,是有形物体的集散。虚拟世界的是信息流、资金流、商品流、人力流。在实体世界的平台越发走下坡的基本态势下,他们之间的联合会有一个新的现象出现。实体世界逐渐成为虚拟世界的一个部分、配角。平台可以是空间、人,如网红、大咖、专家等就是平台,他们是人脉的中心节点。一个网红有几十万、几百万粉丝。在他们的微博、微信上发一篇消息,标价从几千到几百万不等。网红充当了流量平台。

平台要实现集散价值,必须有通畅的渠道、端口。杭州东站作为一个平台接入了地铁、长途汽车、民航巴士、公交车、出租车、自行车等诸多交通工具,还有住宿、餐饮、娱乐、购物等一体化服务。所以,综合体才是平台的象形。现在热门的互联网金融领域,无论是资产端,还是资金端都是通道,中间接入的征信、支付、保险、理财、分期等通道确保平台能够安全、快速、高效地完成集散,使得资金的价值最大化。互联网金融成为有史以来最大、最深、最宽的应用。集散了人、资金、物品等诸多尽可能的要素,实现快速沟通。它将不动产、不标准、长尾的标的变成可流动、标准化、通用化,最终实现流通与增值。

在18届5中全会上提出的关于经济发展的策略里,重点就提了关于供给侧的改革。以前侧重于需求侧的发展,就是面对资金端的。其模式就是"出口、投资、消费"三驾马车。现在转变到供给侧改革,核心是结构性改革,重点放在了"去产能、去库存、去杠杆、降成本、补短板"。

在移动互联网领域,平台之战已经殃及诸多企业。最后也就是BAT以及小米、华为等暂时领先。从平台到APP,目前APP大有过之而无不及的趋势。APP就是移动时代的平台。拼命做流量,因为流量代表了集散的效能。阿里的运营与百度的技术侧重都在流量,腾讯的产品在粘性。

当然大平台除了集散之外,还有就是展示。比如央视、天猫等。就如同在人流如织的机场、车站、码头打广告一样,这叫变现。如何变现,就涉及转化,复购、客单价等等。

谁还说线下世界比线上要LOW。线上世界源于线下世界,然后高于线上世界。2016年刚到,又开始传播,网络大佬进军线下实体领域的事情。就像鸟一样,最终得在地面觅食、繁衍。

关于沟通

标准与网络自身并不能不加作用就发生作用。这些只是载体与规范,因此沟通就成为使网络发生作用的行为。由于信息被时空分割,而需求是一个整体,因此沟通的价值就体现出来了。沟通对标准进行注解,对网络进行激活。

沟通包括沟与通,沟是共享,通是交换。只有发生了交换才是一次有效的沟通。日常很多的沟通是沟而不通。沟通解决的是信息与资源的聚合。

无论是在传统的实体经济领域，还是在网络经济下，有分工就有沟通，且沟通随着分工的扩大而扩大。分工越细，沟通越频繁，因为需要交换共享的资源越多，所费的时间人力物力越多。信息技术的出现与应用在一定程度上使人跨越了时空界限，能够使信息在时空之间跨界穿越。如电子商务、SNS、微博、O2O等新兴业务的兴起，极大地促进了实体经济的发展，极大地提升了满足需求的效率。

沟是指共享。由于社会分工日渐细化，信息等资源分属不同的主体，大家都有一块资源；但终端需求是一个整体，客户要求一揽子解决方案与一站式服务，为了解决细分之后的聚合，需要进行资源共享。如开放平台，共享信息，打通账号。沟必须是有条件的沟，等量或等价同时进行。沟，是在一个体系内进行的，如政府信息公开。一国政府不必对全体国家政府公开本国信息，一个企业也没必要对另一个企业公开信息，除了上市的公众信息需要对股东公开外。沟，是阴性层面的行为，也就是桌面下或者会议室里的事情，小范围、私密、重要。

通是指交换。你的我的他的在共享之后，我觉得你的东西是我需要的，你觉得我的东西正好也是你需要的，那么大家将各自的东西计量估价之后，按照约定的时间、地点、载体、方式进行交换。市场经济本质就是交换经济。个人出售劳务，换取货币，然后以货币换取各种商品、服务。如果只有生产没有交换，那么价值就无从产生，社会就无法进步。这符合人与人之间是交易关系的大前提。

衡量网络的效用，用沟通的效率是最可行的。衡量一国市场经济的成熟度，用交换的效用也是最可行的。各种经济要素，如资金、土地、人力等是否能够自由流通、自由交换不仅是对于沟通本身,对于网络,更是对于标准的衡量。

所以,制订标准很容易,也很难;构建网络也很容易,也很难,但要实现沟通,是难中之难。因为不同的对象有不同的行为风格,不同的需求,不同的要求,尤其是涉及本地化、个性化的一些需求。

沟通的难点在于主体之间的利益一致性,即是否有利益关联度以及利益如何划分。所谓"求同存异"、"互相尊重、平等互惠"等都是沟通的原则之一。沟通需要弄清楚对方的需求、底线、团队的情况,也就是将对方的人象情况搞清楚。否则就是对牛弹琴。所谓"逢人只说三分话,未可全抛一片"说的是沟通的节奏问题,忌讳"交浅言深"。这就是不匹配,不符合阴阳。

当前热门的云计算以及 SNS、移动互联网等都对沟通有了很高的要求。云计算的本质是将"沟"进行最大化聚合,使得"通"最简单、最快速、最高效,这包括终端的智能化、网络化、移动化。现在实现沟通最有效的就是社交网站,未来的趋势就是"智能化＋社交化＋移动化"。智能化要靠大数据,社交化要靠即时通讯,移动化要靠网络。每个人都是节点,都是数据的贡献者与使用者。

关于数据

标准提供规则,网络提供平台,沟通提供实现方式与手段,一切都需要围绕数据进行。因此,数据是最为核心的内容。数据的本质是记录物体属性、行为的符号。形式包括文字、数字、图像、符号、音频、视频等。记录载体包括动物的甲、骨头、金属、纸张、竹简、帛、磁片、存储器等。数据里面含有需要的各种信息。

数据分为两部分,一是记录主体(物体)的属性。如记录人的信息,姓名、籍贯、身高、学历、体重、身份、学历、履历等等,包括人的家庭情况、工作情况、财产情况、学习情况等;另一方面记录人的行为,如一个时间段里的行为,从 18—30 岁期间的成长经历。警方在调查取证时,也会查问在案发的时间段如从 22—23 点,嫌疑人在哪里,在做什么,有没有证人能证明等。

　　无论是哪一部分的数据,都分为时间、空间、人/物四个部分。何时、何地跟何人一起,用何种工具或物体完成了何种事情(事情本质也是对另一主体的行为,如旅游、购物等等)。因此,数据的完整度包括需要被知道的时间、地点、人/物的主体、行为记录信息。完整不意味着没有间隔(区间)间断(时间)的信息记录,而是指关键的时间地点人物的记录信息。数据是对实体世界的抽象,是数据世界与实体世界对应的虚拟世界。

　　随着互联网应用的日渐深入普及,其实就是数据的全面记录与深入挖掘。以电子商务为例,衡量一家电商企业的关键指标,包括总体运营指标,如人气及人气质量指标(UV、PV、PV/UV、订单产生效率指标、总体销售指标、网站运营最终整体指标如毛利、毛利率),市场营销活动有效性指标(广告投放的有效性、推广活动的有效性),产品供应有效指标(产品丰富性指标、产品集中度指标、产品生产力指标、产品优势指标),客户营销指标(注册用户指标、新用户启动指标、重复购买用户指标),后勤配送指标(客户订单指标、库存相关指标),财务绩效指标(现金收入与支出指标、现金回款周期),网站运营指标(SEO 指标参考、合作推广指标、社区营销指标、网站内容指标),互动指标(每天登记人数、每天发布信息数量、在线反馈数量、在线人数、会员在线数、来电询问数)等等。

　　在电商促销数据上有 EDM 指标体系,包括结果指标(到达率、点击率、转化率、打开率)、过程指标,EDM 框架指标如站内行为分析,用户属性(人口属性、忠诚度属性)、页面行为(着陆页面表现、搜索欣慰),流量分析、商品行为,用户注册数据、邮件设计分析,EDM 优化方向数据如推送方式、推送用户、推送时间等。

每个数据都是一个点,相同类型的数据沟通一条线,不同类型的数据沟通一个面,然后多个面的数据沟通体系,完整地反映一个事物的全部。数据的点、线、面、体、系完全同于天、地、人/物的五形模型,因为数据就是天、地、人/物的DNA。

网络时代是数据时代,且是大数据时代。大数据不仅仅指的是数据规模与数据容量,大数据是有明确逻辑层次与结构,在时间上的连贯以及空间上连续,同时随时随地能够与关联事物的数据进行对接、融合。从2009年开始,就有很多企业在炒作云计算,建立各种各样的云中心,公有云、私有云、混合云等等,有企业的、有政府的,从目前看,这些云中心更多是数据的聚合。尽管如此,真正的云计算云中心一定会到来,这个是趋势。

所以,保护好你的数据,它就是你的社会DNA。原始的数据本身没有什么价值,只有在变成信息之后,数据才有价值。比如,你知道了人体的正常体温是37.5度,有时会偏高、有时会偏低一些,只要不影响人体正常机能,人都不会太在意这些数据。但如果医生告诉你,人的正常体温是37.5度,如果超过或者低于该数据,那么你的身体就出现了毛病。你拿温度计一查,发现38度,此时你所查的数据就有了价值。所以,信息是分析之后的数据,信息才是有价值的数据。

数据本身不是必然含有信息,有些需要进行加工才能得出信息。能够加工成为信息的数据才有价值,本身就是信息的数据更具有价值。比如一天24小时,这个数据就没有价值,因为信息没有价值;明天的A公司发行价会是18元,这个18元就是有价值的数据,也是内幕交易信息。单一的数据是"点"点,一连串的数据是"点"线,不含有信息的数据是零维度,含有信息的数据是一维度的。而信息是二维度的,如70公里/小时。在杭州的70码事件里,70码就是信息,也是争论的焦点。因为含有70公里/每小时,所以速度是个二维数据,自然是信息。还有的就是角速度,加速度等，数据的价值在于能够导出信息。信息直接反映行为，促进行为。

表 11.1 关于大数据与互联网＋异同分析表

类别	互联网＋	大数据＋
核心	降维	升维
本质	大自然的搬运工	大自然的 DNA
方式	连接世界、虚拟现实	还原世界、还原现实
制约	势力＋节奏＋体验	关联度＋体量＋新鲜
五行	属水	属木
定位	工具	模型
娱乐性	战争片、动作片	科幻片、爱情片
玩家	屌丝	高富帅
方向	向下	向上
时间	现在	未来
主角	BAT、众多互联网企业、草根	BAT，政府、专业机构
特点	无处不在的开放	无所不能的融合
关系	通道	内容
产权	无边界无权属	有边界有权属
计量	带宽	流量
作用	认识	决策

互联网＋，这一提法，我本人也不认可。互联网的世界更讲究是势。互联网是一个开放的人际、物际网络（含物联网），那么互联网＋就是一个将现实的人际、物际世界降解维度搬到互联网上，以虚拟化方式作业的过程（要素虚拟化、生产虚拟化、交易虚拟化、分配虚拟化）。

在互联网＋大行其道之时，我们发现，它的核心就是"大自然的搬运工",即降解维度(用本文的说法就是降解形体),将固态解构成液态、气态。大自然就是真实的宇宙世界,互联网搬运的是数据,数据是真实世界在虚拟世界的体现。互联网的作用方式是连接世界,"＋"就是连接行为。通过虚拟化现实的世界来进行场景式作业。现实的世界原本是敞开的,但人却需要将他们置于眼皮底下,所以在降解形体之后就必须要打造场景,如在显示终端虚拟出一个城市,一栋大楼,一个人或一辆车,然后用所谓的"流"来聚合、解构,然后再还原到真实的世界,变成一座座城市、一栋栋大楼、一辆俩车。让人可以以点窥豹,以面代体。从五行角度看,互联网属水。所以,它能够溶解、承载其他"流"。而这些流背后的本质是数据流。所以,互联网金融、互联网汽车、互联网家装等无不如此,互联网＋只是大自然的数据搬运工,＋后面就是虚拟化后的搬运对象,跟输液一样,先溶解于水,再运输到需要的地方。

都说移动互联网时代是寡头垄断时代,只有一,没有二。因为当前的中国互联网是水系产物,中国只有三条水系,长江水系、黄河水系、珠江水系。所有,水的低维度使得它必须是全覆盖、规模化、生态化。所以,决定一个互联网项目、企业、产品的优劣,就是其势力。无关乎技术、产品、人品,关乎的是势力。因为,"水无常势、兵无常形",水必须有势方能奔流而下,摧枯拉朽。国内的移动互联网企业,目前基本形成 BAT 格局,这就是互联网的势。势有两端,一端是供方,一方是需方,最后合体。巨头之间的战争都是你死我活的,跟战争片、动画片一样。你下架我的产品,我屏蔽你的连接,你来一个系统抖动,我来一个模仿,你模仿之后我就来一个举报,让警察叔叔抓你……这就是我们看到的,移动互联网领域里的红海之战、生死之战。几千亿美金的企业经常为一些芝麻小事闹腾。你会觉得,互联网挺娱乐、挺狗血的。其实,即便一个漏洞或不慎,就会满盘皆输。这些企业构筑起来的"自来水大坝"经不起一个蚁穴的"善小而不为"。

　　因为互联网本身作为一个工具，一种思维模式，它可以被任何人所使用。这就决定了它的包容性以及参与性。所以，屌丝盛行，野蛮生长。那些踏着屌丝尸骨上去的企业最后都是反其道而行之，走向互联网的对立面——封闭。不过，他们有更好的名字，叫生态系统。这就是阴阳之道。互联网＋真真切切体现了这点。所以，玩互联网的，在发家之前都是不守规矩的，简言之就是玩阴的、玩虚的居多。互联网＋自上而下，从高端群体、一二线城市逐渐到低端群体、三四线城市，然后从主流刚需应用再到长尾应用。所以，这一点，决定了互联网企业必须要占据高地形高地势。高举高打，空对地进行扫射。

　　从时间维度看，互联网＋关注的是现在，因为他们想要的必须第一时间得到，比快更快！作为一个由无数个体组成的网络，它体现在永远在线，随时断线。没有边界与产权概念，互联网是每一个人的，每个人都是互联网的组成部分。作为通道，它最可能的计量方式就是带宽，就像路一样有几条车道，限速多少一样。＋互联网关注的是未来。因为传统企业的互联网化前途是企业的信息化与协同化。借用互联网来推动企业内部及上下游的快速协同、柔性生产，只有企业的内外网格化之后互联网才有价值。因此传统企业需要更多耐心。

　　无论互联网＋还是＋互联网，都是用开放、融合、虚拟现实的方式进行的一种对现实世界的重构。而在中央成立网信办之后，我们发现，其实他们要管的不是通道，而是内容。内容就是数据。就像交警不管路，只管开车人的行为合规与否，上路的车合规与否一样。而这就是大数据的范畴。没有互联网，也会有大数据；有了互联网，大数据就会更大、更快、更强。

　　何为大数据？借用"一条大河波浪宽，风吹稻花香两岸"一样，大河，必定水很深、水很宽、水很长、水流湍急。大数据也一样，有数据的宽度（关联度），数据的长度（历史），数据的深度（可掘的价值内涵),数据的新鲜度(动态、实时),所以大数据不是什么人都能做的,跟互联网不一样,玩家必须是高富帅、白富美型,并且更重要的政府是主体、监管者。何为大数据+? 就是大数据在各个场景里的作用。大数据+交通,大数据+医疗,大数据+教育,这种说法比互联网+更加靠谱和合理。这是同维度、同结构的融合。

如果说互联网+是降解维度,互联网+商务=电子商务,互联网+理财=互联网金融,实质不过是化成"流"进行虚拟操作。那么大数据+就是升级维度。将某个主体或行为的数据横向、纵向地关联过来。《大数据》作者维克托也说,大数据讲究的不是因果关系而是关联关系。围绕一个点、线的数据还原成一个立体的数据模型,还原出一个真实的世界。就像警察先找到证据,然后寻找线索,一一关联起来形成证据链,还原凶案现场,锁定疑犯一样。

如果互联网+是五行属水,那么大数据+就是五行属木。水者,流动、无形;木者,生长、生机勃发。有了大数据,可以去干很多的事情,催生很多的新兴业态。互联网提供场景与边界,主体的行为产生数据,这跟水生木一样的道理。有了大数据,就可以做很多想不到的事情。结合物联网、人联网,大数据+几乎无所不能,有点科幻片的味道。不仅能知道你的现在,还能知道你的过去,更能知道你的未来。因为,互联网+没有方向,只有边界。但是,大数据是有方向的,因为横向与纵向的维度就天然决定了大数据是有方向的,也是有产权归属的。大数据+是向上的,《黑客帝国》与《超体》里的数据流从上到下体现是错误的。因为数据自己会生长,自己会去关联、去融合。互联网+里,决定你价值的是你的位置,比如中心节点、根目录服务器、入口;但大数据+里,决定你价值的是你的方向,因为未来比想象中更快地到来,现在就是过去、过去的才是现在。大数据+可以是任何一个对象,而互联网+却只是一个可以软化、降维成"流"的对象。所以,互联网+金融是可以的,但互联网+爱情就不靠谱。

　　网络如路,可以没有归属。鲁迅说,地上本没有路,走的人多了就有了路。网络也是一样,无人使用就如同无路。路必须是大家一起修一起用。正如一条众筹或集资修成的道路一样,人人有份,人人都能跑。但是,车不一样。车是有归属的。大数据的元数据就是车。并且车是有速度限制的,数据讲究的是流量。一条路上的车流是每分钟多少辆车,杭州作为全国第二堵城,中河高架在早上 7 点和下午 5 点的车速是 10 码左右。这就类似大数据的计量。而互联网,用的是带宽。

　　现在,人人都在讲互联网＋,不管是两条腿能上路的还是半条腿不能上路的,都赶鸭子似的赶到高速公路上去。而互联网的实质不过是开放、共享与人人参与。最终的东西就是大数据,这个东西才是真实世界的虚拟面,互联网不是。互联网其实是虚拟化真实的世界,是一个过程,一种方式。我们不是跟互联网在打交道,是跟数据在打交道。只是数据适合于在互联网的业态里生长、共享、交换。与互联网＋屌丝横行、野蛮生长不一样,大数据＋时代,将是更加强权的政府与更加垄断的企业,一切都有模有样、有条不紊。

　　互联网＋的背后核心就是大数据＋,在这样一个将现实世界虚拟化、重构化的进程中,我们首先要尊重的是现实的世界。现实的世界已经被我们分割成为碎片,当我们企图在虚拟世界里缝合他们的时候,未曾想到虚拟世界的分割更为严重。因为,当下的互联网＋不是完整真实世界的虚拟化,而是碎片化不完整真实世界的虚拟化。尽管如此,在从互联网＋到大数据＋的进程中,我们发现,一个比现实世界更加不安全、更加不确定的世界已经摆在面前。如果现实世界的群体层次、利益格局不重新分配,在大数据＋时代,这个虚拟的世界里,就会走向现实世界的对立面。到时候,物极必反,由虚拟重构现实的时候,屌丝与高富帅将直面彼此的战斗。至于时下火热的人工智能,什么 VR/AR 等,有人说大数据最佳的归宿是人工智能,如谷歌的 AIphaGO。这只是其中之一。大数据会生成很多模型,进入更多领域。

第一节 本——错综复杂

本,本体,触发需求,化生现象,展示形体,是系统之根。本是宗、根、元。如元数据、种子用户、贡献体、五种需求、合伙人等。本,原始的,刚性的,自发的载体。比如在一个家庭,夫妻是本体,孩子是另一个本体。结果大多数家庭夫妻成为孩子的附属,甚至一家人搭上爷爷奶奶、外公外婆都是附属。在一个公司,员工是本体;在一个学校,学生与老师是本体;在一个医院,医生与病人是本体;在一个社会,创新创造者是本体。

本体的东西都是简单的。但是在运动与变化之中,经过错综复杂的变化之后就变得复杂。错综复杂并不是本体的特征,它是本体变形之后的状态。在某种程度上,在删繁就简、去伪存真的过程就是解开错综复杂的过程。正如八卦经过错综复杂之后变成六十四卦一样。要认识这六十四卦,需要解构六画卦成为三画卦。然后按照上下卦或内外卦、主客卦来辨识爻辞与卦意。错,就是阴阳错开、阴阳一一对应;综卦就是整个倒立过来,从反方向看事物;复卦就是两个东西重复一下;杂卦就是不限于上述方法的杂交排列。由于本体本身很简单、低维,所以为了描述复杂的事物以及彼此之间的关系,就需要对本体进行多重方式的排列组合。

错,实质是将不一样的东西形成一个单元排列起来。它属于点系列元素。它能形成更加均衡的分布,在比赛、游戏、教育等领域经常被用到。如男生女生组合、黑白颜色组合、规则不规则形状组合等等。在各种培训课或 MBA 课堂上,老师一般会打乱原有座位顺序,避免熟人与熟人交互,为增进陌生人交互,提升交互质量。他们会按照单双号顺序、入场券的颜色,或者生肖、星座等来重新编组。同时,也能规避单一性导致的整体沦陷风险,有种化整为零的味道。在现代社会,无论是经济还是军事领域,这种以一个能够独立完成一件事情的小组有其先天优势。比如企业里的项目小组,抽调技术、销售、财务、品牌、客服等人员迅速搭建一个临时组织,果断解决一个项目面临的各种问题。在军事上,大规模的地面作战已经不合时宜,以特别小组、小队、特种部队方式进行的小型、无创伤作战渐渐增多。一个小队,包含狙击手、爆破手、掩护、冲锋、医疗、通讯、网络等专业人员,能够神不知鬼不觉地潜入敌人之中,干掉对方。错,实现了分合的一体化、实时化应用。

综,将原来的体系倒过来。在思维层面就是逆向思考、换位思考。它属于线系列元素。无论是以此为核心推及彼,还是以彼为核心倒推及此,都是日常生活中常见的方式。在注重体验、用户至上的时代,企业运营已经从自己采购—生产—教育用户—销售转变到用户需求—研发—采购—生产—客服。源头不再是此,源头是彼。即从价值贡献体出发,设计内部供应链,然后回到价值贡献体,形成有效闭环。

在一个价值多元的时代,逆向与换位两种方式在认识论上十分有意义。它将彼与此、前与后、左与右无缝对接起来,实现了融通、共享、交互,并最终实现价值变现。

复,就是低维度形体的重复与高维度形体的循环。它能够将简单做到极致,也是天地人的常见运行方式。年复一年、冬去春来,日复一日、晨起暮归。每个群体、种群都是这样地运作,甚至个体也是如此。在一个循环内部,可以是多种形体。复,既是联系的方式,也是作业的方式。再就是,复盘——重来。人生是没有复盘之说的,但群体里其他个体会用假设的方式进行模拟。所谓将简单的事情做到极致,凭借的就是"复"。金融领域算复利很恐怖,利滚利、驴打滚;雷锋做好事,一日复一日,很厉害。复,是物体的主要运动方式。大到星球的自传与公转,小到个人的工作生活,三点一线,循环往复都是如此。人生的常态就是复。

杂,就是没有章法的组合。但没有章法就是章法。混搭、嫁接、乱炖等就是杂。杂既是合,也是分。可以分为交与互。交是两两相交,互是两两互通。前者是物理上的连接,后者是利益上的连接。杂,也是有章可循。如同三教九流的杂家一样,只不过类别太多,过于细分,就同归一类。杂如同我们说的长尾,也等同于20/80里的20部分。杂,是跨行跨界,但不是融会贯通。之所以说它是兼合与分,是因为杂既可以是结果,也可以是过程。

错综复杂这几种方式都是基于本体的解构与聚合。这样变形之后,本体就变得隐晦、复杂,就像玉藏于石头一样,需要经过分、合的方式才能还原。熟悉本体,具有现实意义。现在火拼的APP,如O2O、医疗、用车等,都在把做估值、做流量作为本,大量烧钱,补贴去做用户,然后以虚假的用户数来忽悠资本。这种方式的结果是获取成本更大,用户更不忠诚。很多人玩坏了这个互联网市场。就像一个老太太成天拿东西去讨好小朋友,让他们到自己的花园里来玩耍,结果有一天没有东西讨好时,小孩子们都跑掉了。甚至你总是对某个人很好,有一天你忽略了他,他还恨起你来。这就是本末倒置。对一个公司而言,创造价值是本,如研发、产品、服务,提高用户体验,忽悠是末。在物象里面,对应的就是木。对于学生而言,学习是本,就业创业是末。我们这个时代,有很多东西匪夷所思,因为缺乏常识。没有常识就会失去底线。没有底线,就会禽兽不如。

弄清楚本的意义重大。还是以"两创社会"的背景下来说明。企业就应该是创造价值,首先是创造用户价值。所以,用户是本。体现在用户的黏性、口碑、增幅以及交易额、复购率等上面。在企业内部,产品与服务是本。海底捞,很多人都学不会,是因为很多企业是本末倒置的。在一定程度上,本具有道的属性,如客观、不可逆、少数派甚至唯一。探讨本的价值在于,我们可以区分各种现象,快速地进行解构与聚合,也可以在玩法上进行拓展,分分合合、虚虚实实。《孙子兵法》所言,近而视之远,小而视之大,否则无法张弛有度、运用自如。

第二节　分——即降维

　　分,主要是对时、空、人、物、法五象的解构。如时分、空分、人分、物分与法分。时分就是按照时间切分,时本来是一个连续轨迹,是空间的过程与轨迹。但是为了认知与应用需要,人类将时分割。百度一下:地质时代的单位为:宙、代、纪、世、期、时。整个地壳历史划分为隐生宙和显生宙两大阶段。宙之下分代。隐生宙分为太古代、元古代,显生宙又划分为古生代、中生代、新生代。代之下又可划分若干纪如寒武纪、侏罗纪、第四纪。每个纪又分为二个或三个世,世下分若干期。世以上的划分与名称是国际性的,是世界统一的,世以下的划分与名称是按各地区实际情况来决定。互联网的跨时空性让分更加细颗粒度。比较热的互联网公司如爱分期、趣分期、信用卡分期,以及各种金融分期产品。根本就是利用化整为零、化大为小,将不可能变为可能,将买不起变为用得起,金融服务商赚取利率差价。

　　其次按照空间分。与地质时代各单位相对应的地层单位为:宇、界、系、统、阶、带。如热带、亚热带、寒带之分。如东方、西方,城市、农村,学校、医院,车站、机场等等。最新的苹果 6S 全球首发在美国、香港、中国等,而更多的中国公司则进入了巴基斯坦、越南与印度,如小米等。按照空间分的做法更加普遍。如头等舱、经济舱,VIP 室与总经理室。人们通过定义空间来定义人的身份、职业以及人与人之间的关系。在移动互联网时代,基于 LBS 的位置信息服务大受推崇,无论是物流、O2O 还是旅游、资讯等,人们都比以前更关心身边的人与事情。但是,相比时间上的划分不那么功利,空间的划分就足够体现人与人的不平等。尽管头等舱与经济舱一同到达目的地,但期间享受的待遇决然不同。每逢重大活动,所在地城市都会进行交通管制。这种管制就显得不客观、不平等。但是对于事与物的划分则是客观的,如黄标车与尾气不达标的车不得进入城区,甚至不得上路。借助新型技术手段尤其是物联网技术、移动互联网技术,人已经将地球网格化了,按照分好的范围来实施管理。

再次按照人来分。男人女人、老人小孩、穷人富人、国内人国外人、古人今人、好人坏人、优良差等。如奢侈品牌针对的就是富人贵人,补肾的主要针对男人,要学快速致富的多是穷人,报各种补习班的多是差生等等。在教育培训领域,就是抓那些一般的、差的孩子进行威逼利诱。在时空切分之后,人已经被分成粗颗粒度的标的,然后按照人的需要、人的身份、人的关系、人的标签、人的经历等一切印记来进行切分。

按照物分,如开采加工石油、宝石,海洋捕捞的,就是对物的分类。医生看病,分得很细致,消化科、内分泌科、心血管科、神经外科等,这也是对人体的细分。

至于法的分类,如十八般武艺。这个是在人与物的前提下附带出来的分法。刀枪剑戟、斧钺钩叉等各有不同的玩法,双截棍与三节棍就不一样,太极拳与猴拳也是如此。法与前面四类结合起来,时空、人物的所分粒度大小取决于方法与量度。在科技不发达时,人们只能通过肉眼看到天上的少数星球,将时间单位最小细化到刻,空间长度单位细小到尺寸与斤两钱。如得寸进尺与斤斤计较,短斤缺两等。科技提供的方法论与工具,可以进一步细分对象。所以,时间在宙、代、纪、世、期、时之后,有了年、月、日、时、分、秒、毫秒、微秒;空间在宇、界、系、统、阶、带之后有了长度单位厘米、毫米、微米、纳米等等。因此,任何一个被切分的结果不仅取决于本体,还取决于方法与工具。

当然,分也可以按照形体来进行。如讲一个体系拆解成子个体,将不同个体里的同点、同线、同面拆出来也是可以。如华为宣布在最新一次的裁员大潮里,按照末尾淘汰原则针对运营商业务部门进行裁撤2万左右员工。分,就是直接去掉一些本体不需要的局部点。有的直接拆掉整个部门,如制造业部门、公关传播部门,寻求外包。当然,关掉整个公司,就是分掉体系。裁员是企业在区分的一种常见手段。

分是一种最为常见也是最先发展的模式。尤其是在生产力水平低下的阶段。小孩子最开始数手指头,就是一个掰一个地数。等到长大了,一眼就知道两位数内怎么算。分自然也针对无形的、阴性的对象,如意识、思维等等。我们所指的分是将一个体系拆分、切分成可用的子类。而不是随意无章法地乱切乱拆,这样的后果是无法还原、无法合起来,达不到拆的目的。就像将一个圆形随意切分成任意不同形状的图形,结果无法拼成一个矩形,就没法计算它的周长。将一个城市分成有机的区域,不影响辖区居民的生活、工作,而不是罔顾历史文化、自然地形与城市设施去随意拆分、切分。

法象之分包括众包、分包、解构、新设与发散。分,意味着将一个整体分解成有机的几个子系统,然后在聚合起来成为一个达到目标要求的系统。分是我们认识世界的主要方式。将一个庞大的、复杂的、曲面的解构成小的、简单的、平面的,可以计量和感知,用现有方式可以作业。按照荀子的说法,只有人能群,因为能分。化整为零,化繁为简。分解的目的是为了认知、处理。

众包

众包是《连线》(Wired)杂志2006年发明的一个专业术语,用来描述一种新的商业模式,即企业利用互联网来将工作分配出去、发现创意或解决技术问题。通过互联网控制,这些组织可以利用网络大军的创意和能力——这些网络具备完成任务的技能,愿意利用业余时间工作,满足于对其服务收取小额报酬,或者暂时并无报酬,仅仅满足于未来获得更多报酬的前景。尤其对于软件业和服务业,这提供了一种组织劳动力的全新方式。

众包不同于分包,因为对象不一致。分包有特定的对象,明确的交易规则。众包则没有明确的对象,交易规则也相对简单。

众包主要针对内容,且这些内容直接依附于大众,大众既是信息的共享者也是信息的分享者。众包的对象必须是一个广大的群体,范围跨越区域,能够在规定的时间内反馈符合标准的成果。众包须符合对象是一个群体,该群体既是成果的制造者也是成果的分享者。比如网络调查,需求方发布一个调查需求,然后借助一个访问量大的门户网站或者 SNS 社区平台,参与者既是信息提供者也是结果获得者。

需求方的职责是设计一个便于更广泛人群参与互动的有趣主题并对受众进行激励。众包的链条包括平台、运营商、需求商、用户、广告商、第三方增值业务等。需求方发布一个调研主题,受众参与反馈,并可以查看统计结果。调查可以借助环球网与凤凰网这样的新闻型门户网站。需求方得到了自己需要的答案,受众既感兴趣也获得了认同,同时这样的热点主题能够吸引更多人参与讨论,对于网站访问量的提升也是有很大帮助,因此,这是一个共赢的模式。一个系统的调查还可以为专业分析机构提供更多有价值的信息,此时该信息就是一种有偿的服务。

众包针对的是一个体,它由几个关键面组成。如标准方面、需求方面、沟通方面、反馈方面、成果体现方面、激励方面等。在每个方面,都需要有几个关键点构成的链条,如标准中强调的对于成果的时间、形式、数量,沟通方面强调的沟通频率、联络人、沟通平台与工具等,一个需求的发出到最终成果的验收,形成一个整体,该众包行为才算完成。

目前的微博、SNS、点评以及人才网等均采取的是众包模式。维基百科、FACEBOOK、Uber 都是众包模式。他们很多甚至没有产品,没有专职编辑。用户自动生成内容,自组织自运行。

分之分包

众包是分包的一种特例。分包是一个 SI 将一个整体切割成若干子系统发包给有资质、有能力的解决服务商,然后集成起来成为一个整体的过程。一个大型的工程项目必定有众多的分包商参与其中。它不仅包括上游的供应商而且包括下游的分销商。分包在某些领域也是外包。这种模式几乎无处不在。企业、政府甚至个人都在使用。无论在工作、生活、学习还是交友领域,分包也是普遍存在。

分包的大量涌现源于社会化分工的背景。按照规模化、成本最低、差异化的三个模式看,由于企业的存在也是以最低成本提供最高价值服务为目标,所以,不断细分的领域会聚合成为具有规模化、低成本的实体。衣食住行用娱游购等领域都有各种各样的实体在承接需求。小农经济时代的全业务全流程模式已经成为历史。分包源于社会分工,促进社会分工的进一步优化。然后随着新兴信息技术的深入应用,细分的领域进行融合,形成组件与模块,然后形成生态系统。

分包的颗粒度取决于市场现有主体的颗粒度。分包的效率取决于业务流程的标准化与对信息系统的利用。基于统一标准与规范的分包更容易聚合。不以快速、低成本、优质成品聚合的目标都不是成功的分包。

分之解构

解构是分包的前提。没有成功的解构就不会有有效的分包。解构遵照网络的脉络,流程的节点与系统的整体性。跟庖丁解牛一样,按照经脉、组织与纹理进行解剖。

在本书看来,解构是对形体的降维。将体系解构成线、点,将不可单一作业的对象按照业务逻辑进行分解。比如对一个平台进行解构,它的底层技术架构、业务架构、运营架构、管理架构等。从技术角度看,包括云平台、数据库、网络、应用层等等。如同把一个圆解构成一个平面,方便计量周长与面积一样。复杂的巨系统被解构成可以作业的小系统是常见的方法论。平日常见的许多现象都是从解构的角度在聚合。如饭一口一口地吃,房子一层一层地建,钱一分一分地挣,最后聚起来就是一个完整的方案,能够满足一定的需求。

解构遵循有类聚合原则。将同类型的从异类型的地方剥离。人们把肉从骨头上切割,把脂肪从肉上去除,都是如此。

分之新设

新设是一个分的典型。从一家母公司内新设一个子公司,从控股公司新设一个投资公司,或者新设出分公司等等。这是从现有实体里分拆一部分出来组成信的实体。还有重新设计一个的,如成立一家新的公司。投入一定的人力、物力、财力设计出一个实体,这是从资源的角度看分包。新设满足了本体适应变化的要求,为可持续发展奠定基础。

分之发散

发散主要包括传播、流通,从一个节点对外扩散。如交通、媒体、演讲、核扩散、污染、花粉、舆论、组织行为、水流等等。

发散作为一种日常现象更容易被感知和理解。这是一种现象,它呈现出缤纷、五彩、多样性。然后达到各个地方,各个群体,经过反馈后到达源头形成新的母体。发散没有方向性,也不计较后果。它是一种随着自身性质随遇而安的放逐。如水就是往低处流,风就是跟随压强与温度流动,消息就是跟随媒体流动,跟随嘴巴或者指尖传递等等。

发散与分是对应的,没有分就没有发散。一种发散不需要回收、不需要反馈,自然而然地分解、融合到新的载体。如种子落入土壤、水被草木吸收、谣言止于智者等;一种是发散需要回收、反馈。如调查问卷、民意测验、闭环式的从头到尾循环更新改良等。

第三节　合——即升维

有分必有合,有合必有分。这是阴阳之道。合,不是对分的简单堆积。前文有言,分是按照象、形体来解构的。合,也可以如此。但两者不是一对一的关系。分,可以是分出相同的,也可以是不同的;合也一样,同业整合、异业聚合。分的目的是为了计量与运营,合就是为了交换与共享。

优酷土豆合并、赶集58同城合并、滴滴快合并,美团与大众点评合并,百合网与世纪佳缘合并,联想买入 IBM 服务器与摩托的手机业务,谷歌、苹果、微软等大公司的并购,都是合的思路。如果说分有难度,合就更难。因为分参照的是五象与形体,是一种有参照的解构,不太在乎目的或不计较后果。而合一定是带着目的,并且合本身就是目的——整合、融合。合,没有分那么多的参照,且担负着连带分一起的责任。甚至可以说,在某些程度上,分是合的手段,合是分的目的。尽管分与合也可以角色互换。合之难,不仅取决于分的质量,还取决于合的方式方法、时点、连接剂以及合体之后的运动。就像旅途中的人一样,大家凑齐了一辆车,到目的地之后,再各奔东西。对于赶集58、滴滴快的、美团大众点评的合并,在前面有文讲过,两个属性一样的合体后,一定有一个会变身为另一种属性,一个阴一个阳。主导地位的为阳,附属地位的为阴。这个是铁律。究竟最好是整合还是融合,要看角色转化的情况。

有分必有合,有合必有分。技术的发展不仅推动分的纵深演进,更加速了合的进度。工业时代就是一部明处分工、暗处合作的时代,移动互联网时代就是一个分合同步的时代。不过在于这种分合都将隐藏在背后的云计算平台与大数据服务里面。在大平台之下,无数细分的创业服务项目依托于大平台之下。这是一种新的分合结合方式。一半是细小到某个领域某个区域的专一服务商,一半是全平台的大平台商。两者都向各自的方向去拓展。所以,BAT越来越大,小微创业者的目标市场越来越小。大佬们说的喜欢蚂蚁、芝麻、菜鸟以及微生物,这是从上到下的一种说法。

合在中国人的意念里是阳性的,喜大普奔的,百年好合、合作共赢。分,就没那么好命。他俩分了,分家,分开。分,在农业时代是一个不那么受待见的词。因为农事听天命顺人意,靠人力吃饭。我们的历史就是一部封建历史。所以,人多力量大、和合共生是我们的信条。但在社会化大分工时代,在移动互联网时代,分分合合,都在一瞬之间,彼此互为手段与目的。

合之整合

整合是物理整合。可以对资源、资金、人脉、伙伴、团队等进行某一客体的整合。成立控股公司整合旗下各个分(子)公司,将组织内的资金整合进统一的资金池,很多年前政府的集中支付、统收统支就是这种情况,对公司的人力资源进行整合,满足新业务的要求或者适应市场新的变化等。

整合相对容易一些,主要是物的整合,如财力、物力等。将分散的、分包的、发散的、解构出去的进行合并同类项,进行同系统的归类,按照系统要求各就各位。如果分是从系统原来的位置上分离出去,整合就是回归该有的位置,用以支撑整个系统的有机运行。

我们现在强调的比较多的是整合能力。这个是跟大背景是一致的,大时代、大趋势、大整合。快节奏下,使用权带来的收益比所有权带来的更大。任何主体都不可能拥有尽可能多的资源,但完成一个目标,往往需要有外部的资源介入。这就是社会化分工与全球化背景下的合作之道。分得越多、分的程度越深就越需要进行大整合。如果分是阴,整合就是阳。一阴一阳之谓道。

合之融合

如果整合是两个相同的物体的合,那么融合是两个不同的事物或同样的事物融汇合一。在天象、地象基础上,人对物进行的一种处理手段。融合是神合而不是形合。在融合之前,有一个聚合的过程。聚合就是将相同的不同的数据按照一定的规则对接起来,形成一定的规模或者层次结构。聚合是形合。所以,融合是一个先形再神的过程。其结果是融合之后产生了新的价值。如变成新的事物,或者有了新的趋势,得出新的结论。

我们在学习知识的过程中,老师都会要求融会贯通,举一反三。融会贯通就是融合,举一反三就是融合后的结果,贯通的前提是融合,融合的目的是贯通。能够从一推测二、三,从局部推测整体,从现在推测未来等等。

融会贯通需要有一定的标准、网络、数据,只有参照一定的标准才能够将不同格式的数据格式化、统一化,然后基于现存的网络体系将数据进行沟通处理。融会贯通的过程也是沟通的过程。融会就是"沟",贯通就是"通"。

融合的步骤首先是设定标准,没有统一的标准,就无从聚合,也无法沟通。包括目的的一致性、主体的合作意愿、沟通的渠道与频率、解决问题的机制与方式、价值的产生方式与分配等等。

其次是共享。共享就彼此拿出对方需要的数据,此时各方拥有对方数据的查看权,而不是使用权,更不是所有权。共享行为同样遵守一系列标准。

再次是交换。交换就是彼此得到了自己需要的数据,此时各方拥有了对方数据的使用权,甚至所有权。

在共享与交换之后,数据开始聚合,然后依据不同的需求,进行各种字段的分析,按照时间、空间、人或物、行为进行深度融合,形成有价值的信息。数据与信息,数据只是原材料,信息是加工品,按照需要所得的加工品。加工的过程就是对比的过程。

所以融合也是分与合的过程。沟就是合,通就是分。共享就是合,交换就是分。将同样的数据聚合,将不同样的数据分离。融合也是对比的过程,将不同的单一维度量进行对比,得出一个二维甚至三维的量。如时间与距离的数据通过运算得出速度,然后再进行二次运算,得出加速度。时间、距离都是一维的数据,速度是二维的数据,加速度是三维的数据。维度越高,数据的价值越大,数据也越接近信息。

因此,沟通的目的在于获得信息,沟通包括共享与交换。沟就是共享,通就是交换。沟就是合,通就是分。融合的实质是数据的分合与对比,将单一维度的数据变成二维、三维的数据,维度越高就越趋向信息。数据本身没有多大价值,只有变成信息,数据才有价值。

此前,阿里与银泰的结合,唯一的亮点是发布会上背景板上的阿里与银泰 LOGO 的关系,用了乘法。乘法是一个融合,这象征着,玩家们开始注重神合,至少看起来如此。

为了探讨这个问题,我们从一个数学算法入手:X+。无论是在企业战略层面还是在营销等层面,X+都是一个超流行的模型。比如互联网+金融=金融互联网,互联网+电视=互联网电视,互联网+猪=互联网猪肉等等。

其实,X+是一个减法模型。用物极必反的思维来看就是如此,简单到极致反而能覆盖更大、包含更多。这就是空即色、色即空,失去也是得到,得到也是失去。营销界有一段时间总在呼吁本土企业要做减法,因为依靠地方官僚裙带建立起来的企业必定是多元化的大杂烩。于是减法做到极致之后就是加法,X 是最本质核心的元素,在此基础上附加其他。形势不利就缩回来,形势有利就出去捞一笔回来。互联网+,就是利用互联网,将中间环节减掉,对企业流程从时空上重构。

我们看到很多的企业都在采取这种模式,包括 JD＋,25 号京东发布的智能硬件战略,还有 BAT 的企业也是如此。Google＋,淘宝＋,微信＋也是一样。

但是,今天,X＋已经不是我们时代最先进的生产关系了。应该是 X×,甚至是 X^n。尤其是移动互联网时代下,天空模式(飞行模式)的互联网企业与陆地模式(爬行模式)的实体企业进行融合,因此必须是 X×,甚至是 X^n。

一旦融合就无分彼此,没有主次,也就无所谓谁颠覆谁,谁主宰谁。类似人头马一样真正的融合,水乳交融,而不是油水分离。正如组建一个家庭之后就是好好过日子,没有谁欺骗谁,谁驾驭谁,谁是当家的之说。只有相互支撑、相互合作,否则永无宁日,迟早分道扬镳。

其实 X× 做得好的要数英特尔,当年的 inter inside 就是 X× 的最典型模式,芯片与硬件外设的完美融合成就了一代芯片霸主。

表 11.2　四个社会的特征分析对比表

时代	形态	名称	属性	模式	速度	代表	内容	主体	指标	特征
生态社会	系	生态	智慧经济	循环	超级计算	人工智能	虚拟现实	万物	影响力	自运行
智能社会	体	魔方	数字经济	标准	积分运算	云计算物联网大数据	数据	物与物与人	连接力	好
信息社会	面	平台	信息经济	品牌	指数运算	互联网	信息	人与人	集散力	省
工业社会	链	产业链供应链价值链	工业经济	规模	乘除运算	工厂	商品	物与物	流通力	多
农业社会	点	个体	个体经济	手艺	加减运算	作坊	手工品	人与物	便捷力	快

从农业社会里的个体户、作坊到工业社会里的工厂、信息社会的平台及智能社会里的数字经济,生产关系逐步升级,生产力迅速提升,基本是沿着物质的形体模式在演进。从点到线、面、体系,最终成为智能社会的数字经济与智慧经济。

智慧的经济、智慧的社会、智慧的人文最终覆盖以往全部的经济、社会、文化形态,这才是未来的产业模型。当一个体系成立时,必须是这个体系的核心载体都成立。

因此,定义我们的社会、经济、文化进入到未来智慧的社会、经济、文化,必要条件是我们的人民都是智慧的,这种智慧体现在产业机构、文化发展、社会生活的方方面面。现在,出现围剿"各种宝",是因为大家的思维理念都还停留在 X+ 的模式,都想当这个 X(主角),谁都不愿意当+号后的配角角色。于是,互联网企业要颠覆银行,银行她妈央行及干爹各种银行的协会来整顿互联网企业,一出螳螂捕蝉黄雀在后的舞台闹剧。

X+ 的阳性面是有福同享,阴性面是你死我活。水涨船高时,大家都有吃有喝;收成不好时,就图穷匕首见。不能说谁无能无耻,也不说谁英雄好汉。事实证明,情人都很温柔体贴,原配总是不解风情,一旦转正谁都是一样。主角与配角,演好了都是角。

阿里与银泰的乘法融合,在一定程度上是进入到了 O2O 的深水区,从关注"2"到了关注"O"。现在阿里再次重金收购银泰的股份成为第二大股东,更说明了这点。毫无疑问,资本是最简单粗暴的合作之道。打通任督二脉,如同虚竹被无崖子瞬间注入巨大内力一样。

合比分要更加困难。分,按照一定的标准去切割即可。如时分、空分、人分。解剖一个标本,神经系统、内分泌系统、消化系统、循环系统等可以分得清清楚楚。而将分的对象融合起来就很难。每一个点、线、面、体、系之间相互的位置、关系以及协同都是要考虑的,不仅是面面俱到而且是体系俱到。把苏联分成现在的国家很容易,但要再合体就困难很多。一个国家、一个人、一个组织都是如此。在云时代,数据充当了融合的介质,但业务流程、标准的配套却滞后很多。在 2015 年在云栖小镇举办的阿里云开发者大会上,是在合的基础上分。众多中小企业基于阿里云进行开发,然后阿里对其中一些优秀的公司进行投资或收购,这就是合。资本、数据、人这三者融合才能真正融合。

合之重构

重构,包括解构与聚合。解构,就是按照一定的流程解剖其构造。聚合就是按照需要在解构的基础上重新聚集融合成新的事物。

重构在字面上就是重新构造的意思。可以是对原有事物进行流程上的重新优化,也可以是组织的重新布排,也可以是剔除旧有的部分或增加新的成分,最终融合之后成为一个新的事物。比如一家企业上马一套 ERP 系统,就需要对流程进行重组,使得部门协同,业务集成,数据共享。咨询公司对流程梳理、业务了解之后,会在 ERP 基础上略做一些调整以保证企业的个性化成分。这个过程是解构,只有全面清除企业的脉络之后,才能制定科学合理的实施计划,待整个项目实施完毕,系统全面正常运转之后,整个企业的效率就有大的提升,企业也脱胎换骨了。

重构主要基于面入手,将一个体系解构成若干个基本面,如一个公司的财务面、人力资源面、市场面、研发面、客服面等等,每个面的边界、流程清晰之后,会对重点面以线、点的方式进行二次、三次解构。直到每个点、每条业务流程都符合基本面的要求,然后将不同面聚合成体系。

90 年代的国企改制,企业上市改造,企业并购之后的融合,都需要重构。重构不仅适用于国家、企业、家庭,也适用个人。一个人要痛改前非，必须首先深刻剖析自己，解构之下，认识到自己的问题所在。然后洗心革面，制订的措施与行为，经过循环之后，你逐渐被周围的环境接受，重新赢得大家的信任与尊重，完成有效嵌入，你的重构就成功完成。

因此，重构作为面是排在循环、嵌入之下的第三层。

在互联网领域，重构有特殊的意义。目前的互联网格局已经雏形初现。从最初的门户到电商、到 SNS 以及移动互联网、物联网的发展，都面对信息经济与实体经济一个重构的问题。在国家层面叫信息化与工业化的融合，目前的电商已经走到信息流、资金流、物流、商品流、人流等立体融合模式，包括一些新型的商业模式如团购、O2O、LBS 等等。信息产业与实体产业的重构使得实体经济具有持续的发展空间。这种融合的实质就是让实体的每个面、线、点都是信息的原点、承载点，传输线，能够让实体活动起来。重构能否成功取决于逻辑是否基于客观事实。

合之覆盖

覆盖不仅仅出现在互联网时代。它是对原有的产品、流程、模式直接淹没的方式，用大的范围、多的体量、新的版本去替换原有的。这个覆盖是革命性的。在现实的竞争当中，就像橱窗张贴海报一样，张三贴了一张考研培训的海报，几分钟后李四贴了一张更大的英语培训海报，第二天发现，上面已经贴满无数的海报，谁也不能否保证自己的那张就是最后呈现给外界的那张。

覆盖有继承性覆盖和颠覆式覆盖两大类。前者是版本升级，后者是推倒重来或者是两个完全不一样的东西被掩盖。贴海报是一种常见方式，物理覆盖；还有就是取代原有的，重新建设一个新的。替换是其中一种方式。替换就是针对具体的点进行替换，使得最后的呈现品比原来有不同。覆盖所使用的载体依据目标而来，并且比之前被覆盖的对象有明显的差异。

覆盖的最终结果不一定比上一次的更新、更好或者更完整。它只是一个不同的东西而已。用了最直接的方式进行替代，这种方式也是最彻底的。如果一个小的凭借一个 IDEA，以微薄的财力和顽强的毅力艰难爬行，好不容易折腾出点样子，结果被大佬一下子砸出重金、人力拿出产品给覆盖了。好一点的就是，对方收购；差的就是直接被干掉。就如一个小便利店进行打折促销，结果旁边不远的超市有一个店庆，这就是不逢时间。

合之乘集

商业模式的算法不过是加减乘除、乘方开方而已。在战略上做加减法的提法很流行，因为行业与业务之间的耦合度与协同度远远没有达到不可分割的程度。集合与乘法是典型的合的模式。集合是加法，从物理上 1＋1 逐渐聚集起来形成整体；乘法是 1×1 形成一个新的整体，你中有我、我中有你。这种形态出现在跨行跨界之中，它的结果是融合，过程是乘法。尽管 2015 年 O2O 遭遇了寒冬，但在未来，随着企业信息化的进步，虚拟×实体一定会真正发展起来，这才是人间之道，科学之道。

分合一体化——集散

集散，顾名思义就是集合与分散。我们看到很多的地名标记如旅游集散地、信息集散地等。集散属于面的层次，只是对集合与分散的物体进行物理上的位置移动，不产生新的事物；另外，集散自身也只需要一个平面即可，所集散的物体自身会进行聚合、重构。因此定位在面的层级。

集散作为一个合成词，解构成集合与分散，更容易被人理解，日常生产生活中的应用也主要是以两个词的原意存续的。集合，把同类的事物汇聚在一起,如学生们在操场上集合进行早操与升国旗运动,集合一批专家学者针对一个对象开展研讨,集合财力、人力、物力打赢一场战役,攻克一个难题等。有了集合就需有分散,所谓一阴一阳之谓道,光合不分,那么物体的运动形态就简单了,僵化了,禁止了。分散,是将同类的不同类的事物按照对象分散,各回各处或者此回彼处。如一个汽车站、火车站、机场就是一个集散地,来来往往的人来了,散了。来自不同方向,去至相同或不同方向。集散的形式是一种线性,不同方向的线型构成了集散地——平台,集散的关键在于集散地,衡量集散地的集散能力在于流量。

在中国,或许集散地的概念更容易被理解。每年的节假日,尤其是春节,运输部门都会报道今年发送旅客多少亿,"深圳边检总站的统计显示,春节期间(2012 年 1 月 22—28 日),该站共验放出入境旅客 350 万人次,日均超过 50 万人次,检查旅游团超过 3 万个。而大年初六当天截至 15 时,已验放过境旅客超过 30 万人次,预计全天将接近 60 万人次。""随着除夕夜的临近,广州火车站还将于今天迎来节前客流最高峰!记者昨日从广州火车站获悉,广州火车站昨天发送旅客人数接近 23 万,预计在今天输送旅客量将超过 23 万人次,达到节前输送旅客量最高峰。"(南方日报)边检站与火车站都是最典型的集散地。

另一最典型的集散地就是互联网,包括门户网站含文字与视频、电商、SNS、微博、威客、搜索等,海量的信息流在平台上集散,根据关键字、用户行为分析的关联性进行信息的聚合。数以亿计的互联网用户上来了,离开了。他们搜寻信息、共享咨询、分享心得,结成一个个群体。

与物理平台如车站、边检站的集散能力一样,互联网平台的集散能力同样如此,UV、PV、在线用户数、转化用户数、订单数、内容数量等等,有越来越细分的指标衡量互联网平台的集散能力。集散量越强大,平台的价值也就越大。在所有数据指标中,人的指标是最核心、最关键的。

在一个组织内部,组织的决策者就是一个集散中心,组织的各部门反馈上来关于市场、对手、组织内部的信息最终都会集合到企业最高决策者或者决策委员会,决策者或决策委员会自身也会有高阶的渠道获取底层部门无法获取的信息,最后这些信息经过甄别、分析之后再反馈到相关的组织部门或人员,作为指导行动之用。因此,衡量一个人在组织的重要性,信息集散的广度、高度、深度是最有效的指标。有的高层人员要么无法获得信息,要么无法对信息进行加工、利用,典型的例子就是被架空的人或部门,有名无实的人员或部门。比如垂帘听政的皇帝显然就只是一个摆设,帝国所有重要的信息都会汇聚到后面的人那里,由后面的人决策。再就是类似于不少国家的军政府或者政教合一的政府,合法的、公开的机构只是一个表面的工具,真正起作用的还是背后的军队或宗教领袖。

同理,要削弱一个国家、一个组织、一个人的势力,屏蔽信息是一种最有效的方式。比如国际上经常有不给某些国家的代表发放签证,达到其无法参加某项重大会议的作法。还有就是,就重大国际问题召开小规模的研讨会,特意排挤一些国家或组织,如火热的叙利亚问题,美国就极力排挤伊朗的参会。因为,信息在本质上是一种权力,它是进行博弈的前提。现实生活中很多例子无一不证明如此,某公司为了削弱一方力量,将其主要人物派出去学习、考察,然后在其缺席的情况下进行一系列的组织调整。这玩意叫调虎离山。

所以,集散作为一个面的形态呈现,集散的事物以流的形态进行。如人流、物流、信息流、资金流等等。流属于线条的概念。因此,一个稳定的平衡状态,是一个高层阶的要素支撑一个相对低层阶的要素。点不可能支撑一个面,更不可能是一个体系。

第四节　虚——即为用象

我们现在处在一个虚拟现实的时代。从现实到虚拟,已经走过几十年的路;从虚拟到现实也刚刚开始。等到这个循环能够闭环时,我们就能够认识世界了。虚的力量能够辐射、循环、嵌入、假借、连接这五种方式。虚为阴性,收缩、静止、小、隐形等。

虚之辐射

辐射,就是辐射源发出的对辐射范围内的影响。辐射以原点为核心,以球状为形态,以辐射力为半径,形成一个立体的影响力空间。辐射,就是从一点向周围扩散,以电磁波的形式呈现。如声音、灯光、影响力、信息等等。广泛适用于品牌传播、网点经营等。辐射对系统的作用体现在影响力上面。这是一种无形的力量,一般而言每个组织、每个人都有一定的影响力。半径越大、辐射强度越大,就表明辐射源的能量越大。

辐射源按照辐射的范围来区分点的重要性。一般的点点,其影响力就局限在其工作职责之内;线点会影响到整个业务链条;面点则影响到其所在业务的整个局面;体点则影响到所在体,系点就影响整个系。

辐射必定是一个点的专属特性。作为一个体系内的点,重要性与否取决于辐射的半径与强度。半径与强度跟该点的位置没有必然性。即一个高层人员在所在组织内的影响力不必然就高,一个底层的业务员的影响力不必然比高层低。

影响力一般来自权力、人格、知识、经历、资质。来自权力的影响力是硬影响力,其他则是软影响力。硬影响力会随着权力的削减而快速削减,如果权力给人带来不愉悦感,那么权力所带来的影响力也受到很大削弱。软性的影响力确立不是短期能确定的,它需要时间的积累和空间集聚,通过彼此的沟通逐渐累积起信任、尊重、欣赏、感恩。这种影响力的消退也不是短期的,但如果有一天影响者自身出现重大人格瑕疵或者隐藏着故意的欺骗、利用,那么这种影响力不仅会瞬间消解,而且会化解成一种愤恨、埋怨、报复。

因此,影响力也是一把双刃剑。辐射与拖带有一点共同的地方就是两者都会对所处的系统施加影响。不同在于前者施加的是无形影响,后者却是有形的、硬性的影响。前者是一种渗透的方式,后者却是一种拖拉、悬拽的方式。前者是点发出的,后者是线条发出的。

拖带

拖带也是辐射的一种。所谓拖带就是利用某一个领域的优势来带动相关的领域以达到优势最大化效用的手法。拖带的纽带就是线条。如品牌、技术、市场、人才、人脉资源、资金等优势进行对其他领域的帮扶。多元化战略就是典型的拖带方式。

拖带,顾名思义,拖此处为牵引、提拉之意。一则最大化优势的价值,二则防止弱势过弱而拖累拉住优势的后腿。我们看到目前的跨国企业基本以多元化为主,单一专业化的组织较难获得在空间、时间、人力上的优势。

拖带的类型中有品牌模式的,如娃哈哈,在饮料领域,娃哈哈是一个不错的品牌资源,后来娃哈哈也开起童装店,甚至自建连锁终端。广告领域的名人代言都属于这类模式。

拖带的类型中有技术模式的,如针对同一产品,推出不同系列,例如珠海格力。格力 U 系列采用"国际领先"的 1HZ 变频核心科技,突破了变频领域的四大核心:克服了单转子压缩机在低频运行时振动较大,耗能较多的行业难题;专用 DSP 的控制芯片,能够更精确控制室内温度保持恒定,舒适感觉无与伦比;有源功率因数校正技术,使得空调能源利用率更高;而完全独立自主开发出多种特点的单转式变频压缩机,大大提高了产品的能效水平,使变频空调的成本降低。格力品牌在空调上是优势资源,为了最大化效用,格力进入了热水器领域,采用的都是类似的技术。

拖带的类型有资源模式的,主要是一些非相关多元化领域的公司。A公司在甲市经营产品制造业务或者服务业务,多年下来在甲市积累足够的人脉,在国家房地产市场火热之际,A公司便依靠自身人脉在甲市拓展起房地产业务。同时,A公司的老板王某的同学李某是乙市的分管建设方面的市长,虽然甲、乙两市相距千里,但不妨碍王在乙市拓展房地产业务。这就是资源拖带。

这种模式在国内十分常见,最典型的就是人脉型,如同学、同事关系互相帮衬,这个在以前的官场叫裙带关系,形成单点突破,以点带面促成一个家族或者一个区域势力的集体崛起。包括直接拖带与间接拖带。直接拖带就是自己对自己需要拖带的对象进行拖带,间接拖带就是彼此互相帮助对方进行拖带,类似于一种交换,从而构成一张无形的、巨大的利益网络。

拖带能否持续的关键在于被拖带对象能否利用拖带获取的势能尽快获取有别于拖带给予的优势,拖带的最佳效果体现在互相帮衬、彼此支持,形成一个整体,从而放大各个个体的优势。

我们看到历史中很多的例子,唐明皇李隆基宠爱杨贵妃,杨贵妃捎带上杨国忠,后来还当了宰相,闹得鸡犬不宁。这就是一个典型的拖带失败例子。如西汉的卫青、霍去病,在卫子夫成为汉武帝的老婆之后,卫青、霍去病相继成为大将军,立得赫赫战功。这就是相得益彰,拖带成功的例子。

对于拖带方而言,要选择有潜力的拖带对象,否则迟早成为累赘。但很多公正严明的正义之士又不屑于拖带,要避嫌。搞拖带的往往是那些居心叵测的平庸之人,结果自然也是失败居多。这就是意淫一阳之谓道。不喜欢拖带的人多是有胆有识之人,即便拖带也是正向的互相给力;喜欢拖带的多是蝇营狗苟之辈,拖带之后也是一起闹腾,最终一起覆亡。

虚之循环

循环,是重复地进行一个体系的封闭运动。循环是一种过程行为。在连锁、投资、加工生产等领域十分普遍,如一个店一个店地开设,一个投资行为接着一个投资行为,不断地生产加工。这种循环针对的是同一个层阶模式,主要是点状体式。点状就是每一个行为都是一个独立的点,且点与点都是同样的形式;体式就是每个点都是一个完整的可以交付的自运行系统。一个加盟店能自己运行,一个批次的产品具有完整的价值功能。循环的目的就是将点成线,连线成面,聚面成体。然后保持惯性持之以恒。将平凡的事做到伟大,把简单的事做到极致,靠的就是循环,水滴石穿。

以连锁领域为例,当开出第一家分店之后,第二家、第三家直至第 N 家,同样的点就能够连成线,具有流通、通道价值。如 KFC 的连锁店,公司可以针对一个城市里的 N 家店提供统一的物流、商品、人力、资金、品牌、管理支撑。每家店如同一个端口,成为消费者与 KFC 沟通的通道。端口越多、分布越合理,后台的支持实力就越强大,成本就越低。其他零售店铺,如奥康的门店,在一个城市的主要街道,两个店铺相聚不超过 1 公里,如果一个店铺缺货,售货员可以在 5 分钟内从邻近的店铺调配需要的商品过来满足客户的要求,这种连锁店的价值就在于后台的商品流、信息流是通畅的,比单一的店铺拥有更强大的随需应变能力。

当针对某个品类的连锁模式确立之后,需要开设另一个新的品类时,原有的后台支撑系统就能发挥更强大的作用。如必胜客,同属百事公司的,在 KFC 店的基础之后,百事引入必胜客品类,在进行物流配送时,可以同步规划解决。因此百事集团在中国的优势几乎无人望其项背。同时,百事将东方既白在中国进行推广,旗下这些品类的店铺的物流配送都是统一进行。因此,百事形成了一个多线条的平面模式,然后根据不同品牌针对不同的目标群体,使得多条线形成一个立体的餐饮集团体系,牢牢占据中国大陆的快餐领域头把交椅。

循环的最大好处就是快速复制,风险小、效率快、易于控制,形成一种强大地规模优势。将战略与运营收归总部,服务下放店铺,既保证资源的最大化利用,也确保门店的标准化、操作简易化,同时也确保了服务标准这一核心模式不断得以强化。

循环的难点在于第一个点的布设成功。因为从第二个点开始就进入了重复阶段。循环的重点在于点与点之间如何关联,因此地段很重要。相处合理地段的点之间具有快速成线的功能,能够实现连锁的目标。在连锁行业,地段也一直被视为最关键的要素,除了地段还是地段。循环的转折点在于不断升级后台的支持程序,以加快对前端消费者的感知、响应。因此,前端门店与后端系统之间的距离必须足够短。一旦确定了一个强大地后端系统和规模庞大的前端门店,就必须让后端尽量贴近前台。

循环最易出现危机的部分在于后台对前端危机的处理不及时、不周到、不专业,使得前线广大已成线装的点顷刻被瓦解。

虚之嵌入

嵌入,就是将一个要素置入另一个略高阶的要素之中,从而彼此借用对方的优势以获得发展。如将点置入线,线置入面,面置入体,体置入系里。嵌入包括嫁接、移植两种。

嵌入的目的是要借用彼此的优势,如果要借用载体的优势,那就是嫁接。比如进入一个受人敬仰的组织,加入一个有巨大发展前景的企业。如果要借用嵌入体的优势,那就是移植。比如招募一个知名的职业经理人来管理企业,如盛大当初引进唐俊;并购一个在业界十分专业、权威的技术公司来提升公司的技术优势,如华为并购飞利浦 CDMA 研发中心;并购一个品牌来提升公司的整体形象,如中国吉利汽车并购沃尔沃。

作为中国互联网的创业者们,要首先学习如何嵌入。用针尖思维,第一原则来指导产品开发,运营推进,先进入用户视野,解决1个核心需求,然后再推广到其他关联应用,如寄生虫一样。

嵌入可以是强强联合,两方可以是不同层级的要素,如中国加入 WTO,或者参加中国——东盟等组织。中国是体,WTO 与东盟是系;也可以是强弱联合,强的一方进入弱的一方所在的体系,此时强的一方在层级上低于弱的一方。如美国进入东亚。美国只是一个体,而东亚却是一个系。但弱的一方不可能进入强的一方,只能是受强的一方邀请或者要求才能进入。如关于伊核、朝核、中东等事物,弱的一国从来都是强势国家的被动行为对象。

嵌入的前提是 DNA 要相同,比如引入的人才,在价值观上面要与企业相差不大,如果直接对立,那么嵌入就是一个隐患;并购的企业也一样,一个奉行自由、创新、张扬的文化,另一个严守谨慎、专业、低调的风格,这样的两个公司显然无法合并在一起。中国最近在实行"走出去"战略,但鲜有成功,很大的一个因素就在于文化的认同。

嵌入的目的是共建共享,要彼此提升。如果被置入的一方很快被同化却没有促使组织进化,那么置入就没有达到效果。如果置入的一方毫无改变,表明嵌入没有效果。

嵌入的方式是低一阶的要素嵌入到高一阶中去。不可能相反。

嵌入在很大程度上也算借势、借壳,所谓登高而招,臂非加长也;顺风而呼,声非加疾也。很多不具备上市资格的公司去购买一个已经在市的资源壳,就能够相辅相成。

虚之假借

假道伐虢,明修栈道、暗渡陈仓,声东击西,移花接木,借船出海等等都是假借的手法。借用别人的物象达到自己的目的,包括借用品牌、产品、仓储、渠道、影响力、技术、领袖等多种可借元素。其中有一些是双方认可的,有一些是被借方浑然不觉的。在天象擎天之势力里有借势,这也是一种假借。

一般而言,势力弱的一方借助强的,阴性的借助阳性的。假借,包括缠绕、嵌入等,目前的第三方平台势力强大,就成为中小机构借用的地方。所谓"登高而招,顺风而呼",找名人代言,借用知名机构认证,与知名公司打官司等等,都是一种假借的常用手段。

假借,能够迅速填补借方的势力差。假借的目的就是迅速抬升自己的势力,使用某种能够关联上被借方的手段,使得公众认为两者之间有紧密的联系,并且弱小方更值得同情,得到更多的声援和支持。结果根据借方的做局、借势能力而言,好的策划与执行能够达到意想不到的效果。

虚之连接

连接,就是将此物与彼物,此人与彼人,甚至彼物、彼人与他物、他人连接起来,成为一个整体。比如用线将珍珠穿起来就是珍珠项链,用铁路将沿线的城市连接起来就是城市群,用群、聊天室等将几个人连接起来就是朋友圈。

连接在万物互联时代所起的作用就是聚合同类,践行"方以类聚、人以群分"的古语。连接本质是聚合的一种线型方式。

连接的对象是具有使用关系的物或利益关系的人,目的是形成一个由点到线然后成为体系的升级过程。该连接组成的网络,便具有自我生命,能够自我生长。在所有的连接当中,人与人的连接是最为重要的连接,但不一定是最牢固的连接。人与商品的连接是最不牢固的,因为需求随时在变化。人与服务的连接同样如此。物与物的连接,本身也是要连接到人这里,让人可感知、可计量和使用。

在 BAT 的竞争中,腾讯是连接人与人,并且在布局连接一切;阿里是连接人与商品,打通金融、数据以及底层平台;百度是连接人与信息,包括人与服务等。最后将是殊途同归,人与人与物的全流通。

连接让个体成为群体,让单点聚合成网络,让分割的孤岛成为生态系统,重构了现实的世界并且极大提高了效率。一旦虚拟的网络成立,人类便可以进入到新的世界。

连接常用来作为链条的升级手段。证据链、数据链、业务线等都是通过连接来进行的相关数据、业务分析。一旦成为线,就具有趋势和通道价值。连接的对象是能够彼此通信的个体,并非毫不相关的对象。

第五节　实——即为乘用

实是阳性的作业方法,对客体以及其之间的各种可能关系按照系、体、面、线、点的顺序分开、组合、排列。它包括加减、纵横、拦截、位移、混搭五种方式。

实之加减

加减是我们最简单的计量方式。加减针对的是点状形体。一个一个合并、归集形成 N 个 1,或者从 N 个 1 里一个一个取出来,从 N-1 到 1。这种算法在技术上最为简单。正因为如此,也被广泛使用。

加减的对象是同类型的。赵本山小品台词里的树上 QI 个猴,打掉一个还剩几个猴就显得有点搞了。你只能对猴子进行加减。如果说鸡兔同笼,共有几只脚、几个头,也同样针对的是同类。同理,笼子里有几个动物,此时就应该鸡兔一起算,因为外延就是动物。

目前,最流行的为互联网＋。从各种解释来看,有互联网产业＋传统产业,互联网思维＋传统产业等多个版本。从加减的对象同类型来看,这些解释显然都不成立。

在企业进行战略选择时,加减法是被使用得最多的一次。自从 GE 的韦尔奇与会德鲁克之后,GE 便进行了影响深远的加减运算。不是行业第一的领域统统用减法砍掉。这是选择的方法论,选择本身就是最大的改变。选择就意味着取舍。从零到一,从一到 N 的过程就是加法的过程,反之从 N 到 N－1 就是减法的过程。

在社会化大分工形势下,专业化定位是很多公司进行战略制订的出发点。对于企业从小到大的过程,时时刻刻在做加减法。加的是规模、网点、人员、产品线等,减的是成本、非核心业务。在企业做大做强的过程中,加主干减枝叶,加研发减成本,加 IT 减人员等等。就在这一加一减之中,完成企业的发展。

实之纵横

加减针对的是点形,纵横针对的就是线性。纵横,是横向与纵向产业链的整合。横向面对终端消费者,纵向面对行业伙伴或竞争者。横向与纵向如同人体的任督二脉,一旦企业将横向、纵向产业链打通就打通了一条通过价值的神奇通道,进入到价值竞争模式。

纵向的打通最终是为了横向的贯通,一家企业能够为终端消费者提供一站式整体解决方案,这样的竞争力是持久的、核心的。

横向线,企业面临伙伴、替代者、竞争者、各种影响者的协助或制约,企业的大部分资源都耗费在这个上面。为了赢得消费者,企业将资源向竞争倾斜,主要是针对竞争者。横向层面需要进行伙伴的结盟,连横合纵。结成统一战线,进行针对对手的各种战役战斗。横向线展示的是企业的位置状态。

纵向线,企业需要进行自我的不断升级改造。包括人事、财务、业务、技术、品牌、管理等风方面面,接受来自各种供应商的合作,根据横向层面的需求来调整纵向线流程,使得企业与时俱进。纵向线展示的是企业的时间状态。

纵向线涉及的是企业自身的改造。很多企业过多关注横向线,尤其是横向线上竞争对手这一点,忽略伙伴、客户,更会忽视纵向线上自身的员工,产品、管理。

强健的企业应该是类似一个十字架,横向线比纵向线短。也就是企业需要更多关注自身的核心竞争优势的打造,然后为客户提供更多个性化、便利化、低成本化的服务。

纵横两条线的交点就是自己所在的位置。对于我们分析一个外部的企业、组织、个人十分有帮助。通过对企业的位置与时间状态分析,就能得出企业的整体情况。

比如我们分析腾讯公司。横向线其贯穿通信、互联网领域,腾讯不仅是一家通信平台,而且涉足电商、娱乐、通信、游戏、社区等体系化业务,为用户提供综合的运营体验。纵向线其成立到现在,不断调整自身组织架构以及业务模式,管理模式,经过多年酝酿,马化腾从 2005 年起构建一套按照业务职能线划分的架构体系。S(职能系统)、O(运营平台系统)、R(平台研发系统)、B0(企业发展系统)、B1(无线业务系统)、B2(互联网业务系统)、B3(互动娱乐业务系统)和 B4(网络媒体业务系统)。

除了适用于自身发展之外,企业在战略布局上也经常采用合纵连横策略。这一点也适用于国家之间、党派之间。

实之拦截

拦截针对的是面状,它包括拦与截。拦是对一个事物进行阻止,截就是对一个事物进行截断。拦截的本质是破坏对方的既定状态或阻止达成既定状态。

　　拦可以对点、线、面、体或系的任意一个要素进行,对象也可以是任何一个要素。因为拦主要是阻止,减弱或者破坏对方的既定状态。一颗钉子可以阻止一辆车的正常运行,一棵树、一条河、一幢楼都可以。拦可以是任何形体对任何形体,而截就必须是一个面对另一个面、一个面对一个体系。也就是说一般是低位阶的截高位阶的,但必须是以面形开始。

　　在市场营销术语里,终端拦截这个词经常被使用到。意思是在商家与顾客之间横截进去,阻止或阻断对手与消费者的接触,在商家的研发、生产、运输、促销、交付、服务整个条连上,选择交付环节之前截断,利用对手对某一产品的宣传,将对手的宣传资源转接到自己的产品或服务上。

　　终端拦截最成功的例子当属洗发水领域的丝宝公司。1996年,舒蕾上市,通过对市场态势以及竞争对手的深入分析,舒蕾发现,宝洁等洗发水巨头倾情于大量广告的空中促销,而疏于地面促销。于是舒蕾确立了"从地面终端打造核心竞争力"的渠道模式,在渠道终端与宝洁展开争夺战。以终端为基础,舒蕾组织了超过万人的终端促销队伍,全方位、立体式地展开终端促销,并迅速取得成效,在短短几年内,就实现了销售收入超20亿的目标,成功打入了中国洗发水市场的第一阵营。此时,舒蕾借用了宝洁、联合利华强大的宣传优势,比如借助海飞丝的去屑卖点,飘柔的柔顺卖点,潘婷的修护卖点,丝宝相继推出舒蕾、风影、顺爽,基本对照宝洁公司的三个子品牌。产品卖点差不多,但是由于终端渠道投入强大的宣传攻势和人力支撑,丝宝集团迅速崛起。

　　丝宝的作法是以点来截线,最后形成一个面,以面来拦截宝洁、联合利华这两个体系级别的对手。再就是华为对其他电信设备商的拦截,这个比洗护市场更劲爆。

　　另外就是,反其道而行之,对终端渠道进行刻意的收缩,在宣传攻势上投入资源造成市场的热度,然后延缓上市时间,收窄终端渠道造成立体上的市场饥渴，产生一种消费者主动购买的冲动。苹果的IPHONE、IPAD就是这种策略。苹果公司的手法更胜一筹，达到营销的高级阶段，创造客户。通过将终端收缩成点或线，造成需求与供给的巨大不平衡，使得消费者宁愿通宵排队也要买到苹果的产品。这种策略是以退为进，聚体成点。

拦截是一种点式的快速打击方式。如反导系统针对导弹的拦截，必须是点的运动才能快速、准确。针对一种网式的拦截，就需要更高级的系统进行，以高阶要素对抗低阶要素。但高阶要素能以点的方式进行，如点系、点体、点面等。

实之位移形变

位移是物体的位置移动与形体改变。实际上就是物体本身的变化。位移包括地方、地位、地距等，形变就是在点、线、面、体、系（宇）中进行解构与重构。一般这两种情况是同时发生的。位移、形变是象。

通过不断提升自己的位置，改变自身的环境，提升自己的形体维度，这就是我们常常采取的方法。一个大学生从基层做起，到主管、经理、总监、VP，就是这样一路走来。位移与形变都需要能量的支持，这种能量来自自身的裂变——努力。

一般，位移是从下往上，从后朝前地移动。位移的目标决定了位移的方向，路径决定了位移的轨迹。轨迹体现了时空关系。形变是一种形体的上下维度升降。这个比较有难度，是从内往外或从外往内的核变。一个人从室内走到室外这个是位移，边走边跑结果摔了一跤，痛得蜷曲起来，这个就是形变。对于企业而言，三一重工企业的总部从长沙迁到北京，这个是位移；但涉足多个行业，实行混业经营，裂变出新的业态就是形变。

对于实体对象而言，观察其位移形变具有重要价值。形象变化之间，象、数、术就可以分析出势与道。中国一直提倡的调整产业结构之说本质上也是如此。制造业西迁,从沿海进入内地,是位移。服务业创新转型是形变,更多维度更具活力。调整产业结构必须着力于形变,由内而外,由低到高地推进创新。

实之混搭

混搭的对象应该是体系。一个披肩配一个时尚手提袋,一个短身上衣配一个短裙。混搭原是一个时尚界专用名词,指将不同风格,不同材质,不同身价的东西按照个人口味拼凑在一起,从而混合搭配出完全个人化的风格。混搭就是不要规规矩矩穿衣,它的本质就是将不同体系的东西混在一起形成一种全新的能体现自己风格的风格。

在时装界,穿皮草混搭薄纱、晚装混搭牛仔、男装混搭女装、朋客铁钉混搭洛丽塔长裙,这是混搭潮流在时装界流行开来的几种基本组合。将若干原来不沾边的东西组合在一起,这种近似创新的伪创新,可以说模糊了界限,同时又清晰了界限。虽然是多种元素共存,但不代表乱搭一气,混搭是否成功,关键还是要确定一个"基调",以这种风格为主线,其他风格做点缀,分有轻有重,有主有次。混搭应该特别注意颜色,从衣服到配饰、鞋子和包包……都要围绕一个主题。同时,应该注意颜色之间的过渡和呼应,体现一种看似是不经意间流露出来的精致。

混搭源自时装界,因为时装界流行的是风格与个性。每年的春季、秋季时装发布会上,各大品牌使出浑身解数来推介自己的流行款式,皮草、环保、简约、复古、中式、西式等各种风格都玩遍之后,时尚界的求新求变与时尚元素的有限之间的矛盾无法化解,混搭便提供了一种无限可能,如同排列组合一样,有限的元素、无限的风格。

其实混搭的玩法在很早就有之,不以混搭这个词出现而已。自赵武灵王推行胡服骑射开始,到后来穿西装,中华民族在服饰上也逐渐融入全球体系。混搭的本质是两个不同体系的东西按照一定的主题搭配在一起,如清末洋务运动提出的"中学为体、西学为用",就是混搭的典型。

混搭产生的原因主要是现有方式无法解决并行的矛盾,在无法选择之时,做了并存处理,但保留一个主体、一个次体。如果两个主体同样突出、同样重要,就无法确定事物的性质,混搭也失去了初衷的意义。包括现在国际之间的关系,很多时候也采取的是混搭方式,比如对有争议地区的开发问题,中国政府提出的"主权在我、搁置争议、和平互惠、共同开发"。也是一种典型的混搭策略,前提是"主权在我",否则混搭的性质就改变了。

混搭的方式是首先确定一个主题、主体。然后将原本不能兼容的两个系统按照主题进行搭配,能够解决两个不同系统的兼容问题,同时提供一种满足不同需求的答案。在市场营销层面有很多经典例子。

促销的很多东西都属于混搭。买房子送车位,买汽车送保险,买奶粉送剃须刀,买东送西的方式都属于混搭。

另外,在超市或者大型卖场,卖方会将食品与玩具,婴儿用品与男士用品,电器与家具等搭配起来销售,因为顾客会在主买一种商品时会顺带解决另一个需求。如男士会在替孩子购买奶粉时,顺带帮自己买把剃须刀。从表面上看,奶粉与剃须刀没有半毛钱的关系,但实际生活中却能够大大地促进剃须刀的销售。

混搭用在商业联盟上十分常见,常见的联盟体也有很多是混搭类型。如 KFC 与百事可乐的混搭,麦当劳与可口可乐的混搭,甚至汉堡包本身就是一种混搭,两片面包、一块鸡排、几片蔬菜就很便捷地混搭成一个可口的汉堡包。

混搭的主体必须是两个独立体、系层级的元素。这种混搭是物理层面的组合,不涉及一个物体的破坏。如果把可口可乐变成另一种饮料才能进麦当劳,这对于可口可乐而言并不是一个好主意。

　　混搭必须针对有明显关联性的对象。混搭的两个或两个以上物体针对的对象能够最大程度地重合，从而为对方节省更多选择的时间，降低其时间成本来获取混搭优势。如婴儿奶粉的选购者是男士的时候，男士须为自己的孩子选购奶粉，同时为自己选购剃须刀。如果奶粉的选购者是家庭主妇，也同样适用，一起解决孩子与丈夫的需求。

　　混搭必须能够带来足够明显的好处。如为对方节省时间，或者提醒对方需要关注的潜在需求。

　　混搭的物品之间相对于选择方的需求差距不能太大，如果需求方对混搭的一个物品反感甚至会放弃选择，那么这个混搭是失败的。混搭的物体之间能够相互促进，而不是一个起促进作用，另一个毫不相干，甚至是相反作用。如果把猫粮和奶粉放一起就起不到混搭的作用。

　　混搭可以在很多领域进行，两个或者多个组织、物体，甚至意识，"中学为体、西学为用"等就是。

　　好的混搭能产生意想不到的效果。如航母上混搭上隐形战机，导弹上混搭上定位系统，网站上文字与图片、视频的混搭，一个团队里男与女的混搭，老中青的混搭都是绝好的安排。

　　混搭的实质在于搭配，只是体现在混的形式上。混搭不等于乱搭，上半身西装领带，下半身泳裤就不是混搭。不能将两个不同等级的要素搭在一起，如将体与系进行搭，这充其量叫点缀。如在脖子上系条丝巾，不能改变某位女士穿职业装的风格，丝巾只是点缀。

　　法象就是各种组合带来的现象。万物在逐利过程中千变万化，但万变不离其宗。分分合合、虚虚实实基本涵盖所有的玩法。通过象与形来彰显。

第十二章　万物的模样

　　形体是人或物在运动变化中呈现的形状。不同的形状有不同的运动轨迹，或者在不同的运动轨迹中会形成不同的形态。参照空间的分类方式，形体有"点、线、面、体、系、宇"六类。按照周易的"错、综、复、杂"方式，演变为六个体系。同时，由于到"六"之后的不稳定，一般为五大类，点与宇合并。将形体分类是为了有效辨识，从而解构与聚合。

　　由于做政府规划以及投资的经历，我们发现有很多词汇被炮制出来。比如××1.0，××2.0，××3.0 等，还有就是从内容到社区、生态的变化，打造生态联盟成为当今无论是政府、商业各个领域的热词。这些都是形体的升级变化，这就是万物的模样。在今后的发展历史当中，不断地升级，然后被新的更高维度的所覆盖。就像地质变化一样，它有自己的纹理；像树一样，有自己的年轮；动物如乌龟的壳、鱼的鱼鳞等有自己的年代印记。

第一节　定位＋助手——零维点

动词：用指尖轻轻击、压、弹、刺、戳、触等	量词：部分、方面、条	名词：位置、很小的地方	名词：代表性的局部、方面	名词：中标上标识时的实心圆记号
	量词：颗、粒			
	名词：颗粒状物体			
	动词：沾墨在书上做句读记号			

图 12.1　点型形体含义列表

点,本义是动词,意为用油墨在书上做记号。引申为:空间如地点(小地方)、有代表性的局部(优点、缺点),时间(下午三点),颗粒状物体或者小体量物体(星星点点或小不点),物体末端施加的轻微力量(点穴、点击),量词(一点意见)。

图 12.2　点型形体的分类

点如星星一样,数量繁多,如何划分才能更准确。按照所处的位置不同分为起点、峰谷点、转折点、终点、中点等。本来,点与点之间没有什么差别,因为所处位置的不同,才有了差别。正如一个球队里的球员在比赛时从通道走向球场,不熟悉球队的人是看不出球员的差别的,因为球队里每个球员就是一个点。等比赛要开始时,球员处在了前锋、中场、后卫、守门等不同位置,才有了差别。通常人们对一个自己熟悉的球队在入场时欢呼,是因为熟悉这个球队每个球员所处的不同位置,欣赏不同位置的球员表现的球技与合作态度。就跟下围棋一样,黑子白子都是一样,但摆在棋盘上之后就完全不一样,有的点杀气腾腾,有的点危机四伏,有的点决定整个局势走向,有点就是一个桥梁或者陷阱、诱饵。而这个位置就是该点位在全局的作用与影响。一个组织在表决时也一样,赞成与反对的票数一致时,最后那一票就成为关键。而这关键一票仅仅是因为在时间上的独特性或空间上的零界特性才得以彰显。点本身的价值取决于其所占的位置的价值。在一个高阶形体里,点与点的差别才能体现出来。正如在一个大的系统如大的公司里,不同成员之间的差别才能够被分辨出来;但几个人在一个荒郊野外,一筹莫展时,彼此的价值很难体现。甚至可以说,只有在运动中才能发现彼此的差别,因为运动就会带来形体变化。

点按照功能程度分为要点、支点、顶点、盲点、焦点、重点等等。按照矛盾的原理,矛盾有主要矛盾与次要矛盾。在同一个时间段与空间段,事物之间有且仅有一个主要矛盾,有若干次要矛盾。主要矛盾就是重点,次要矛盾就是次点。重要程度也因时因地、因人因物而异,体现在时间、空间、人、物法上面,如牛鼻子就是牛身上的一个关键点,牵牛要牵牛鼻子是一个常识。你要是非去拉牛尾巴肯定是吃力不讨好。擒贼先擒王,王就是敌方的"体"点。打蛇打七寸,七寸之点就是蛇的"体"点。矛盾不是阴阳关系。矛盾是主体之间利益有冲突的结果。包括供需不匹配、选择有冲突等。矛盾作为一种表现、现象作为分析切入点。

点按照解释或者描述之用分为笑点、尿点、爆点、痛点、卖点、拐点、平衡点等等。我们说这是一个快得只能谈点的时代。所谓的天下功夫,唯快不破。咨询公司或者一些培训公司总会倒腾出一些概念,然后利用这些概念作为框,把很多旧的新的内容塞到这个框里,无论是新瓶旧酒还是新瓶新酒,都是一种药。要么迷惑,要么毒害。

有几种标准就有几种分类方法,就有几种 N 次方的排列组合。参照本书的利益观与体形的五个层阶,将所有可能的点进行根本上的解构,可以分为"点"点、"线"点、"面"点、"体"点、"系"点。前面的形作为形容词出现,是对后面的形字进行功能描述,在一定条件下,后面的形态可以具有前面形态的功能;后面的形态进行属性描述,在一定条件下,形态可以有前面的表现形式。几种形态的点并没有高低之分,只是所处的形态的层级不一样,"系"点不一定比"面"点强,没有正比例关系。

如"点"点是只是一个点状的点,"线"点是具有线性功能的点或点可以具有线的表现形式的点,"面"点是具有面性功能的点或点具有面的表现形式的点,"体"点是具有体性功能的点或点具有体的表现形式的点,"系"点是具有系性功能的点或点具有系的表现形式的点。在对物体或事件的五种形态进行再次解构时,在一定的时空条件下,五形可以互为对方。如点可以是系,系可以是点。太阳在太阳系里是个点,而太阳自身是一个体系。这种互换来自于阴阳原理和体系构建原理。

"点"点:个体即群体

"点"点是单一、单独、不扩展、不施动的点。"点"点是点的本位形体。本位形体指的是该形体的常见形体与代表属性的形体。简而言之,"点"点,就是有且只是一个点的点,不能再切分。"点"点回归了其作为颗粒状物体或者小体量物体的属性。它只是一个被动、受动、孤立个体。"点"点与所在整体的关系不密切,地位不重要,不与其他点交互。如散点、小不点、断点。比如一个班级里,那些成绩很差,性格孤僻的同学,就是"点"点;街边的小手工店铺,在社区门口修鞋的,他们就是"点"点。"点"点,数量众多,因没有标准难以整合或整合难度太大。但"点"点是一个系统里必须的组成部分,以它们为基础,聚合成万千万物。"点"以嵌入高位阶形态而发生作用或施加影响,通过辅助、通过数量来体现存在。这样的"点"点组成"点"体(系),群体仅仅是个体的无机集合。

一个人如果是"点"点,就表明处在群体的边缘或底层。他不愿意接触人群,难以融入社会,或者不被群体接受。这样的人一般可能会在精神、身体、心里等方面有特殊原因或遭受特别打击,使得其独来独往、自生自灭。这些人一般不会对社会构成危害,只是生存在主流人群的边缘,他们的出行也有一定的时空特性,如在晚上、阴暗、角落地带等。鲁迅先生在《祝福》里描写了一个人物——祥林嫂。祥林嫂在儿子阿毛没了之后,念叨:"春天里怎么会有狼呢?"开始还有些人同情,后来逐渐厌恶起来,祥林嫂就是鲁镇上的"点"点。

一个企业如是"点"点就表示企业很孤立,仅仅是个手工作坊,自产自销或小农模式的组织。在工业经济萌芽的时候,作坊是主要的生产形式。这时大规模工业化尚未开始,作坊分布在人口稠密、交通方便的地带,作坊主依靠手工技艺加工农产品、工艺品等。由于受传统士农工商的观念、体制限制,这些作坊主不被政府重视,获利也不多。正如卖烧饼的武大郎一样,靠勤劳节俭方得以度日,以至于无法跟西门庆比高富帅。现在商业生态已经十分发达,链条、平台、联盟无处不在,单点的商业形态很难做大做强。

一个国家如是"点"点就表示政权颠覆之日屈指可数了。如当初的利比亚。无法结盟,无法参与到全球一体化浪潮里,无法进行商品交换,自然发展不了国力。明朝开国之后,朱元璋定下"禁海"国策,后来朱棣力排众议,打开海运成就一世海运王朝。朱棣驾崩后,明朝又回到旧制上,直到鸦片战争爆发。1978年后进行思想讨论,实施改革开放。改革开放的实际操作是开放改革,利用外界力量倒逼进行体制调整。将国家作为一个点嵌入到世界的体系之中,充分享用体系的便利。这些都充分说明:优秀的管理者、企业、国家能够将自己作为一个点、线嵌入到一个体系里,一是保证方向,二是找到位置;同时,也能将体系里的其他利益关联方作为点、线纳入进自己的体系,一是调度资源,二是协同运作。这一缩一放也就是一阴一阳。能够嵌入到一个更强大的体系比让自己强大更有价值。这也是为何中国、俄罗斯等都要加入 WTO 的缘故。

"点"点是由于数量众多、位置分散、基础薄弱、形态各异、历史地缘因素等等，聚合成本太高，改变难度太大。因此，制度化的设计与长效化的措施才是根本。比如对农村留守的老人、孩子，对身患绝症的病人等，需要政府和全社会进行体系化的设计方能解决。那些小的手工业者，允许作为便民服务的部分，根据市场情况自我调节。

"点"点的价值在于提供体系所必须的微量元素。即便利、新奇、创新来源等。同时，为所在系统提供最基础的补充。他们如同星星一样布满天空，又如流星一样转瞬即逝。他们要么流浪、要么悄无声息地生长或死去。它们自由、微小、彼此独立。目前 O2O 所要整合的线下资源，如手艺人、劳动力、劳动力服务等，就是通过信息化标准流程这条线来串联、整合"点"点。当前，O2O 竞争激烈，尤其是美团与大众点评的合并，直接宣告"点"点的不确定、不规范、不忠诚。

"点"点是〇维度形体。

"线"点："线"点不常有，一个就足够

"线"点是能关联同方向点的点，粗略描述趋势的点或者是点具有部分线的功能。它具有线的部分功能，却是点的属性。如拐点、峰谷点。"线"点与周边的其他点具有紧密联系，能够连接周边某一方向的点，形成线的雏形，但还不是一条完整的线，类似于虚线，能反映出路径与趋势，却不能反映每个环节。但"线"点都是具有关键价值的，如拐点，改变方向，顶点是最大的峰值点。沸点与临界点是代表一个事物的某一面到了改变性质的程度。"线"点在超越"点"点的 0 维度空间具有一维度属性，具有模糊的方向性。因此，"线"点能够在一定条件下，进行功能延伸，延伸过程就是不断整合同方向上的其他点，使得"线"点被视为一条虚线。举个会

议的例子里,会议从 3 点开到 6 点,跨越 3、4、5 三个时间节点,有起点、有终点就成为"线"点。所以 3 点、5 点就是会议通知里的"线"点。

古人云:十岁不愁、二十不悔、三十而立、四十不惑、五十知天命、六十耳顺、七十古稀、八十耄耋、九十返老还童。这九个点就是人生的"线"点。十岁前后、二十岁前后、三十岁前后等都有若干点来辅助这九个关键点。从企业上看,以阿里巴巴为例。1999 年初,阿里巴巴网站被创建;2001 年,阿里巴巴推出"中国供应商"服务,开通"诚信通";2002 年 9 月,阿里巴巴进而推出"中国供应商"的服务;2003 年 12 月,推出"贸易通";2004 年 6 月 12 日阿里巴巴在杭州召开全国网商大会;2004 年 9 月 10 日,成立阿里学院;2005 年 2 月 2 日,"支付宝"www. alipay. com 网站上线;2007 年 11 月阿里巴巴成功于港交所主板上市;2012 年 6 月 20 日,阿里巴巴正式从港交所退市;2013 年推出"余额宝",2014 启动上市。这些重大事件对于阿里巴巴公司而言都是"线"点,勾勒出阿里巴巴公司的发展轨迹;从国家层面上看,秦灭六国一统天下之时,就是秦国的"线"点;1949 年新中国成立的时间也是个"线"点。所谓,人不是输赢在起点,而是在转折点。转折点就是"线"点。因为人生的方向正确与否关乎人的一生。在一个方向比位置重要的时代,"线"点的重要性更加突出。

"线"点,是我们日常生产生活中最常用的点,"线"点由于具有线的某些功能,趋势性即时间性,当这种趋势足够明确时,就能反映出一定的时间维度,具有时间维度的事物,能够被判断出未来走势。"线"点周围至少有前、后或上、下两点,这样才能够连接其过去、现在、未来。比如 A 公司去年销售 1800 万,今年计划销售 3000 万,预计明年销售达到 7000 万。这样明年的计划数就是"线"点,能够判断未来趋势,它的前面分别有不同数据点。

由于"线"点是阳性点,它是变化的,不是常态的。所以,要控制好关键"线"点,如转折点,峰谷点等。这些点不可能常常出现,出现一次、二次就能改变整个性质。所以,多关注"线"点,控制好"线"点。因为未来的不确定,未来的重要,所以"线"点很重要。新的技术、新的应用、新的标准都是"线"点,它们能够改变所在领域的方向。比如云计算、大数据等技术以及移动应用。

"线"点是一维度点。

"面"点,以局部来展示全部

"面"点是能向两个不同方向延伸的点,让点具有面的临时功能。"面"点是代表点。它能够从两个维度进行延展,如经度与纬度方向。"面"点是至少两条线的交点,能沿这两条线进行延展。"面"点存在于面、体、系之中,"面"点是代表所在面的点。

如基点、优点、缺点、交点、赛点等都是"面"点。基点是支撑自身的一个点,交点是至少两条线的相交,能够沿着交线勾勒出一个面出来。优点是某人在某方面具有的特长,如善于演讲、善于沟通,基于演讲可以扩展出来,此人可以适合从事的工作,如教师、培训、销售等。有至少两个以上的方向进行扩展,善于沟通这个"面"点能够支撑此人的事业面,能够代表此人的优势。因为需要具有沟通的能力和对业务分析的能力两个维度。

"面"点,假设一个点当一个面来用或者发挥一个面的功能时,"面"点的作用才体现出来。面具有的是承载、展示、代表、接触作用。"面"点不常有,要么在物体的下方发挥承载作用,要么在物体的上方发挥窗口作用,或者在两个物体接触时发生交互作用,或者在一个环境下发挥代表作用。

简易情况下,"线"点能够提供初步的判断作用。当我们需要对一个复杂的事物进行分析,或者我们需要得到更加确切的信息时,"线"点是不够用的,"面"点就发挥了用场。比如对一家公司的财务面、市场面进行分析,一个人的优缺点,一个团队的优劣势,我们会用几个关键"面"点的数据来描述。如股利折现、现金流折现、市盈率、市净率的数据就是财务面的"面"点。我们看一个公司的市盈率高低,大概就能够知道公司的大致情况。一个团队的默契度就是"面"点。一个人的言谈举止、待人接物表现就是"面"点,甚至第一眼的感觉就是"面"点。有一见钟情的,有心生厌恶的。"面"点的上下两个维度的潜在属性,蕴含了横向、纵向的诸多信息。

作为一个物体的若干个面,每个面都会有自己的"面"点,层阶越高的形态越需要有对应的代表点。我们会以阿里代表电子商务,腾讯代表移动社交,华为代表通信行业,这些公司就是他们所在领域的"面"点。与"点"面不同的是,它是一个整体,而"点"面是一个集体。比如红绿灯就是"点"面,由很多小的灯泡组成,坏掉几个不会影响整体。但如果红绿灯由一个大的灯泡构成,那么坏掉一个就是坏掉全部。

"面"点是二维度点。

"体"点代表整个事物

"体"点是对所属物体内其他任何点进行影响的点,或能代表所在体系的点,有代表作用或战略价值。"体"点具有十分重要的位置,能够对整个物体进行施加影响,是阳点。有辐射、统御的功能。"体"点是阳点,因为需要统御、代表、辐射其他点。"体"点属于天象的范畴,如角色中的决策者,是一个组织的"体"点,决策者会常有变化,心情不定,脾气不好,下属对其捉摸不透。体点如顶点、支点、棱点、极点、焦点等。很多初涉职场的新人觉得上司老在变,老板的脸变得比变脸游戏还快,其实是不理解老板属于天象的角色,天注定就是变化的。所谓天有不测风云嘛,"体"点仅存在于体、系之内。如果你能够理解上司的属性,就能很好处理职场人际关系。

　　"体"点能代表所在的体、系。如一个公司的老板,能够代表所在公司的竞争力、文化、行为模式、诚信度等。目前成功的企业家,如任正非、郭广昌、马云、柳传志、王石、陈天桥、张朝阳、丁磊、马化腾等这些企业家就是其所在公司的"体"点。"体"点什么样,公司就什么样。这在传统领域的实体型公司里更是如此,如娃哈哈的宗庆后、万达的王健林、富士康的郭台铭等更能代表所在企业。阿基米德说,给他一个支点,他能撬起地球。如果毁掉一个老板,你就能毁掉一个公司。比如湖南的太子奶公司、武汉的东星航空公司等等。还有就是一场比赛的裁判,一次旅游的导游。一个坏裁判能够坏一场比赛,一个恶导游能坏一次旅行。

　　"体"点能够影响整个体的性质、行为。这个在政府部门更是如此,市委书记能决定一个城市的兴衰,老板能够决定公司的成败。"体"点或者为了战略目标布局的一个点,该点在关键时刻能够发挥巨大作用。在规模化的机构或组织里,"体"点起的是代表与影响作用,在小微型组织里,"体"点就是体,两者几乎可以合二为一。有些十几号人的公司,老板既是销售、技术、售后,有时是会计兼出纳,人事与行政。此时,"体"点就是所在体、系内其他所有点的天,天自然塌不得。孙悟空离开花果山去方寸山。拜菩提老祖为师后,花果山就群龙无首了,猴孙子们尽受人欺负。对于小猴子们而言,悟空就是天。所以,观察一个人或事物,寻找到它的"体"点是首当其冲的。我们要认识一个公司,首要想到的是这个公司的老板是谁就是同一个道理。

　　对于"体"点的应用体现了主体在宏观构架上的系统能力,比如常说的"君子立常志、小人常立志"就是这个道理。君子的常志是"体"点,小人的志是"点"点。一般而言,"体"点的统领作用将所有的点、线(点)、面(点)进行协调,使其符合终极目标。主管、老板、总统、家长等都是"体"点,能够对所在体系的其他点进行由上而下的作用。

"体"点是三维度的点。

"系"点是维系之点

"系"点是一个动力能量源点，仅存在于系之中，"系"点是动力点、维系点。"系"点是点具有系的功能或者点被视为临时的系。它协调、维系着整个体系的秩序、运行。"系"点是整个系内的关键体，如太阳系的"系"点就是太阳自身。它对整个体系的存续具有决定性作用。美国是当今世界的"系"点。金融是整个经济、社会的一个"系"点。"系"点如心点、源点、黑洞、焦点。金融业务部门就是一个跨国集团的"系"点，军队就是一个国家的"系"点。焦点是多条线相交而成的点，如社会焦点。再如腐败问题，就是社会的"系"点，无论哪个领域、哪个层次都对腐败有极大关注，也牵扯到方方面面的人，小反亡党、大反亡国。这是当年蒋介石对儿子蒋经国讲的。

"系"点存在于组织、机构、国家、星系之中。"系"点本身必须是一个体，有独立的内生系统，只是处在更大的系内，担当了"系"点的角色。非体及以上层级的形态不足以担当"系"点，大型多元化跨国集团的总裁、CEO、董事长也是一个"系"点，因为这些总裁、CEO、董事长周围有一个服务群体随时在支持他，如秘书、助理等。某些跨国集团的规模、财力堪比国家，足以担当"系"点。所以，这些人对社会的影响重大。如巴菲特、索罗斯、盖茨、乔布斯等等，已经超越了国界，成为人类社会的"系"点。

因此，优秀的管理者、企业、国家能够将自己作为一个点、线嵌入到一个体系里，一是保证方向，二是找到位置；同时，也能将体系里的其他利益关联方作为点、线纳入进自己的体系，一是调度资源，二是协同运作。这一缩一放也就是一阴一阳。能够嵌入到一个更强大的体系比让自己强大更有价值。

"系"点是三维度＋时间维度的点。

点的作用

点通常用来描述具体的事物,具有定位、占位、标记功能。定点、标点就是这个意思。点是零维度,没有长、宽、高以及时间概念。无法用长、宽、高来形容点。在墙上钉个点,挂上东西;在图上标明个点,标明方位;在产业链上找个切入点;在楼顶上插上红旗,在路过的地方标明标点等等。这些对点的使用主要是利用其定位方面的功能。

另外,点还有占位功能。下围棋时,在棋盘上布几个点,这些点就具有占位功能,为今后连成一片区域做铺垫。现实中也有许多例子,如警匪片里的卧底。还有大学校园里,公共教室里那些书包、水杯等,都是占个位子。

不同层阶形体里的点,有不同的具体功能。点放在线、面、体、系的环境里,能够发挥不同的作用。其中,"点"点就是定位作用,"线"点就是趋势作用,"面"点就是延伸作用,"体"点就是代表作用,"系"点就是维系作用。

"点"点的作用就是定位,罗列。日常工作生活中,我们描述一件事情,会从以下几点进行:1.×××,2.×××,3.×××。描述时,点与点之间可以是并行的关系,也可以是递增或递减的关系。如某市就交通拥堵征求市民意见,搜集上来的建议如下:1.优化线路系统,实施信息系统改造,构建一体化运输体系。使得地铁、公交、出租、自行车、长途汽车、火车、飞机等无缝对接;2.推行错峰限行,按照尾号进行全日或高峰期限行;3.提倡公交优先,节能环保的理念,重点打造公交系统的运营能力、服务质量;4.新建几条公路或者对旧有路网改造;5.限制机动车增量,如在牌照上进行控制;6.提议改进城市排水系统,减少道路积水;7.增加高峰期在交通拥挤路口配置协管员,协助疏导行人、车辆;8.号召退休老人在非高峰时段出门;9.积极号召广大市民践行每周少开一天车的号召;10.公务员带头,减少公车使用与使用其他交通方式,等等。

"线"点的作用就是预测趋势,如下图所示 2011—2012PMI 指数。

制造业PMI指数

50%=与上月比较无变化
(%)

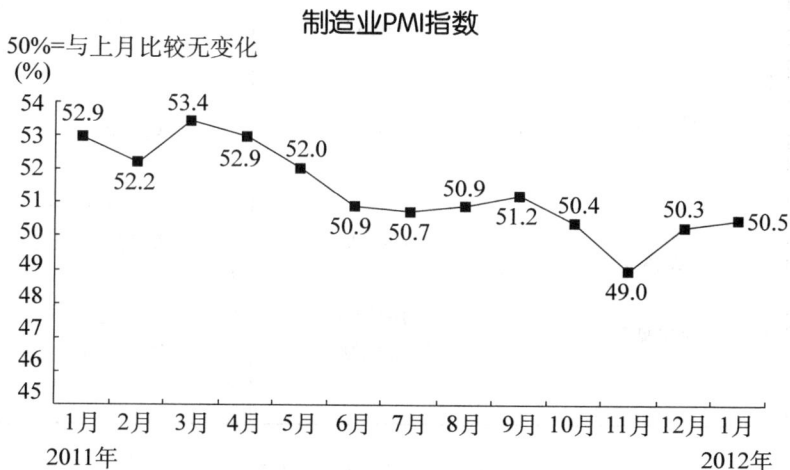

图 12.3　点的连接形成趋势线型图

其中,峰点与谷点、转折点都等属于"线"点。

"线"点在线上,并非所有线上的点都会成为"线"点,只有能预测趋势,标明方向的点才是。衡量尺度在于是否有线性。

"面"点的作用就是具有延伸价值。能够让点在横、纵两个方向上进行延伸,如进行分析的 SWOT 分析工具。有优势点、弱势点、威胁点、机会点。每个点都能够进行交叉延伸,从而支撑起一个分析面。

"体"点的作用自然是代表作用。比如如今电商领域亲自出来为自己的公司站台的老大,包括京东的刘强东、阿里的马云、腾讯的马化腾、百度的李彦宏,更有甚至的是小米的雷军与 360 的周鸿祎。这些人都是"体"点。

内部分析／外部分析	优势 S	劣势 W
	1. 2. 列出优势 3.	1. 2. 列出优势 3.
机会 O 1. 2. 列出机会 3.	SO 战略 1. 2. 发出优势 利用机会 3.	WO 战略 1. 2. 克服劣势 利用机会 3.
威胁 T 1. 2. 列出威胁 3.	ST 战略 1. 2. 利用优势 回避威胁 3.	WT 战略 1. 2. 减少劣势 回避威胁 3.

图 12.4 二维的 SWOT 模型图

同时公司的品牌也是"体"点。还在纠缠之中的王老吉品牌之所以如此一波三折，正因为它代表的东西太多了，不仅是 1000 多亿的品牌价值。

所以，在品牌传播上，有三个方式推广品牌，一是产品、一是公司领导人、一是品牌。选择的对象必须是能够代表公司整体。另外，广告界的"3B"策略（beast、baby、beauty），也是发现和尊重了这些载体具有的"体"点属性。

关于"系"点的作用自然是维系、能量功能。比如一个执政党、一个精神领袖、一个社会导师等。以前的帮派、教会里的帮主、教主等也是。曼德拉是南非的精神导师，甘地是印度的导师。现在很多人都在尝试担当社会导师的角色，在中国迄今为止，除了诸子之外，后无来者。

点的应用

在格局不变的情况下,点的战略目标是成为更高层次的点。如散点、起点、小不点要成为焦点、支点、顶点、转折点、峰点、源点、心点等等。正如"不想当将军的士兵不是好士兵一样"。点需要与其他形态组合成新的形态。点不可能单独成为其他形态,正如点不可能成为线、面、体一样,即便临时具有其他形态的简单功能。点只有在时空维度变化的情况下与其他形态聚合才可以成为其他形态。如一个点通过与其他几十个点,连成一条线如十个工人完成装配、测试、封装整条业务;一个点与一个面构建成一个体如一个"体"点号召几个其他点组建一个临时团队,这样的例子在美国大片里常见得很。男主角得到中情局的通知,在某个地方有恐怖分子活动,需要他们尽快去制止。于是,男主角就将昔日伙伴召集起来,开始一段惊心动魄的拯救世界的行动。男主角就是"体"点,他的伙伴就是"点"点,这样围绕一个具体目标迅速成为一个临时项目体。实践中,一个公司的老板需要通过他的管理层、执行层,还有合作伙伴来实施他的战略目标。但其他形态却可以成为点,从低层级的到高层级的,需要具备一定的时空条件;从高层级到低层级的,只要相对的一方层级高于自身即可。如线对于面、体、系可以是一个点,面、体对于系而言可以是一个点。但反过来不行,线不可能是面、体、系。如一个人对于社会是一个点而已,但对于人体内的器官、组织而言,人体确实是个体系。如人体有运动、呼吸、循环、消化、泌尿、生殖、感观、神经、内分泌系统。

对于单个"点"点,他们都是为所在体系服务的,充当螺丝钉角色,他们的目标是在体系内寻求升级。将他们纳入到体系里,规划好方向,他们会努力追求自己的目标。"点"点在空间上是分割的,如果没有足够的技术手段,他们很难聚合。只有当体系提供了一定的空间、手段之后,他们才会以群体的方式出现。比如上街游行、网络上各种群的讨论。

但当"点"点的生存遭到威胁时,也会反抗,由于其量大,所以给"点"点留好足够的生存空间即可,"点"点自身可以生存。比如很多城市里的小摊贩与城管的故事,其实行政部门大可不必对"点"点大动干戈,疏比堵更合适。

对于"线"点,主要是关注其方向性作用。防守方面,要确保"线"点存续,即确立至少三个点,描述过去、现在和未来,或者显示上下、左右的距离。能连线的点越多,所连的线就越实,方向感就越清晰。进攻方面,要尽量打掉对方的关键点,将高层阶点降解成低层阶的点,使得对方无法连成线,模糊方向,首尾不相应。为了打倒一方势力,需要不断降低对方周边势力的级别、威胁,所谓就是砍掉左膀右臂,最后实行斩首行动。

清末李鸿章与左宗棠的斗争就是如此,李鸿章先干掉胡雪岩,通过找出当年找英国银行贷款时的利率瑕疵,进而拒绝将江、浙、沪等地的税收作为贷款归还给英国人,而让胡雪岩的阜康钱庄去拆借资金填补贷款漏洞。同时,让老百姓去挤兑阜康钱庄,再让清廷查抄胡雪岩,几经折腾,名噪一时的红顶商人一夜之间身败名裂。最后左宗棠病死福建,一代名臣就此陨落。

对于"面"点,主要是聚合成具有延展作用的面。防守方面,就是尽可能让其升级成线、面等高一层级的形态;进攻方面就是,尽量给其降级,瓦解成线、点。当然,"面"点自身也是有阴有阳的,如优点即阳、缺点即阴。对于阴性的,在进攻对方时就要尽量降低暴露频率与部位以保护自身,发挥自身的优点;防守时,则是尽力保护自身缺点,降低自身优点的层阶,让对方忽视自身实力,给对方造成假象,寻找机会迎头痛击。这符合《孙子兵法》的"能而使之不能,用而是使之不用,近而使之远,远而使之近……"。

对于"体"点,要全心保护关键部位。由于其重要性,很多"体"点都很虚弱,虚弱是相对整体而言太过重要,一旦陨落,体系就有崩溃危险。"体"点需要整体的呵护与辅助,"体"点由于对整体的影响有决定性的意义,所以无论防守与进攻,都是重点看护对象。进攻方面,所谓"打蛇打七寸"、"擒贼先擒王";防守方面,则是全体护主、勤王。一旦"体"点消失,必定群龙无首,群体大乱。所以,体系要有一个健全的组织,能够应对各种风险,太过集权的"体"点对体系的风险也过大。《易经》乾卦用九卦"现群龙无首、吉"的意思不是说群体没有首领了,群体就大吉了。而是说,群体没有固定的、专制的、独裁的首领,群体实行了民主制度,首领普选了,单一的首领权力被削弱,不会对群体构成重大损害,故而吉祥如意。在武侠小说里,高手都有一个命门,这个命门就是此人的"体"点。

对于"系"点,比较难处理,它主要是维系价值,如同木桶的铁箍。"系"点是经过时间验证过的,因为成为"系"点不是一朝一夕形成的。"系"点对体系的影响力是无形的,无处不在、无时不在、无人不在。一个组织里的精神领袖是伴随组织一起成长而成长的,得到了组织内尽可能多的成员的拥护。因此,无论是进攻还是防守,都不容易影响到它。除非"系"点有致命的瑕疵。比如一个企业的精神领袖,有致命的法律、道德缺陷,一旦被公布,所有的信任与赞美都会烟消云散,之前积累的名利大厦会瞬间土崩瓦解。打工皇帝唐骏先生就是一例。前期被方舟子质疑学历造假,当时未置可否甚至还有狡辩之味。后来还是想通了,主动承认错误,并号召广大粉丝不要学仿。雅虎前 CEO 汤普森学历造假事件更是沸沸扬扬,前不久谷歌前高管梅耶尔出任新的 CEO。这都表明,这些"系"点,不能犯致命的道德错误。当然,还有至今纠缠在绯闻堆里的前 IMF 总裁——卡恩先生。

2008 年发端于美国的金融危机以及现在的欧债危机,金融都是全球的一个"系"点。一旦出现运转失衡,都会影响到每个国家,每个国家的公民。因此,对于"系"点须严防死守,或者严密监管。"系"点必须伴随系统的调整而调整。当系统的结构、势力对比发生不符合时间空间的格局时,不进行调整势必影响到系统自身的发展。

点与利。点是形体之一,利是形体变化的目的。点是利的计量单位。如赢利点、利益点、利润为几个点等。对于日渐成熟的商业生态,利的计量就会越发点化。在传统商品经济时代,只有买卖差价收入、租金、广告收入等。在移动互联网时代,新增了流量收入、佣金、大数据服务、虚拟货币、游戏装备、会员费等更多可以量化的利益点。利益的多元化时代,主要体现就是利益点的多元化。

点与二性。点本身没有,只是点处在不同位置时才显现出属性。此时的点是与其他点一起作为一个集合存在的,如阴面、阳面,阴道、阳具等。在阴性形体里存在阳性点,如 G 点。这说明阴阳同存。

点与三才。点在三才之中,也是三才的量词。天有三光日月星,地有三气水火风,人有三宝精气神。星星,一个点一个点的,一眨眼一眨眼的;水滴一个点一个点的;人,一个人一个人的。从点到体系,从个体到群体。点是三才的计量单位。

点与四维。点是四维中的零维。每一个维度都是从零维度在某个方向上某个时段内的延展。

点与五象

点作为最基本的形体,完全适用于时间、地点、人、物四个方面,所以被应用得最普遍、最广泛。如安排一场会议,需要落实时间、地点、人、物四个最基本的要素。会议概要如下:时间是 6 月 10 日下午 3 点,地点为研发部 2 号会议室,与会人员为研发部门全员,请准备新品反馈数据,主题是新产品的用户试用反馈分析及改进措施讨论,目标是确定改进措施与落实责任人、进度以及奖惩办法。这五个方面的点聚合成一个体,使得这次会议完整,能够被正常执行。

在空间维度里面,点通常是用来着力的部位,且自身不具备描述范围的属性。如突破口、切入点、定点轰炸、点穴、斩首等。点处着力能够产生更大效果,物理学上讲是压强会较大,阻力会更小,所投入资源最小效果最好。对于时间层面,点自身没有时间概念,它只是启动或终止某个事情的时刻而已。如 3 点开会、5 点结束。它自身不描述过程,需要至少 2 个以上点才能进行。如上述例子里,6 月 10 日研发部门的新品讨论会议从 3 点到 6 点持续了 4 个小时。这里面的四个点 3 点、4 点、5 点、6 点,就具有了排列组合的关系,就能够反映趋势与变化,就成为"线"点了。所以"点"点需要关联其他周围的点,聚合成为"线"点。("点"点、"线"点概念下述。)

点对于人这一方面,也常常用来形容一个不足轻重的人或小孩子,比如人们常说此人是个小不点,或者以小不点来自称以表示谦逊。点于人分别对应职位、能力、影响力均低,年龄小、身体矮小(身高、体重)、意识弱(不成熟)等。但遵循太极阴阳原理,对于一些大人物,点也能派上用场,如焦点人物、重点人物,处于权力的顶点等等。明星、英雄等都可以说是大众关注的焦点。a big pot,大人物。小不点与焦点虽然都是点,但内涵不一样。一个是"点"点,一个是"体"点,下面我们有专门论述。

单点自身需要跟其他点关联起来发生作用。不同的点聚合起来从不同的维度能清晰地将一个人或物或一件事情的轮廓勾勒出来。如从股市、CPI、失业数据、PMI 等点状数据的连续统计分析,能够初步判断一个国家的经济状况;速动比率、流动比率、现金比率等连续使用来分析一个企业的财务实力;从血压、心跳、脉搏等可以判断一个人的健康状况。每个点都有自己的位置,都有自己的作用。一如围棋的棋子一样,点与其他点的作用远远大于单点的作用。

越体系越点点

点在正向上要努力成为高层阶形态里的点,从"点"点变成"系"点;在负向上要快速降解成为低层阶形态里的点,从"系"点变成"点"点。点的抗风险能力弱小,在生存环境堪忧时,需要快速聚线成面、聚体成系;在风险大于机会时,就要快速分散力量以示弱,以减少各方的关注,避免被消灭在萌芽状态。无论点如何变化,都不可能单独成为线、面、体、系中的任何一种。它只能与其他形体组合才可以。正如一个人不可能成为一个家庭,一个公司,一个国家一样。

点的升级与降级取决于需要。一如皇宫被围攻时,皇帝要穿上平民的衣服准备逃跑,侍勤王将领一到,又立马换上黄袍,开始指挥大局。《易经》乾卦的用九是:潜龙勿用。坤卦的初六就是:履霜坚冰至。都是一个道理,要小心谨慎。对于"系"点,高处不胜寒,战战兢兢。

关注"点"点的定位功能,"线"点的方向功能、"面"点的承载功能、"体"点的代表功能、"系"点的统御功能。有几个关键点是需要注意的:起点、终点、中点、峰谷点、转折点、临界点、赛点、焦点、要点、难点、兴奋点、弱点、优点、支点、沸点、据点、节点等等。这些都是关键的点位,需要尤其注意。当你还是个小不点时,别人不会拿你怎样,因为你不是威胁。但一旦你顺风顺水时,你就要留意了。不知道有多少人给你留下了障碍,设置了陷阱。所以,高层阶的点一定要有系统的防护,小心使得万年船。

在云计算、大数据的移动互联网时代,云+端,体+点成为一种模式。当业界都在构建与打造生态模式即体系的时候,点就成为新生企业的机会。巨头们已经开始构建底层架构,小微企业就必须把自己定位成更加精准的点,这样才能更加轻快。体系偏阴性,点偏阳性。就像航母与导弹,矛与盾一样。在时下的互联网,BAT们已经成为体系,那么无论是创业还是竞争都必须选择点的模式与点的服务,快速占领市场。这个时代有多么讲究生态、多么讲究体系,就有多么需要点化的个体。

第二节　通道＋连接——一维线

线:一群有同样方向的点集

量词:缕、丝	本义名词:麻皮夹刮后裂成的麻丝	名词:丝状的物体	名词:点移动形成的几何图形	名词:界限、边缘
			名词:路径、线路、航线	

图 12.5　线型形体的含义列式图

图 12.6　线型形体的列式图

　　线,本义是植物表皮分裂形成的丝。引申为丝状的物体、线路、界线。点移动形成的轨迹,量词如一线生机。丝状的物体,如毛线、电线、光线等,线路是指轨迹清晰的连续点集,如火车铁轨、航线、运输线、边界线等,界线就是区分不同边界的丝状标识,如国家之间的边界线,如中国的南海九段线。点移动形成的轨迹或多点相连而成的曲线,如各种分析得出的折线。股票、期货、证券等曲线也一样。

任意两个不重位的点构成一条线。在所有线条当中,直线距离最短。这是小学课本的常识,也是欧几里得定理的基本原理之一。线具有方向与通道、联络价值,缠绕价值等。它是最基本的分析载体,无论是直线还是曲线,它最大的特性就是能反映持续的变化趋势以及传导最简单的产品与服务。由于是众点之集连成了线,具有了一维时间概念。它比点增加了时间或空间属性,能够反映过去、现在、未来。这就是线的方向性。至于通道价值,源于线的扩展形成的通道,信息流、物流等沿着线型进行流动。无论是产业链、价值链、供应链等都是线型的概念。不同类型的线起的作用完全不同。因线是点的集合,因此其价值与重要性、复杂性都远比点大。线的价值超出点但又反应出点的属性,包括组成线的点以及排列的方式。

参照形体的五种形态,线同样分为"点"线、"线"线、"面"线、"体"线、"系"线、"宇"线。这五条线的属性逐渐脱离"点"性显现出"线"的属性。比如"点"线完全就是点的集合,点的属性很明显。但"线"线就完全是线的属性,它存在于线及高于线的形态结构里,不存在于点。而"面"线却具有面的功能,但有线的属性。

每条线都不同于点正如每种形态都不同于其他形态,每条线甚至上述五条线都有自己的个性与价值。如经纬线、上线、下线、价值线等都不一样,分析事物按照经纬线方向进行,做事得有底线与上限,然后解构聚合产生新的价值线,事物的发展按照螺旋式曲线进行。

线的方向取决于最末端的终点上,也就是线的价值体现在时间价值上,尤其是未来的价值上。线的终点、通道的终端都是最重要的,因为它代表方向与交互介质。对于商界的渠道而言,它连着贡献体,通着客人,是信息的通道也是价值回流的通道。人们利用线进行分析的目的也是为了判断未来的走势。因此,离未来越近的点,价值越重要。正如一个公司的市场销售部门一样,他们重要是因为他们比公司的任何其他人都更靠近客户,靠近价值源。这条线上的点也有作用,过去的点,能够有助于判断未来的明确性、稳定性。

　　线的通道价值取决于起点与终点之间的距离。无缝对接的点能够流畅地传导信息、物流、资金流等。点与点之间的零距离链接需要体系的设计规则能确保线上的每个点都能共同发展、共同分享。起点与终点的距离越短,通道价值越高。这里,遵循了两点之间直线距离最短的原理。目前的云计算就是利用这个原理,云、管、端。管越短,云与端就越近,整体就越有价值。线的联络价值取决于首尾两点,能否形成闭环。信息的发出与接收两端是否能够对接或者吻合。在一条线上,关键点如顶点可能是最大的信息需求方,它能够发出需求以及对需求进行分析。一个公司内,老板需要来自公司内各条线的信息,如财务、人事、市场、研发、客服等各条战线上的信息,如果只有信息发出,没有接收,那么老板就无法决策,公司就会失控。在各种斗争剧里,架空一个人或一方常有采取屏蔽信息、封闭通道的作法。比如将一个人派出去求学、派出去访问或者让他去疗养等等,这种安排在政治斗争里很常见,本质就是屏蔽信息。蜘蛛编织一张网,稳坐在中间,每一根丝都能够感知到来自外界的作用,蜘蛛能够分毫不差地判断是猎物还是威胁,以及这种作用来自哪个地点。

"点"线

　　参照点的分类方法,线同样有五种类型。"点"线是指形似点且有点的功能的线,展开就是点状的线。"点"线只是具有标记或指明方向作用,属于阴性,是线的收缩、静态形态。"点"线是虚线。如断线、段线、虚线,如公路上标记车道的白色虚线,中断的线路,从远处或宏观处看,"点"线如同一个点,以点的形状、位置按照一定方向排列而成。确定"点"线的关键在于确定三个以上的点,然后依次连接起来,通过分析发现趋势。"点"线的关键在点,不同于"线"点的除了一个是线,一个是点外,"点"线至少有 3 个以上的关联点。"点"线的应用十分广泛,各种数据分析、交通导航都需要用到"点"线。

企业的供应链、价值链上有"点"线,也有很多各种各样的散点,如一家销售型企业 A 公司的供应链,从设计商、原材料供应商、加工制造商、分销商、物流商、自己、地产商、各种中介机构,如会计师事务所、工程安装外包商等,这是一个链条,A 公司是上面的一个点。供应链如果是"线"线型的,表示该供应链效率极高、竞争力强,链条上的各方主体都能够得到共赢发展,无缝对接。如果是"点"线型,则表示是一种松散型合作,效率低下、竞争力弱、关系不紧密。地球越来越平后,单个人都不在是一个人在战斗,企业也不是,都是一群企业在战斗,国家也是。因此,地球进入群体竞合状态。

"线"线

"线"线是连续的、不间断的实线或线圈,是线的属性线。"线"线具有传导价值。如公路上的黄色实线、各种警戒线、上线下线、地球的经纬线、企业的供应链、内部流程等。线人就是关于对方舆情的传导载体。"线"线具有的实用性,重大价值远大于"点"线。"线"线本身就是被研究、分析的对象。除了具有方向性外,"线"线还有通道价值。"线"线存在于线及以上的形态里。

"线"线如铁路、公路、血管、神经等对所在的体系具有决定性影响。确保"线"线的通畅,对于体系的健康具有存亡价值。如美国以确保南海航行自由为借口插手南海争端。"线"线上的各个点都是关键实体,关键点。如 A 公司这条供应链上,设计商、分销商、A 可能是三个重要点,各个点的重要性取决于各个点在其自身领域的竞争力以及对供应链上各上下方的价值大小。"线"线对于企业的另一个重要体现就是现金流,涉及银行、证券、投资公司、承销商、评估商、基金公司、交易所、公司财务部、证券部、董事会等,这条线对于企业而言就是条"线"线。如同一个人的血管一样,血管堵塞就会导致冠心病、心绞痛等,严重的会导致人的死亡。对于军队而言,后勤补给线就是军队的生命线。如果一把火将敌人的粮草烧掉,自然是不战而屈人之兵。

"线"线是本性线。不会轻易变化,因为其对体系的影响重大,动一发而牵全身。这跟企业进行 BPR(业务流程重组)一样,需慎之又慎。很多企业在实施 ERP(企业资源计划)时,一般需要进行不同程度的流程重组,所以此前 IT 业界有"上 ERP 找死,不上 ERP 等死"的说法。在 1999 年 4 月 18 日联想的一次高层会议上,柳传志面对联想所有高层职员、各子公司的总经理发了火:"联想花几千万上 ERP 不是做表面文章,必须做好,做不成,我会受很大影响,但我会把李勤(时任联想集团常务副总裁)给杀掉。"李勤立刻站起来表态:"做不好,我下台,不过下台前我要先把杨元庆和郭为干掉。"这样一级一级地施压下去,最终联想成功实施了 ERP。

"面"线

"面"线是能够扩容成一个基本面的线,具有面的性能,主要是通道功能。"面"线是阳线,有临时性、变化性。如公司的某条金牛产品线,今后可以升级为多条子产品线,形成针对不同人群的子品牌。如宝洁公司的洗发水产品线,形成潘婷、飘柔、海飞丝三条产品线,洗发水产品线于宝洁公司而言就是一条"面"线。在空间维度也有例子,如针对旅游人口激增,交通部门临时增加线路前往景区。旅游专线就是一条"面"线。"面"线存在于面及面以上的结构里。如每年的"五一"、"十一"等节假日,或者重大传统节日,如清明、动漫节等,作为国内热门旅游城市杭州都会开设旅游专线、扫墓专线,这些专线能够将原来的道路上的一条车道临时扩容成整条道路,以供专门之用。如西湖周边的北山路、南山路等等,全体车辆可能要改道绕行,公交、旅游线路可以通畅穿过。包括很多城市在主城区道路设置的"潮汐线"也是"面"线。

"面"线针对的是在特定时空条件下,现有的通道功能不再使用时的一种临时做法。如某个人针对自己订立的目标要进行资源的填补,如需要找个外企的工作,需要花足够的时间精力去恶补英语。英语这条知识线从众多其他知识线里倍受重视,是因为进外企的需要;A 企业是食品企业,专事饮料行业的经营,有碳酸饮料、乳制品、矿泉水、茶饮料、果汁饮料等。由于市场上近两年的混合型饮料、功能型饮料渐成畅销型产品,公司需要加大自身产品的竞争力,需要在技术、营销上有实质进展,就需要请优秀的技术人员、营销人员,制订好的激励制度,为该产品的团队打造一个有激励性的氛围。因此,功能型饮料这条线就会占用其他更多资源,成为一条"面"线。

"面"线的适用范围相对"线"线要窄。"线"线要扩展成"面"线需要从体系上进行结构型调整。要么压缩体系内的其他线,要么扩充体系本身。如上段描述的景区"线"线,就是一种临时压缩其他线的作法。铁路扩充,东西南北增加"面"线具有相对强度的伸缩性,在条件合适时可以扩展成面,但这种扩展是基于"线"线沿同一方向进行的体系内放大。受体系局限,不太可能有大的伸缩空间。

在一个人的成长阶段,"面"线在不同阶段有不同体现,如求学阶段,学习线就是"面"线,大部分时间精力都围绕学习展开;事业阶段,工作就是"面"线,大部分时间与精力都围绕工作展开;退休后,生活就是"面"线,大部分时间与精力都围绕生活、家庭展开。

　　一个公司在初创阶段,研发、生产、销售、管理、投资等各个环节里,不同阶段有不同"面"线。一旦"面"线存在太久且无法转换成面,那么它实质已经成为面,但却以线的形体存在,以线所对应的资源承担相应面的功能,这样会导致能力与需求的不匹配。如同一个夹生的食物一样,以线的资源承载面的功能。一旦"面"线成功转化为面,那么线以及线上的各点都有可能升值。比如一个公司定位自己为产品供应商,那么原来的研发部门、制造部门就由线变成了面,这两个部门自然受到比以前更多的重视,得到更多的资源。同样以 A 公司为例,如果新开发的功能型饮料大获成功,那么公司会投入更多资源,甚至会砍掉其他竞争力弱的饮料线。如果有可能,还会继续扩大,成为一个专门的公司,这时,原有的线就升级为"面"线、"体"线,甚至就是一个体,一家单独的公司。

"体"线

　　"体"线是能够扩充成一个整体的线条。"体"线属于阳线。如有的公司将财务、人事、金融、制造、研发、工程实施、评估等单一型业务线扩展成专业业务,如财务公司、人力中介公司、金融中介公司、代工工厂、研发中心、工程实施外包公司、评估机构等。随着地球越来越平,社会分工进一步地细化,这种由线到体的变化可能更多。整个社会的紧密度全所未有地增加。一个环节,哪怕是一个点的故障都会导致整个体系的溃败。如日本东部地震引发的问题,在电子产业、食品、旅游、核安全等诸多方面构成了重大警示。

　　"体"线是社会高度分工的产物,"体"线对于经济的重要性不言而喻,对于"体"线自己,分散风险的作法就是通过将"体"线分解成点、线、面,存在于不同地理空间或者不同行业领域。比如财务公司、人力中介公司等都会寻求很多客户以分散风险。或者升级为"体"。"体"线仅存在于体、系内。如国际上的四大会计公司、三大评级公司,都是成功由"体"线升级为体的典型代表。

"系"线

"系"线就是一条线,就是一个体系。"系"线具有网线、干线价值。如管道、航道、海峡、铁路、国道、全球黄金航道、脊椎动物的脊柱等等。"系"线属于阳线。通过一条干条线来控制、影响一个网络。如阿里系、复兴系、腾讯系、百度系、联想系、GE 系等等,一般是通过资本、品牌或者人事来控制一个网络。一个国家的交通网络,就是通过铁路线、公路线、航空线、水运线来组成。"系"线属于阳线,因为不确定、不稳定。

系属于事物发展的顶级阶段,不同的、相同的事物在某种共性因素的作用下聚合成一个体系,"系"线就是通过一条线来聚合不同的事物,形成一个网络体系。"系"线具有很强的抗风险能力,越是大的"系"线,这条控制线就越伸缩自如,无影无形。如文化价值观、如品牌、如技术等。商业领域倡导的"专业化经营、多元化投资"模式就是"系"线模式。连锁加盟也有很多属于这个范畴,如品牌连锁,通过缴纳一定的品牌使用费,按照一定的标准体系进行运行。

有时一条"系"线还不足以控制一个体系,需要多条。如目前市面上比较被人熟知的快捷型酒店,例如如家快捷、汉庭快捷、7天连锁、锦江之星、速 8 等,各种鸭脖子连锁店如久久丫、绝味等,一般要用到品牌线、产品线、统一服务中心热线等。当"系"线足够多时,就形成了网络。有了网络就成了体系,就具有基本的抗风险能力。

线 的 作 用

"点"线与"线"点不是形式上的颠倒而已,而是有本质的不同。

前者属于线,后者属于点。成线的点与点状的线天然不是相近的事物,前者在层阶上也较后者高。前者可以成为后者,但相反不行。

从"点"线到"线"线,"面"线,"体"线,到"系"线,是一种重要性的升级。这种升级主要在于线所在的模型在升级,只有高层阶的架构才能承载低层阶的形态。这种升级通过自身的延长或者同向延展、扩充而成,不同于点的运动模式。点从"点"点到"系"点,需要跟其他点发生关系。进入到线的层次,就有了独立自主、自力更生的能力。正如围棋棋盘一样,单独的一、两个子,很容易死掉,但如果几个点连成一条线,甚至是一个面,带有多个气孔,那么就是一盘活棋,生机盎然。

从点到线的升级表明一个事物进入到纵深领域,走专精路线。专家都是从点到线的。什么医学专家、法律专家、财务专家、古研究专家等等。其线越长表示研究的深度越深,这种深度体现在时间价值上。老专家的称呼就体现出时间价值来了。一般能被称之为"家"的人都是一条长长的阴线,稳定、大气、正派、品格高尚。那些被称为"泰斗"、"鼻祖"的更是如此。比如研究国学的南环瑾、研究中印及中外文化的季羡林、写作武侠小说的金庸等都是大家。当然,还有雷锋,做一天好事不算好人,但做一辈子好事就是大好人,活菩萨。时间作为唯一的价值尺度来衡量了线的价值。

对于线而言,重要的是确保自己是条"线"线,承担方向与通道、联络联系价值。对于不同的线而言,阳性层面是确保其能够履行该条线的正常功能;阴性层面则相反,要么扩张要么收缩,不具有稳定性。

很多时候,由于地理区隔的因素,很多人为设置的线十分复杂。如在英属维京群岛、开曼群岛等注册公司,在中国生产或者运营,在美国或者香港上市,决策中心与管理中心在台湾或香港等等。这样这个公司的注册、管理、经营、资本运作分属不同的区隔,享受不同的政策,同时规避不同的风险。在经济持续良性运转时,这样的线条设计占尽天时地利人和,但当经济低迷、各国保护主义抬头时,整个线条会遭受来自各方的打击。正所谓,一阴一阳之谓道。目前,在美国上市的不少公司已经或正在退市,转而回归国内 A 股。

点与线的融合能够发挥更大的价值。比如双节棍、三节棍就是例证。既有线的传导价值,又能够兼容点的定位价值。所以,点线混合式在现代社会也有大用处。比如物流系统。分散在全国重要位置的仓库加上遍布全国的物流系统,就成了点线式仓储系统。网络购物,将自己的店作为一个点融入到一个网购平台,后台是自己的采购、仓储、分销、客服系统。这条系统就是条线,这也是典型的点线式。

关键线

"点"线、"线"线、"面"线、"体"线、"系"线等各有价值,不在一个体系内无法相互比较。就一般情况而言,还是"线"线本身最有价值,最为稳定。

有几条关键线:上线、下线、经线、纬线、价值链、产业链、内线、外线、虚线、实线、抛物线、连线、阵线、网线、总线、界线等。对于个人而言,线就是人脉。跟谁有关系,能跟谁牵上线。有个六度空间理论,说的是你和世界上任何一个人的距离不超过六个人。这也是多条线的组织。

对于点的认知以及应用,中国人从古到今太过于重视体系的构建,自然在点线的设计上有很大缺失。体系的讲究使得中国从思维到行为都讲究调和、中庸、稳定,但由于在点线上的忽略使得中国人在细节、链条上不过关。比如在精确性、质量、上下游设计、单点突破、聚点成线等方面落后于欧美,甚至落后于日本。在制造业的精细化上面,在产业链的构建上面,我们很难建设起自己的关键点、关键链,无论在经济、政治等诸多方面都受制于人。在中国制造向中国创造转变的过程中,点与线的重视需要投入更大的力度。

所以,体系与点线并重方可真正用好形体。

对于当前的移动互联网热潮,所谓的全流程、产业链、全媒体、管道、应用商店等就是线的范畴。信息化让业务前后串联、上下衔接,能够从源头到终端进行对接,不仅从生产到消费,还可以从消费到生产,供应商与消费者双向互动。线作为生态系统的核心元素,将逐渐被网络所取代。这种网络关系将逐渐回归到个体自身的开放性与共享上面,不再需要单纯的中介。也就是说单一的"线"型角色将逐渐退化,这一功能要么归于大的平台,要么回归个体自身。

第三节　展示＋支撑——二维面

面:就是展示

副词:脸对脸,不回避地	名词:麦粉制品	名词:外表	名词:边、方向、层次	量词:用于片状的物体
	本义名词:麦粉、面粉			
动词:正视、脸朝着	本义名词:脸庞			

图 12.7　面型形体的含义列式图

面,本意是人的脸庞。引申为外表、方面、片状的物体,一种食物,面对或者正视彼此。有方向感和位置感。

所谓人面桃花相映红。中国人最重要的是要面子。这是面的基本意。后来从脸部扩展到全身,就是体面,如穿着打扮体面,这有外表的意思。从事物的外表延伸出方面,一个正方体有六个面,

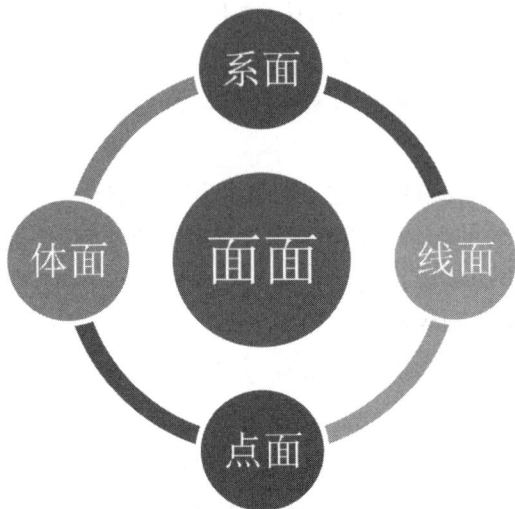

12.8　面型形体的分类列示图

一个球有一个曲面和上下两个圆面等,每个方面都代表这一方面的特性。这里,面等同于方,方面合成取面之意。每一方也代表一方的力量。

我们这里讲的面,取自方面。面就是不同位的三点或不同位的两条线以及不同位的一条线与一个点关联构成的一个区间范围。面是二维空间,有长、宽二个维度。它具有承载、展示、接入价值。同上,按维度分为"点"面、"线"面、"面"面、"体"面、"系"面五个层面。无论是哪个面,都存在于体、系之中。不同层次代表不同含义,没有轻重之分,主次之别。面这一层级的形态都是体系的重要部分,都能单独体现自身价值。

面,是体的代表。如财务面代表企业的盈利情况,创新面,代表企业的研发情况。

面的分类

"点"面是在一个相对狭小空间里的平面或者需要被关注的某

一方群体。属于阴性形态。如市场上的目标消费群体、目标商圈、媒介传播范围、物流配送范围等都属于此形态。求职者、投资者或者银行等个人或机构需要对一个群体、组织的感兴趣的"点"面进行了解。"点"面带有点的属性，即定位属性，一般相对精准，不会面面俱到。"点"面是一个空间平面的概念，一个特定的局部区域，区间范围有限，但应用很广泛，主要会被定点调查、了解的面。人们常说，我跟谁有过一面之缘，这个一面就是"点"面，孤立、不连续的、不扩展的面。彼此的印象就定格在那个时候的一面。"点"面依托在面的形态上面。

"点"面

"点"面也可以是面的点化，即在一个体系里，某一个面需要被"点"化，被视为点，承担点的作用，体现点的功能。有点打包之意，不究全面，只究一点。

"点"面是面。用关键点代替了面的作用。如用市盈率代替了财务面去评价一个公司的价值。一般存在于比较技术性的领域，如财务面的市盈率，人力资源领域的离职率，制造领域的良品率，网络领域的转化率等等。

"线"面

"线"面是某个标准参照下的一个区域，它是个对比概念，如侧面、背面。属于阴面。"线"面是一个抽象的概念，除了正面之外的侧翼部分都属于"线"面。侧面的部分集合了次要要素，未知要素。"线"面是一个空间概念与模糊概念。"线"面往往是易被忽视的层面，也是自身薄弱的方面。在军事领域，所谓的正面相持、侧翼进攻，侧翼就是"线"面。比如硬币的两面外，还有一个相对较窄的曲线侧面。一个人在公开场合下的儒雅表现，可在私下里完全迥异的表现就是"线"面。慎独时的情形就是一个人的"线"面。一个人过去的表现,相对于今天而言,就是"线"面。比如我们说,很多公司在录用一个高层岗位的人时,除了在几轮面试这个"点"面之外,再就是进行一个背景调查,如他以前的岗位、雇主评价等。这个就是"线"面部分,很多时候,"线"面更能反映一个事物的真相。

因此,"线"面是具有时间、空间概念的辅助之面。比如过去的某一面,相对于正向的侧面,不被发现、不被重视的一面或几面。比如阴暗面、背面、后面等。它是个笼统概念,与正面对应,作为辅助。

"面"面

"面"面是正面、基本面,是视点所在的区间,外露的部分。比如钱币的正面、办公桌面,乒乓球桌面、台球桌面、人脸的正面等。"面"面是面的属性面。"面"面是物体里最被人熟知的、接触最平凡的一面。平面广告展示的也是"面"面。但很多时候,广告商将"面"面代替了"体"面,比如宣传一款手机的薄,就以电梯缝为背景,能插入进去且电梯正常运转。夸大一枚戒指的功效,就用一生的幸福来对比。这都是以面带体的做法,难免以偏概全。"面"面是相对于"线"面而言的,在公开场合、视力所接触范围,主要展现的一面就是"面"面。通常人们说的展现最好的一面,就是这个。在私下场合或者不为多数人知道的情况下的一面就是"线"面。

"体"面

"体"面是一个外表面,是物体最重要的一面,对人而言就是脸面,属阳面。包含正面、侧面等显而易见的部分。"体"面讲究合乎逻辑、常理、人伦、法律等,更多地倾向形式层面。如局面,当今世界的局面如何,政治的局面、经济的局面,需要有一个公认的、合法的逻辑秩序。同时由于带有体的属性,具有三维空间性质。除了面固有的长、宽二维空间概念外,还有一点时间的概念味道,"体"

面也是一个时间含义,临时的、短期的。一个会场的场面具有空间与时间,人物三者集合之意。它是面在一定的时间、空间条件下以体的形态存在的状态,具有具体、临时特性。如召开一场会议,整个会场的场面就涵盖了时间、地点、人物等要素。一般而言,待人接物台面上要过得去,讲究点台面。人与人之间要互相给面子,尤其是对中国人而言,给一个人面子,会让他倍感体面。

"系"面

"系"面是一个所有面的集合体,属阳面。如球面,一般"系"面都是以其他面的方式存在,当一个物体的主要面都聚合在一起时,它们之间有一定的逻辑关系,这个集合就是系面。如一个公司的财务面、人力面、市场面、技术面、渠道面等方方面面的集合,每个面都有一定的权重,得出一个综合分析,该公司的综合实力就是"系"面的价值。金字塔的四个侧面加一个正方形底面构成"系"面,每个侧面都大小相等,面积均衡,意味着每个面很平等。一个公司在初创期、成长期、发展壮大期、成熟期、衰退期的各个面的关系是变化的。如果每个业务面都均衡,表示进入了成熟期。

"系"面是物体的整个表面集合,主要看是否协调、均衡。不仅要面面俱到而且要面面均衡,不多一面不少一面。以钻石为例,一块石头经过多面的精确切割之后,钻石才能光彩熠熠,每个面虽然有大有小、有规则不规则,但整体看来,十分协调,恰到好处。

面 的 应 用

面是在日常生活中被应用得最多的要素。日常工作、生活里,我们将点、线置放在面上进行应用。因此,面讲究的是平衡、均衡,由此得来平面一说。以面为中心,将点、线、面、体、系的阴阳区分开来,点与系是阳,线与体是阴,且点、线、面、体、系里也分阴阳。任何物体都由至少 3 个维度构成,也都是运动的,运动需要维持一定的平衡。一旦平面遭到破坏,体系也就不稳健。

中国喜欢用面,如所谓看相相面、看看相就是对一个人的前世今生进行分析占卜,描述一件事情或者一个物体,需要面面俱到才可以准确地勾勒出物体形状、属性。面也是物体之间接触的部分,它具有承载功能。如桌面上放置的各种物品。局势的基本面是良性的、可控的。

面通常用来代表整体。在五个基本要素里,面承上启下,承载点与线,构成体与系。在面这个层阶,基本能够反映一个物体的主要属性。看财务面,就能判断一家公司的健康状况;看投资面,就能判断一个国家的经济健康状况;看一个人的侧面,就能判断此人的真实性格。看一个人的脸面气色,就能判断他的健康情况。

在移动互联网时代,面与线一样同样面临萎缩局面。因为量化体系已经可以更加高效、经济,以多维度、立体方式去了解个体会更加容易。原来通过选择面的方式来操作的障碍已经去掉。面也逐渐不具备代表体系的功能,因为任何一个面都有这个功能。一个完整个体必须在每一个面上都是完整的。市场的竞争已经从片面、局部到了整体。一个小瑕疵或者缺憾都能让整个体系失败。所以,互联网时代就是乘法效应与指数效应时代,不再是以前的加减时代。每一个面、每一条线、每一个点都是彼此紧密关联,互相影响,任何一方都不能取代另一方。这个社会的竞争已经进入到体系化时代,就像一个人长得漂亮帅气还远远不够,还要看学识、能力、德性等。

面的作用

对于"点"面而言,如蜂巢上的各个分割区块一样,确保每个区隔都是独具特色的,小而精致,平等。因为每个"点"面都有不同于其他面的作用,缺一不可。"点"面具有点性。其关键是要具有特色、个性,方能够显现价值。所以,在会展行业里,每逢展览,各个商家都要拿出最有特色的商品来参展。

对于"线"面而言,还没有明确的迹象能够揭示出来,只有通过一些零星的点、线的现象,通过隐秘地做工作,通过跨越时空来获取关键信息,勾勒出侧面、背面、后面这些"线"面,以此与"面"面对照,吻合就表明靠谱,反之,就不靠谱。"线"面具有线性。比如公安机关的调查取证,口头询问是正面模式,背后调查取证是"线"面模式。两者互相结合,判断真伪。

对于"面"面而言,关键是要做好承载、展示功夫。基本面要作为重点进行打磨。不同的时空背景下,"面"面是变幻的。如上例,一个公司在创业阶段,产品面是基本面;成长阶段,资金面是基本面;发展阶段管理与人才面是基本面。如果面面俱到了,就表示整体成熟了,稳定了。个人在日常工作、生活中同样如此,工作中需要表现出干练、冷静的一面,生活中需要表现出柔性、热情的一面,遇到危机要表现沉着、果断的一面。

对于"体"面而言,做足关键功夫,将"体"面上的某一面尽可能地放大,以全面之力支持一面之功。然后反过来,一面得道,全体升天。求职者去应聘时,衣着装扮是很重要的,发型、衬衣、西装、皮鞋等,关键要收拾好脸面部分,精神奕奕最能给面试官留下深刻印象。"体"面存在于体系内。

对于"系"面而言,关键是和谐,平衡。每个面的空间分布、大小、资源投入等都需要根据系统的需要来设计,确保每个面在整体的时间维度里都是平等的、有价值的。而不在乎大小与空间本身。作为国家,教育、国防、卫生、经济等都需要均衡好。不能一味追求GDP,忽视了民生面。

面作为我们接触最多的、使用最多的一个形态,往往被点、线、体、系所取代。往小处,点与线能够发挥作用;往大处,体与系能够展示价值。因此,面作为一个过渡、承载要素主要在于对体系的结构,点线的聚合,除了承载作用之外,展示、背景作用也很明显。

"点"面与"面"点同样也不是一个概念。前者属于面,具有面的属性;后者属于点,具有点的性质。前者可以成为后者,但反过来不行。前者在高阶形态里可以被置为点,后者被置为面。

"线"面与"面"线也不是同一个概念。前者属于面,具有面的属性;后者属于线,具有线的属性。前者可以成为后者,但相反不行。前者在高阶形态里可以被置为线,后者被置为面。

线与面的融合形态也属于常用形态之一。比如知名的网购店铺,就从点线式升级为了线面式。比如在联合国这种机构,各国都会有派驻机构与人员,这就是线面式。线就是一连串的决策信息支持,面就是在联合国各个子机构的活动。

有几个关键面:场面、侧面、局面、台面、上面、下面、左右面等。面的表面功夫很重要,跟中国人交往,给彼此留够面子很重要。另外,在观察分析事物时,"线"面很重要,正面往往带有欺骗性,不够真实。

第四节　代表＋包含——三维体

体:三维的空间

动词:亲身经历、理解	名词:手脚、四肢	名词:事物的外形	名词:形式、样式等
	本义名词:骨腔合内脏组成的躯干		

图 12.9　体型形体的含义列示图

体本义为身体,引申为团体(人的集合),扩展为体谅、理解;体制(物里面规矩的集合);亲身从事某项工作,如身体力行。整体上看,体就是一个完整事物的全部。我们常说的体统、体系、体态等都是全局概念,体是空间概念。体同构成为群体,异构成为系。

体是不同位的至少四个面或一个点与一个面或三条不成面的

图 12.10　体型形体的元素列示

线所构成的一个具有完善外化功能的实体,具有自我内生对外影响的价值。体是三维空间概念,有长、宽、高三个维度。体兼有人与物的双重性质,从字面上看"人"与"本"构成体,所以本书的重心在体上面。万事需要合乎规则、遵守规律、找到好方法,解决问题,有个结果。

　　体是最基本的物体形态,包含完整的内外部分,每个部分聚合后能完成一套独立的功能。土豆、飞机、汽车这些都是一个整体,缺一个面或一个点都不是完整的物体。飞机缺个零件,就可能会引起坠机。体内的各个点、线、面能够组合实现一些功能,体外的面能够感知各种反应。

　　体同样分成"点"体、"线"体、"面"体、"体"体、"系"体。从进入到面这一层级后,已经没有轻重主次之分了。体这一层级的形态更是如此。不同的体之间只是形态、功能不同不已,因为不在同一个物体内,他们之间相对较难对比;即便在系统里,也是互相依赖、都有存在的价值,甚至都缺一不可。类似"存在的事物都是合理的"道理一样,当一个事物形成为一个体系时,必定是经过一番修为所得的。哪怕是一条蛇,经过千年苦修,终于得成正果,可化为人形,位列仙班,享受天地供奉,得日月精华。

体是一个完整的整体,由点到线、到面不断聚合而来。体有一个完整的功能系统,体内的每个面、每条线、每个点都不是多余的,都在发挥作用,产生价值。体的阴阳两面十分明显。一个容器是一个体,能盛东西的凹陷部分是阴,支撑凹陷的外围突出部分是阳。一辆汽车,外面是阳,里面的空间是阴。因此,体这一层级的形态就是完全阴阳平衡的要素,具有稳定性,有实体功能。体是地球上事物的基本形态,因为它的阴阳属性最为明显,具有独立功能,能够施动或受动,能成为主体或客体。

"点"体

"点"体是一个独立运作的小规模系统,如同变形体。功能单一、结构简单,跟较为原始的生物一样,如线性虫、软体动物一样,如某个代工工厂,就是一个"点"体。该代工工厂专门从事加工业务,什么三来一补之类的劳动力活。"点"体本质上类似于变形体,一种能变形的动物或植物。"点"体的竞争力较低,因为数量庞大而得以存续。他们依靠大的物体或者伪装自己,或者灵活变通获得生存。

"点"体分布在各个领域,内部结构简单所以提供的功能单一,他们要求不高、适应性强,有很大的耐受性。那些小型的加工厂、小型的物流服务公司、小型的人才中介机构、社区的手工艺者等都属于"点"体。这些"点"体独自存在,但每个都能发挥正常作用,体现正常价值。因为他们都能够找到依附的体系,并且外包这些体系的线性服务。在我们居住的小区菜场旁,有个小的店铺不足 6平方米,夏天就卖冰品,冬季就卖烤栗子,春秋就卖炒干货,一年四季客流不断,生意兴隆。旁边一家店铺也是如此,根据季节、根据市场流行进行产品调整。如前年流行什么甜品,去年流行烤馍馍,今年流行烤蛋糕,老板根据市场情况来调整产品。

随着信息技术的不断发展,"点体"将更多地涌现出现。他们以自由职业者的身份出现,如律师、会计师、税务师、评估师、独立撰稿人、评论人等等。由于信息的发达,多种沟通平台的丰富与网络的健全,他们可以与其他主体,无论是个体还是群体保持随需应变的联系。最大限度地发挥其依靠自己技能、能力的价值。

"点体"的蓬勃发展与健康运行,是一个系统健康的标志。他们的存续状态见证了系统的丰富与立体。

"线"体

"线"体是由多个单体在某个面处连接而成的临时区域性联盟体。"线"体有一个主诉求点,各个单体围绕该诉求组合,分工合作,一致对外,共同完成一个目标。如连锁店、采购联盟、团购、TD-SCDMA 联盟、蓝光联盟等等。"线"体上的每个单体都单独成体,能够独立运作,除了参加"线"体的一些事务外,还有自己独立的业务运作。这点与"线"点、"线"面等有很大不同。"线"体上每个个体都是独立自主的个体,而"线"点、"线"面上的点、线却不是完整个体,不能发挥完整技能作用。比如 TD-CD-MA,除了参加联盟的一些工作外,这些公司自身还有很多其他的工作要做。

"线体"如手拉手的一群人一样,无论是游行抗议还是娱乐起兴,他们为一个共同的目标而来,一旦目标达成就会解构成独立的个体,线体是临时的一种状态。属于阳性性质。

还有一种特殊的线体形式,就是由分割在不同区位的点组合而成的,如很多的 IT 公司的注册地、总部、营销、市场、研发、客服,实际控制人所在地等都分属不同地方,每一个部分都在自行运转,从而组合成一个怪异的全球型公司,便于享受每个地方带来的好处。由点体聚合而成的线体,是一种全球化下的趋势。

"面"体

"面"体是由多个体的某个面聚合而成的体。"面"体有很多耦合的面,每个面无论大小、长宽基本一致,势均力敌。"面"体处在众面相争之中,没有哪一个是主导。同时,由于无法在主面确定后进行内部资源优化配置,形成一个统一的体,因此,"面"体不算稳定,在一定的时空条件下,会转化成"线"体、"体"体。比如金字塔就是"面"体,除底面外,群体几个面都是正三角面,且这些三角面大小均等。这样的"面"体也最稳固。但这种稳定是非常态,不稳定才是常态。

一般而言经过市场锤炼的公司,都走过创业期、成长期、发展期、成熟期、衰退期等几个阶段。在早期的创业与成长期内,产品面最突出,成长阶段是市场面最为要紧,成熟阶段是管理与创新最急迫。一个公司如果研发、产品、营销、管理、服务都面面俱到,都十分优秀,那么这就是典型的基业常青型公司。一家公司从创立到成熟就是从点到体的过程,当上了规模之后,体的各个面就会实时变化大小,研发部们、生产部门、市场销售部门、工程实施部门、客服部门、人事部、行政部、财务部等的重要性、投入资源都在变化。

一个公司的财务面、营销面、研发面、人力资源面与运营面等都处于面的形态,公司是一个单一体,处在成长期。

"体"体

"体"体是基于共同利益内生的长期的广泛的紧密的共同体。这是体的本位形态。如欧共体、独联体、东盟、非盟、阿盟等,单体之间有很大的利益关联度,有价值观、军事、经济、政治等多个重合部分,如同一个大家族一样,有共同的祖先、家训、产业、传统等。

"体"体将是当今社会下群体发展的一个趋势。因为国与国之间、企业与企业之间、人与人之间已经形成一种自然形成的混搭状态,彼此渗透融合,无法切割。谁也离不开谁,谁也都需要谁。这种架构促使世界的安定、发展。体体之间已经在点、线、面、体多个形态进行了对接,成为了新的点、线、面、体,促成了全球一体化。

"体"体是在互联网时代最为常见的一种方式,具体体现为平台＋应用＋服务模式。会在系级形态主导下形成一种具有竞争力的应用类型,如 O2O。

"系"体

"系"体是多种功能组合的综合体,接入了很多点、线、面、体等组合而成,如大型交通枢纽、机场、车站、集散中心等。"系"体本质是一种综合体系,它组合不同的功能体提供整体化解决方案。在经济全球化的趋势下,城市化、信息化、工业化、国际化、市场化的大形势下,人口将不断聚集,信息流、物流、商品流、资金流等高度汇集,需要有更加强大的平台来承载,这种"系"体将有很大的空间,包括云计算、大型的枢纽、大型的港口、机场等等。

体的应用

每一个个体都具有各自的独立功能,但为了实现一种更大的应用,众多的体级形态便接入进来,升级中心体为接入中心、集散中心,如机场、旅游集散地、城市综合体等。将交通、中转、购物、娱乐等融为一体。如杭州的黄龙集散中心,上海虹口足球场的旅游集散中心,北京的前门、东直门北大街等都是"系"体。

对于"点"体而言,允许存在,合理规范即可。"点"体有很强的自我适应性,能根据时空变化进行调整。比如很多小区或者学校附近有很多小商店、小商贩。春秋季节就卖各种饰品、小玩意,卖热狗、煎饼,到夏天就卖冷饮、冰棍、水果,到冬天就烤羊肉串、红薯。社区居民所住的小区附近有中小学的话,每到冬天,小贩就开始烤羊肉串、鱿鱼串、红薯、豆腐脑等,学生们放学回家的必经之地有这些暖手暖胃的美食,自然不放过。到了夏初,就开始卖冰棍、冰淇淋、冰镇饮料等等。所以,社会上对"点"体不要规范过严、管得太多。当前城市里城管与商贩的矛盾就是因为没有意识到这些商贩尤其是流动商贩都是"点"体,没有去思考这些"点"体对整个系统的净化、补充与支持功能。

其实,"点"体们能接受要求,自我调整,满足社会大众的需求喜好同时,还能够解决自我生计,这是多赢。很多地方政府非要搅局,结果闹得多方损失。自身形象受损,商贩生计无着落,路人没有消费之处。

对于"线"体而言,这是每个"线"体里的个体的自发行为。但政府、行业组织等可以鼓励、倡导正向行为,反对负向行为。比如铁矿石采购,中国众多钢铁企业分散作战,总是被矿商欺负,被人家各个击破。不仅占不到买方的优势,而且连基本的市场公平都得不到保障,因为其他国家的钢铁企业联合起来通过谈判已经给我们自己的钢铁企业划定了范围。我们很多钢铁企业最后还是不得不接受。

比如要发展一种新兴产业,如核高基领域的产业,如芯片啊、标准等,应该大力推进"线"体建设,扩大了联盟势力。但如果要形成垄断,搞价格联盟,控制市场供给,囤积居奇扰乱市场秩序,那就需要打击。

"线"体是经济一体化的产物,这种模式必定会继续扩展下去,无论在规模上,还是种类上,甚至跨越国界、产业界。对"线"体的维护就是确立共同目标,各自分工合作,个体共同发展,共同分享,按照投入产出原则进行分工协作,不得以大欺小。要打击"线"体,除了分化瓦解,另立新的"线"体之外,就是拆除其存续的因素。一般而言包括趋利避害,消解危害的因素,建立利好的因素。

华约与北约就是两个"线"体。华约的解散除了北约对华约的带头大哥苏联实行冷战外,也对华约多个成员国威逼利诱,最终双管齐下,拿下了华约。目前北约扩张至俄罗斯门口,俄罗斯誓死守卫红线。

"面"体是一种不稳定体,是一种在演化过程中的体形。组成体的每个面随着时空变化而优化，最终相互均衡。

"体"体是共同体，需要不断强化共同的厉害关系，同时对于共同体内的异变实行特殊的处理，在经过程序化的政治之后，必须以保持共同体最大利益为原则进行调整。比如欧盟多次对希腊、西班牙等国家进行救助。直到现在，也没有放弃过希腊。共同体如同一个木桶，少一块木板之后，木桶就不再是木桶，必须重新拆解后打造新的规则，本质上的变化如成员国权利义务，共同体宗旨等可能都有较大变化，相对于规模与数量而言，这些才是致命的。

"系"体是一种超级综合体，能够提供一站式解决方案或者全程服务的组织形态。随着城市化进程加快，信息技术的应用普及，综合体将越来越多。各种以学校、车站、购物中心、旅游中心、运动馆、商务中心、行政中心为平台的综合体将越来越多。平台接入各种各样的服务，使得工作、学习、生活、休闲更加便利。

体系的思维是中华民族的思维。所谓讲究体统、注重分寸，要求识大局顾大体，这些都是体系的思维习惯。我们是一个注重集体、群体的民族，一直以来都这样被教导。而实际上确实刚刚相反，我们却是如此的个人主义。在日常生活、工作之中，我们本质上信奉的是个人而非集体。我们是一个口上讲集体与脚上重个体的民族。这就是阴阳调和。所谓的为大家舍小家、为大我弃小我，结果确实相反。所以在云与大数据时代，构建体系的生态是一种认识论，做好个体的点才是方法论。成大事必从小行为开始，勿以善小而不为。

概念区分

"点"体与"体"点的差别在于前者是体，后者是点。前者可以成为后者，而相反则不成。前者在高阶形态里可以被置为点，后者可以被置为体。在一定的时空下，点被视为体或体被视为点。

"线"体与"体"线的差别在于前者是体，后者是线，前者可以成为后者,而相反则不成。前者在高阶形态里可以被置为线,后者可以被置为体。在一定的时空下,线被视为体或体被视为线。

"面"体与"体"面的差别在于前者是体,后者是面,前者可以成为后者,而相反则不成。前者在高阶形态里可以被置为面,后者可以被置为体。在一定的时空下,面被视为体或体被视为面。

中国人由于来自《易经》的思维习惯,动辄就是体系。我们常听老人说一个人不成体统。比如在家族祭祀、重大节假日时期或者重要客人来访时,家族里的年轻人穿着不合适、说了不合适的话等,都会被有威望的人训斥,"不成体统"。我们理解体统就是一个人在合适的时间合适的地点面对合适的人时,穿合适的衣服、讲合适的话。你在人家葬礼上穿得花枝招展,还谈笑风生,就是不成体统。

我们现在很少这样去要求后辈,也很少这样操作。工作时,我们很多人学习外国的公司那样穿着短裤、人字拖,牵着小宠物狗;生活时,半夜三更夜不归宿。按照老传统,工作时应该西装革履,回到家后应该休闲舒适。现在似乎都不讲究了,也都不成体统了。不成老体统,却成了新的体统。但这个新的体统需要经过时间、空间的验证。新体统也需要与老传统保持线性的延续,而不是直接切割。如果切割,那么就不再是线性的体了,就没有价值,因为时间中断了。

点与体、线与体、面与体的融合都可以成为点体式、线体式、面体式,分别对应群体的委托人代表群体进行活动,比如大使、政府首脑、企业决策者等;线体式有交通、金融等部门,其业务性质是线性的,流通性的;面体式如展览馆、博物馆等。

体是一个三维概念,有长、宽、高,比如大就是个体性词。强也是个体性词。有几个关键体:变形体、共同体、同盟体、多面体、综合体。形态的层阶越高,形态就越少,正如有很多平民,却只有几个长官一样。因此,在往高处走的过程中,在建设发达的社会过程中,基础要打牢。另外,遵循阴阳原理,兼顾好现在与未来,有形与无形,政绩与责任,平时与应急时的关系,真正将工作做成一个个实实在在的体。

第五节　包容＋辐射——四维系

系：网络的同义词

本义动词:将绳索套在颈项上行刑	本义动词:攻击敌军、捆绑囚犯	名词:独立的元素联结而成的网络	动词：关联、联系	动词:表示肯定、判断,
本义动词:结绳记事		动词:捆绑、用绳子结扎		

图 12.11　系型形体的含义列示图

图 12.12　系型形体的元素分类

　　系,本义是结绳记事,引申为拘系、捆绑,关系、联系、关联,确定彼此关系的词如 A 与 B 的关系,不同联系组合成的集合如派系。从绳子到物物关系、到人的派系派别,系逐渐成为一种含有范围含义的词。

　　系是至少三个不同位的体构成的一个具有相互关联的内化网

络集合，具有共享与交换价值，能够相互支撑形成一个良性闭环。系由三个空间维度和一个时间维度组成。包括长、宽、高与时间。系是单个物体的最高形态，也是用来描述最复杂的用词。系由相同关联的体组成，体是具有实体功能的整体，因此，系便是若干同类或同性体的集合。分为"点"系、"线"系、"面"系、"体"系、"系"系，他们分别对应嫡系、派系、父系、母系、星系。系看起来有点笼统和抽象。它也是中国人思维模式里的基本模型，我们动辄会说不成体系、需要系统思考。系，需要具有标准、网络、数据三个基本要素。以点、线、面、体、系的维度在标准规则下，通过网络载体对数据进行共享与交换。

系是放大的点，点是缩小的系。由于系含有判断之意，因此，系比体更能代表物体属性。我系中国人，他系美国人。作为一个系的个人或作为一个系的公司，它的特征会更加明显，功能更加健全。阿里系、腾讯系、复兴系等，更能够形容一个公司。

系 的 分 类

"点"系是一个封闭的、自成一体的内部系统。如嫡系，是一个体系内的"点"系，每个"点"系是一个独立体，如鹰派、鸽派、亲美派、亲日派、台独派、统派等，他们有自己独立成体的主张、纲领、组织与行动，但必须存续在一个更大的系统里，如都属于政党概念。因为点不具备实体功能。"点"系具有紧密的联系与明确的主张，很容易被识别与认知。这里，"点"系具有点的属性，定位标识性能。

在企业层面，在中国如很多行政事业单位的三产公司，就属于"点"系范畴。他们在自己的母体下从事各种活动。这种公司的外部竞争力很差，随着国家逐渐对事业单位进行改制，"点"系企业在中国可能进行市场化转型。

"线"系是一个有共同源头或根源的内部耦合型系统。如母系,由血缘衍生出来的多条线,每条线均自成一体。如民国之初的"四大家族"就是一个母系组织,蒋、宋、孔、陈四家由血缘而下结成政治经济军事体系,每一家均自成一体,但在根本利益上一致。如传言道:蒋家的天下陈家的党,宋家的姐妹孔家的财。

"线"系同样存在于大型的企业集团,财务或金融、品牌、或控制人是根源,衍生出多元化的集团。如韩国的现代、三星、LG,日本的三菱、三井,美国的 GE、百盛、新闻集团、波音等等。每个行业属于一条线,共同形成大型的企业集团。这样的"线"系型企业必定是国际化的、全球化的,因为需要足够的资源、市场来支撑。当年的黄埔系就是一个典型的"线"系。类似老乡会、同学会也属于此类。比如浙商、河南帮、福建帮等都是由一条线牵出来的一个体系。具有明显的特征和个性。"线"系是由线体来充当"系"点的大系,若干体聚合成"线"体,再聚合成"线"系。

"面"系是一个结盟型的离散型集团。类似父系模式,如北约、华约这类机构。内部紧密程度不如"线"系,有一个抽象的利益诉求。每个面里面都有更紧密的组织,如美国重返亚太组织的美日澳、美日韩、美非印等等。"面"系根据利益需求,针对某一个特定的对象,在某一个方面进行一定程度的合作。当时的八国联军也属于这类。

"面"系是有时间属性的,在企业层面,包括外资预谋的集体涨价,控制核心技术,以及对所在国进行的诉求,如法制要求、平等待遇等进行临时结盟。如在华外企就要求中国给予这样那样的待遇,在控制中国市场上实行这种那种的联合。如各种主权、私募基金的买空卖空行为。"面"系是由"面"体来充当"系"点的系。

"体"系是一个抽象的集团概念。如云系模型。云高度集合一些资源、功能,通过多个管道与终端,面向外部网络。这与当前的云计算模式较吻合。GOOGLE、苹果、亚马逊、微软等知名云计算服务商,集成了强大的应用服务能力,构建了 IAAS、PAAS,提供

SAAS 的服务。这如同世界银行、国际货币基金组织等机构。"体"系是最为成熟的系统。如太阳系就是"体"系,有一个体作为全系的基本力量,维系整个系的运作,提供能量与动力。比如阿里系,腾讯系、百度系,这样的企业里,一定有一个主体来控制整个系的运作。

"系"系,属于星系范畴,是一个宏观的集团概念。星系,具有庞大的规模与质量,彼此之间依靠一个强大核心维持运转。如太阳系、银河系、大仙女座星系、室女座星系群(包括 NGC4552 星系、NGC4486 星系、NGC4479 星系等)、阿贝尔 2218 星系群、大/小麦哲伦星云星系等。"系"系是有一个系来充当全系的"系"点,正如将太阳系作为"系"点来成全银河系一样,将银河系作为"系"点来成全宇宙一样。

系 的 应 用

"系"点与"点"系的差别在于前者是点,后者是系。两者的关系是,后者可以成为前者,而相反则不成;前者是点在系阶以上的形态里临时具有系的功能;后者在系阶以上形态里临时被置为点状。在一定的时空下,系被视为点,点被视为系。

"系"线与"线"系的差别在于前者是线,后者是系,后者可以成为前者,而相反则不成。前者在高阶形态里,可以被临时具有系的功能,后者在系阶以上的形态里可以临时被置为线。在一定的时空下,线被视为系,系被视为线。

"系"面与"面"系的差别在于前者是面,后者是系,后者可以成为前者,而相反则不成。前者在高阶形态里,可以临时被置为系;后者临时可以被置为面。在一定的时空下,面被视为系,反之亦然。

"系"体与"体"系的差别在于前者是体,后者是系,后者可以成为前者,而相反则不成。前者在高阶形态里,可以被置为系,后者可以被置为体。在一定的时空下,体被视为系,反之亦然。

系属性为阴,也就是指系本身的运动体现在系的各个子体上。系自身的变化取决于每个体的变化。

点、线、面、体、系、宇(略掉)作为五象的六个维度,其自身同样分解成五个子维度。每一个维度都存在于高一层阶要素之中。并且一一对应,阴阳互补。每个元素都有自身的价值,根据阴阳平衡的程度进化出功能的健全程度。面、体、系是功能元素。面是阴阳均衡的,所以从面这一级元素开始,具有独立的功能,体具有的是代表功能,系具有的是包容功能。而点与线是一种组成元素。他们的阴阳还不均衡,还不具备独立的功能。但每种元素都有作用,并且他们发生作用必须有另一个元素作为参照。

五形对于天时、地利、人和、物格、法通可以不断解构,以看清物体本身,聚合是还原本身。点系式、线系式、面系式、体系式也存在于日常社会之中。"系"点与系,"系"线与系,"系"面与系,"系"体与系的融合模式。

关键系:嫡系、母系、父系、派系、星系、资本系、品牌系、区域系等。成为系的形态时,一切凡事都要谨慎。进行局部的革新以保持体系的先进性,否则体系必将不被大的系统所容纳。

我们已经进入到系时代。巨无霸们已经崛起,不用系来界定似乎无法定义他们。如阿里系、腾讯系等,在系之下是群,如娱乐事业群、电商事业群、游戏事业群等等。移动互联网时代,是一个追求垄断的时代,因为无规模不经济。平台会越来越大,体系会越来越重,这就让更多的小微企业越来越点化。这种局面一旦形成,就会成为两极。极端巨大的平台与体系,极小的终端应用。很快情况翻转,业态解体重构,形成新的个体、中介等模式,再从分工不一到下一次的极致情况。历史,就这样地循环往复,不同的是形式不一样。工业时代是托拉斯、辛迪加等。移动互联网时代是谷歌、苹果、阿里、腾讯等。在可预见的未来,这种情况还会继续。但人类最终会消除这种现象。企业作为一种经济行为的模式必定会遭遇到问题。资本主义最大的发明是"公司"。公司的最大目的是获利，一旦公司无法有效获利，就会有新的形态取代。

在所接触的创业者中，动辄谈生态系统，改变世界的人不在少数。的确从农业时代的点型形体到工业时代的线性形体，信息时代的面型形体以及智能时代的体型形体，我们的创业者们在构建自己的商业模式时也与时俱进。但是，他们不清楚，创新要兼顾历史，从低层阶到高层阶的演化不是资本可以堆砌出来的，生态是一个有机形成的过程。一个良性的生态必须按照自然的节奏，共建共享出来的。无论是几流合一，还是体系升级，还是各种基础设施、平台等，都遵循形体变化的法则。

不过有一点要承认，我们尽量所要弄清晰的世界，仿佛越来越混沌了。正如我们的创投圈里一样，我们分时间、分空间、分群体之后，机会反而是在整合融合这里。我们创造的那些概念与热词，如风口、痛点、刚需等，反而让彼此顾此失彼。一再喧闹的中国创业者们，有一种赶超美国同行们的冲动与窃喜。殊不知，我们缺的不是技术、不是产品，更不是用户，而是思想。在所有上市的企业或者被认为是独角兽的企业中，没有几家在输出思想。思想是比标准更加高形体的东西，是引导成为方向的东西，是一种高瞻远瞩的洞见与少数派的先知先觉。因为缺少思想，所以，我们盲目乐观、火拼、炮制出各种匪夷所思的概念。O2O也好，互联网＋也罢，我们习惯从形体入手倒推本质，结果就是创业者们哀鸿遍野。而少数几个从核心导向形体的，已经枝繁叶茂。所以，在移动互联网、大数据、物联网的时代里，回归自然、回归初心、尊天时地利人和，才可能打造生态系统。

第十三章　六形变化

第一节　利的形体

　　利的形体就是利在产生、交换、分配全流程中呈现的体系，是如何去辨识利益机会的一种思路。它是利在运动与变化过程中呈现的形体变化与位置移动幅度。形体就是本书所言的六形，即点、线、面、体、系、宇。利之形体的层级越高、时间越久、空间接触面越大，越能体现彼此交易的关系度。形体就是利在六形的体现，是通过层面来区分利。层，是纵向关系；面，是横向关系。人与人之间的比较主要在层上，我们用层次来形容。所谓的圈子就是同一个层。物质形态高的，这种体现就明显，比如哺乳类动物就比两栖类动物明显，哺乳类里的灵长类就比其他类型的明显。一只猩猩的行为比一只猫更能体现利对物质的作用。雌性猩猩为了获得食物，以交配为交换条件。这种在雌性猩猩看来，需求的满足可谓一石二鸟、一举两得。而人类则属于更高级别的动物，目的变得更加丰富与立体，从动物的纯物质需求到物质与精神兼有的需求，从原始的杀戮获取到文明的获取。

　　因此，利益的获取与表达，能够体现主体的形体层阶。所谓物质形态高就是该物质是否能够对其他物质采取的阳性作用力。反之，物质形态低，则是阴性作用力。阳性作用力是一种双赢、共赢、多赢的作用力，阴性作用力相反。有修为的人类会选择"劝君莫打三春鸟，子在巢中待母归。莫食三春蛙与鱼，百千生命在腹中。"在欧洲很多地方,他们的渔网会自动漏掉小鱼。无法用正向的阳性作用力去作用左边的世界,就永远无法"内圣外王"。先内圣,自然外王。

物质的形体层阶越高,对阳性利益的需求也就越大。于群体层面,马斯洛的需求理论就证明了这一点。满足自己小我需求的,是阴性的利益满足;满足大我需求的,是阳性利益满足。从生理需求一直到自我实现,就是一个普通人从阴性需求到阳性需求的过程。就是一个实现自我圆满的过程,是一个群体发展变化的写照。在地球的历史上,每当一个物种崛起时,都会改变整个物种生态的秩序,形成以统治物种为主的生态形体。现在,轮到人类来充当这一统治角色。形态高的物质采取的是全覆盖的生存法则。就像恐龙一样,无所不吃。而人比恐龙更甚。生物的灭亡如同生物的出生一样自然,不自然的在于,生物的以物种方式加速灭亡之后,并没有同样以新物种出现的方式弥补这个生态系统。

有一种观点认为有权有钱有势的人是不是形体就高,他们出入高档场所,住在豪宅别墅,驾驶豪车游艇,吃的都是"取自全球"的高档品,一掷千金。当然,他们挣钱也是毫不含糊,日进斗金。那么他们的利是否就是高形态? 不一定。本书的标准不是以获利多或者耗利多为标准,而是以是否是阴阳阳调和下保持长久利益。一个靠捡垃圾为生的老人靠自己的辛劳积攒下几十万,自己省吃俭用,拿出绝大多数捐给社会。而有的土豪,纸醉金迷、奢华淫乱。利之相比,自然前者利的层级更高。利他、利大众、利社会的阳性作用力更能体现主体的层级与品质。

按照毛主席的话就是,一个高尚的人、一个脱离了低级趣味的人,一个有益于人民的人。高层次的需求是一种阳性的利益需求,一种可以持久的需求。低层次的需求是一种分散满足的需求。前者被群体鼓励,后者由个体解决。

从体形的六个层阶来看,点就是相对独立、封闭、需与外界关联才能发生作用的形态;线就是一连串相互关联的点构成的能反映一定趋势的通道;面是不同位的三点或不同位的两条线以及不同位的一条线与一点构成的一个区间范围;体是不同位的至少四个面或不在两个面上的点构成的一个具有完善外化功能的实体,如正方体由六个面组成;系至少是三个不同位的体构成的一个具有相互关联的外化网络。如银河系、太阳系,在学科上,如法律系、计算机系,在企业形态上有阿里系、腾讯系、复星系;宇由系组成,或者是包含系以及其他新形态的集合。《易经》乾卦对应首,坤卦对应腹,震卦对应足,巽卦对应股,坎卦对应耳,离卦对应目,艮卦对应手,兑卦对应口。本书同样有此对应。点对应足(或手指),线对应腿(或胳膊),面对应腹,体对应首,系对应人体某个系统,宇对应整个人体。

　　点、线、面、体、系、宇按照形体的层阶进行聚合,正如必须经过一楼才能到六楼一样。点集合成线、线交合成面、面粘合成体、体组合成系、系聚合成宇,但在分解时可以不遵循层级关系,正如从六楼跳下去,可以直接到地面一样。体系可以直接一次性分解成面、线、点,这种跨层次分解需要强大的能量。如一架飞机坠毁解体和一座大桥坍塌一样,瞬间完成解体,爆发巨大的能量,自然也产生巨大灾害。

　　点、线、面、体、系、宇每个形态或多或少都具有点、线、面、体、系、宇的性质。"点"点就是点,线"点"有线的属性,面"点"有面的属性,体"点"有体的属性,如此下去。另一方面,相对于所在空间而言,任一个形态可以被视为点、线、面、体、系、宇中的相对低阶的一个或多个形态。例如,线在面、体、系、宇的范围内可以被视为一个点,就是"点"线;面在体、系的范围内,可以被视为一个点,这就是"点"面。也可以被视为一条线,"线"面。因此,六种形态的重构下,共有五个本位形态(宇类同于点),就是点点、线线、面面、体体、系系、宇宇(同于点点),加上十个阴性元素("线"点、"面"点、"体"

点、"系"点、"面"线、"体"线、"系"线、"体"面、"系"面、"系"体），十个阳性元素（"点"线、"点"面、"点"体、"点"系、"线"面、"线"体、"线"系、"面"体、"面"系、"体"系）。十对阴阳元素一一对应。如图1.3所示。

颜色相同的形态为阴阳对应关系。阴：阴性主收缩、静止、常态、虚拟、内部、自己、柔性、基础、黑暗、低调、隐蔽、弯曲、雌性等等。阳性主扩张、运动、变化、实体、外部、坚硬、明亮、高调、线路、直线、雄性等等。白色斜线上方的都是阴性形态，白色斜线块下方的都是阳性形态。阴阳共存，阴中有阳，阳中有阴。

六形里有四个原则。一个是形体守恒论，一个是形体进化论，一个是形体解体论，一个是形体生克论。

形体守恒描述的是无论形体如何重构，都保持形体本来的层阶不变。如一个"面"性形体作主体时，可能是"线"面、"体"面、"系"面；做客体时是面"点"、面"线"等，但本位形体都是面，除非有新的能量注入或者力量来解构该本体。举个例子，一个市长无论是在区里、市里、省里还是国家层面去开任何会议，他都是以厅级干部身份出席，然后会务组按照级别排序。无论他是与会代表里级别最高的，还是级别是最低的，他的级别始终不变，保持守恒。

形体进化论描述的是低层阶的形体需要具备一定的时空与能量补给条件方可逐级晋升为高层阶的形态。同时，这个层阶的形体只有相对于更高层阶的形体而言时，可以不受层阶限制地自由自动对应为低层阶的形态。如面性形体升级为体性形体、系性形体时必须是逐层逐级的，还要增加条件如能量与时空。同样如上例，一个厅级市长要在升级到省（部级别）、国级，必须一级一级地上去，还要政绩卓著、关系铁硬、作风不出问题（连升三级的是非常道，在成熟体制里根本不可能，顶多是中间级别停留时间卡位短，但也要符合最低要求）。从另一方面看，不受层级阶限制对应为低阶形体，是一种相对而言的状态，并非本体降维。厅级市长在政治局委员、政治局常委眼里就是小兵一个,跟办事员与跟班、司机、家里的保姆一样。此时市长与处长、科长都一样,几乎没有层阶概念,因为对方的层阶太高了。就像皇帝驾到之后,无论是一品、二品,还是九品,庶民都得麻利地、娴熟地跪下高呼"万岁、万岁、万万岁"。

形体解体论描述的是形体在遭受内外的力量作用,骤然降解与跨层阶降解甚至于消失的状态。同样对于厅官市长,如果中纪委巡视组发现他有问题,"双规"之后就可能降级撤职。这就是外来的力或能量作用的结果;或者因为内部因素作用导致形体变化,跟有些干部一样,如济宁市长梅永红挂冠而去。一个人要从台北101大厦的顶楼到底,只要一跳就可以了,直接穿透中间100层。但如果是形体进化论,就得从1楼爬到101楼,坐电梯不过是速度快一些而已。就像《三体》说的降维打击一样,大象一脚踩下去,别说老鼠、兔子、人,就是狮子、鳄鱼也得毙命。从三维变成二维,在陨石撞击地球的地方,生物不是从三维立体到二维,而是直接气化直接成为粒子。一个市长级别的厅官在更高级别的大BOSS面前,看人家BOSS把你当什么了。是他的人,可以是正常的厅级待遇;不是他的人,给你处级、科级待遇都很正常。但,你跳来跳去,最高上限不得超过厅级。因为上去有限,下来自由。

形体生克论是说明物体在生与克的过程中,不一定遵守高层阶必定克制低层阶,低层阶必定服从高层阶的理论。层阶的高与低只是维度高与低的描述,不是能力与优劣的标准。还是上例,市长可以强迫一个科级干部,也不可以强迫;该干部可以服从,也可以不服从。在形体层阶上,石头剪刀布这个游戏就是个例证。石头是三维,布是二维度。低层阶形体胜高层阶形体。水滴石穿,绳锯木断。同样是如此道理。点性形体胜过体性形体,线性形体胜过体性形体。

这四个理论是一个整体,形体守恒是常态,进化论是有条件逐级向上生长,解体论是有条件跨级瞬间解体。明白这个道理,就明白在宇宙世界中,一切皆依靠能量,谁都在寻求利益,趋利避害是宇宙万物的存在法则,也是本书的观点。生存与成功是多么的艰难,而倒霉与死亡是如此的迫不及待。所以,每个物种都在争夺生存权,每一个物种里的每个群体,每个物种里的每个群体里的每一个个体,都在竞争、妥协、联盟、背叛中突围。雄性通过性来播种DNA,让自己的基因延续;雌性则自觉不自主地配合了雄性,选择高大、智慧、勇敢、富有的雄性来结合。

形体层阶越高,越容易辨识其本质、规律;层阶越低,越不足以辨识本体。如出现一个点时,我们通常很难判断它的过去、现在、未来,但如果连续多点能够构成一条线,就相对容易地被识别它的现在和它的趋势。如果是一个成型的形体,就更容易被判断。俗语所谓不欺小,就是不要小看任何一个小孩,因为小孩的未来充满变数,不容易判断。《易经》的六画卦说得很明确,"初不知、上易知"对应"点难知,系易知"。故而,要整明白一件事,都需要经过不断调查、了解、搜集更多信息进行全方位的分析,得出事情的前因后果,才容易弄明白来龙去脉。光一知半解、不求甚解是断然不能了解全貌的。

一般而言,低层阶的形态具有更多种变法,两者的关系成反比。低层阶形体的在维度上自然也是低维度的。所以,低维度的形体具有更多种变法。无形、无象、无我者,尤甚。这跟做投资一样,在天使轮时,你看不清方向,风险大,但你还是投了,结果成功退出,获得几十倍百倍的回报。但如果在上市前进入,做 PE 等就没这么高回报,自然风险也低。所以真正考验投资能力的是做前期投资的,包括天使轮、pro-A 轮等。

不同形的体如何作用?一般而言,层阶低的形体一般维度也低。低维度低形体的物体能够溶解、稀释高维度的,使之降维。如洪水过后,建筑物倒塌、植物凋敝;高维度的具有穿透、跨越、嵌入、渗透、辐射到低维度的物体。如光波、电波、声波、磁场等穿过墙壁、山洞、水等。包括辐射、穿透等。同位阶的形态相互可以是加减乘除，高位阶的形态可以对低位阶的进行加减乘除，反之不行，只能进行等位阶的操作。如点只能嵌入面、体。刀切豆腐，但豆腐不能切刀；桶可以盛水，水却不能盛桶。理解形体的作用与关系，就很容易看懂互联网。就像，拿到一个人的银行卡一查，就知道他的能力指数一样；就像拿他的手机一查，就知道他的人品指数一样。

天象、地象、人象、物象四个象都由此点、线、面、体、系、宇六种形态中的任意一种或几种组成。所以，要搞清楚每个象，就需要解构成为具体子象，子象再解构成五种层阶的形态，以便于看到最基本、最初始的形态。同样，可以反其道行之。

认识到这六种形态之间的关系以及运作，方便更全面、清晰地看清事物的本质，同时判断未来的趋势。本书的核心价值在于认识事物本质，构建最合理的方式，从而趋利避害，将认识论与方法论合二为一。六种形体内部有阴有阳，如点有实点、虚点，线有实线、虚线，面有正面、背面，体有实体、虚体，系有内系、外系。同时，这五种形态也是有阴阳对应。以面为基准，点、线为阳，体、系为阴。

任何人或物体都需要占用一定的空间位置，无论是有形的还是无形的，按照本篇都可以构建出一个模型来，天、地、人、物等可以找到自己的位置，且辨明与物体的位置关系。确定关系之后，就可以进行连接。当今互联网言必称连接，其实都没搞清楚为何要连接、如何连接。乔太守乱点鸳鸯谱，只要是一雄一雌就拉到一起，甚至把公的和公的，母的和母的摁在一起。由于任何物体都是运动的，因此空间维度、时间维度是动态变化的。每个形体如何被定义取决于其所在的体系是否在层阶上高于该对比形态。如"线"面，如该面所在的层阶一定是高于面的体或系等高层阶形态时，该面才有可能在一定时空下可以被视为面等位及以下的形态,如"线"、"点"。同时,这种替代必须是不改变原有模型的基础上,即形体守恒。我们称之为等位转换。原来有多少面、多少线,转换后依旧有这么多,或者原来的形态层阶依旧是等位的。如果转换改变了原有模型,新的模型层阶下降或上升,都不受形态守恒约束。我们称之为非等位转换。改变了体系形态,就改变了形态本身。等位不等于位置大小不变,相反,正好是形态的位置大小发生了变化。如"线"面,面可以具有线的部分属性,实行部分线的功能,但还不是线,它的位阶还是面,但由于功能的变化,空间范围会有对应的延伸,位置大小会有变化。

表 13.1 不同形体组合的异同分析表

名 称	区 别	联 系	功 能	属 性
线点 VS 点线	线点是点,点线是线	如果在线里,线点就是点线的单维度放大版,前者代表后者	前者点作线用,后者线作点用	前阳后阴前动后静
面点 VS 点面	面点是点,点面是面	同上	前者点作面用,后者面作点用	前阳后阴前展后缩
体点 VS 点体	体点是点,点体是体	同上	前者点作体用,后者体作点用	前阳后阴前括后缩
系点 VS 点系	系点是点,点系是系	同上	前者点作系用,后者系作点用	前阳后阴
面线 VS 线面	面线是线,线面是面	同上	前者线作面用,后者面作线用	前阳后阴
体线 VS 线体	体线是线,线体是体	同上	前者线作体用,后者体作线用	前阳后阴

名　　称	区　别	联　系	功　能	属　性
体面 VS 面体	体面是面,面体是体	同上	前者面作系用,后者系作面用	前阳后阴
系线 VS 线系	系线是线,线系是系	同上	前者线作系用,后者系作线用	前阳后阴
系面 VS 面系	系面是面,面系是系	同上	前者面作系用,后者系作面用	前阳后阴
系体 VS 体系	系体是体,体系是系	同上	前者体作系用,后者系作体用	前阳后阴
前者为形容词,定义范围与功能;后者为名词,定义属性				

　　宇宙万物、人间万事皆由五种形态中的一种或几种构成,任何一件事情或一个物体都可以解构成五种之中几种简单的形态。只有能解构成低位阶的形态或聚合成高位阶的形态,这样的物体或事件才是完整的、有机的整体。

　　对于组合而来的形体,前者为形容词,定义功能;后者为名词,定义属性。如"线体",线具有线性功能,但本体是体。也就是体在此时此地发挥的是线的功能。由于形体的循环,点与宇其实是同位元素,不过处的位置不一样而已。因此,六形实为五形。

　　六种形体各有自己的存在价值。点具有的定位功能,起到标识、锁定、铺垫作用;线具有反映趋势、连接、传导、通道功能,能标示方向;面是承载、介质,是体系与外界接触的形态,支持与承载作用;体是事物成熟为完善功能的标志,是对外交互的主体;系是维系整体的空间范围,宇是个体作为点回归到整体的状态。从点到线、面、体、系、宇,重归于点,在错综复杂演化中完成象的转换、维度的升降、形体的切换以及支撑元亨利贞,体现吉凶悔吝。

　　每种形体都彼此不可分割,需要相互依存才能发挥自己的价值。对于不同层阶的形体而言,独立成为一个完整体系并不是最安全的,最安全的是成为一个更强大的动态体系的一个有机部分,并且能够实时独立成一个自运行、自服务的个体并实现两者的实时切换,既能当主角又能当配角。跟常说的"得意时淡然,失意时坦然"一样。

比如农业社会里的小农经济,就是自成一体,自己生产自己消费,这是生产力低下的结果,倒过来又成为生产力发展的阻碍。进入工业社会之后,社会分工合作程度前所未有地提高。彼此耦合,依据比较优势进行的分工、合作极大地提高了生产效率,促使单一主体从小农经济里的小而全变成大而单一。这是两种完全不同的体系形态。前者使得每个个体无法聚合成一个更加强大高效的体系,后者依赖健全的法制,确保彼此利益。大而单一体在社会格局变化的情况下,如原有的产业链、体系格局被改变,它失去了上下、左右的关联方,自己庞大但单一的供给无法寻找到合适的需求。比如东日本大地震事件改变了商界对过于紧密的产业链认识。一种新的形态逐渐出现,那就是类似变形金刚一样的形态。单独的个体同样是完整的,具有对外交互功能;当嵌入一个有机的大整体时,能够发挥更大的作用。

所以,随需应变在 IBM 提出来后成为包括 IBM 在内的所有企业的一种商业理想。随时随地、随需求地分分合合。不少企业提出 5A 服务,即在任何时间、任何地点,针对任何人可以提供任何方式的任何服务。想当年,自己创业时也曾提出过这个理念。个人也是如此,要外圆内方,具体事情具体分析。不要因循守旧、墨守成规。

作为现今世界的五种主体,国家、企业、NGO、家庭、个人,它们之间的关系体现着社会整体的发展水平。五种主体里每一种都可以是点、体、系,每一种主体里的多个互相作用可以形成线、面、体、系。当需要的时候,国家可以变成国际联盟、联合国,企业可以变成网络企业联盟,NGO 可以变成环境 NGO 联盟、民间 NGO 联盟,家庭可以变成寄宿家庭联盟、全国健康家庭联盟、波兰家庭联盟、无烟家庭联盟,个人可以组成各种各式的联盟、驴友团、团购等等。按照点、线、面、体、系的功能,进行解构与聚合。需要点的时候就变成点,需要线的时候变成线,跟金箍棒一样。但这种变化只能是高层阶的形态变成低层级的,低层阶的需要在一定的条件下方可转变。

表 13.2　五种形态的功能以及使用范围表

形态	子态	功　　　能	范　　　围
点	点点	本位形—定位、方向、代表	定位、锁定、铺垫、标识
	线点	点作线用,线状点,有线之用途	区分、线索、边界
	面点	点作面用,面状点,有面之用途	展示、支撑、定位
	体点	点作体用,体状点,有体之用途	代表、标志
	系点	点作系用,系状点,有系之用途	维系、定位
线	点线	线作点用,点状线,有点之用途	标识、引领
	线线	本位形—通道、边界、连接、传导	趋势、传导、连接、通道
	面线	线作面用,面状线,有面之用途	边界、通道、渠道
	体线	线作体用,体状线,有体之用途	程序、流程、通道
	系线	线作系用,系状线,有系之用途	组网、支撑
面	点面	面作点用,点状面,有点之用途	定位
	线面	面作线用,线状面,有线之用途	求证、展示
	面面	本位形—承载、代表	支持、平面、载体
	体面	面作体用,体状面,有体之用途	代表、展示、介质、平台
	系面	面作系用,系状面,有系之用途	代表、表面、包裹、囊括

（续表）

形态	子态	功　能	范　围
体	点体	体作点用,点状体	标志、生存、变化
	线体	体作线用,线状体,有线之用途	连接、对抗、联合
	面体	体作面用,面状体,有面之用途	聚合
	体体	本位体—主体、容纳	主体
	系体	系作体用,系状体,有系之用途	融合
系	点系	系作点用,点状系,有点之用途	核心
	线系	系作线用,线状系,有线之用途	流动
	面系	系作面用,面状系,有面之用途	支撑
	体系	系作体用,体状系,有体之用途	衍变
	系系	本位系—衍生、定位	容纳

在层级上点成线,线成面,面成体,体成系,系为宇,宇为点;在功能上,点、线、面、体、系、宇在应用上互为对方,在解构上互含对方,形成阴中有阳,阳中有阴,阴阳互动、阴阳互补。

在衡量五种形态的成熟度上,层阶越高,形态越成熟,但达到系之后就如同到了乾卦九五卦,再往上就是亢龙有悔,群龙无首了。所以,形态达到体之后,就成为了一个独立的有机的个体,达到系之后就是一个交叉的体的集合,再往上就会不稳定,必然重新解构成点。

在一个系统内,体之间的力量如果均衡,那么维系的力量就相对弱小,系统就相对成熟;如果体之间的力量悬殊,维系体之间的力量就要很强大,系统就不成熟。如果在一个体系内,面之间的势力均衡,那么体系就均衡且成熟,否则不是。比如世界的国家,如果有几个相互均势的国家或国家集团,世界就会相对稳定、和平,一个国家内部也是如此,各个省州邦实力不相上下,国家自然很稳定,中央政府可以弱一点,主要负责外交、国防即可。但如果内部差距太大,就会出现分裂,必须要有强力的中央集权来维持稳定。一个家庭同样如此,几兄弟能力势力差不多,家庭就和睦安定,父母就无需太强势。如果四兄弟中,有一个很强大,两个一般,一个很差,这个家庭肯定不和谐,一定要老爷子强势主持家庭大局,才可以维持家庭美满。

至于线与面,线强势,面就会成为"线"面,比如一个公司的销售部是一个面,销售很强势,就会将市场、售前、售后等聚合在销售下,使得销售成为一种跨越销售部的现象。点与线也是如此,一条线上的一个点太重要,会使得其他点很暗淡,比如北国防线的长城上,山海关就是一个极为重要的点。体与系一样,白天,你肉眼看不到任何星星,因为太阳高高在上;在晚上,太阳下山了,你可以看到很多星星。他们一直在哪里,只是太阳不在而已。

点、线、面、体、系宇是事物发展的六个阶段对应的六种形态。由于本书主要在于提供分析工具与模型,重点在于辅助决策与竞争分析。因此,采用非对称应对是最为合理的方式。简言之,当你与一个属于体系级的对手竞争时,游击战、非常规战、离间计、美人计、苦肉计等可能都是你的可选策略。正如蚊子斗大象。对方很强大,你就分解力量变成灵活、机动的主体。对方很刚劲、坚硬,你可以采取缠绕的方式,化解其蛮力。当对方属于面时,你就需要用点,击破其中等等。这就是非对称应对。

对于融合式的形态,如点线式、点面式、线体式、面系式等跨形态融合的综合形态,其兼具有两种形态的属性,在范围、功能上会有进一步扩大与提升。这种融合更能够扬长避短,彰显各种形态的优势。在互联网经济模式下,众包、外包、云计算、联盟、混搭等业态以及老板微博站台、形象代言、体验式、互动式、精准式营销,定位、蓝海、关键链、细节等都是新兴时髦的业态。预计在未来的社会里,跨形态的模式将广泛应用在政治、经济、军事、文化等领域。

点对应点以上的各形态,因为有定位、突破之功;线可以用来应对线、面、体,面更多是威慑、展示、列阵之用,体对体、系,系要分解后进行应对。无形各有用处,需要结合天象、地象、人像、物法象进行分析。奇正相合,常道、非常道相倚。

中国人的思考、行为模式都是以"是否得体"来衡量,讲话要得体、办事要得体,穿衣要得体,得体就是讲究均衡,因时、因地、因人、因物进行全盘考量,最终表现出合适的行为模式。在家里穿便装,讲话充满亲情就是得体;在商务场合穿得正式、整洁,注意自己的身份就是得体;国家之间注意照顾彼此核心利益,遵守国际法则以及对方国内法则就是得体。举个穿衣服的例子:首要衣服要符合身份、场合;其次衣服要符合自己的经济实力、个性;再次,衣服要搭配合理。上衣、裤子、鞋子、配饰等搭配出能彰显自己风格的一套装束。一个人在公开场合穿背心、短裤、拖鞋就不得体,超出自己的经济实力,盲目追求奢侈品就是不得体,穿得五颜六色,材质混乱也是不得体。

正如曾仕强老师所言,成全是中国人独有的一种美德。当自己得不到一件东西或完不成一件事情时,当事人会主动牺牲或放弃以让同时也有该利益诉求的一方完成夙愿。这就是成全。成全本质上也是一种阴阳均衡。另外,心安理得、人生无憾是一种体系层面的均衡,不亏欠别人是中国人普遍的一种哲学观。心安理得、人生无憾是一种最基本的生存哲学。

身边的五形

关于转型升级。其实,顺序应该是升级转型。无论政界、商界、学界都提倡的是转型升级,这是个逻辑顺序错误。转型,是五形中点、线、面、体、系、宇宙,从低阶到高阶形态的转变,升级是从每种形态里低层次向高层次的提升。不经过"点"点、"线"点等如何能到线，不能直接从点到线，甚至从点到面，需要走完形态的不同层次。所以升级了才能转型。举例说明，企业从传统半机械半手工式的制造模式到现代全自动化的精益制造模式，这是升级；从加工初级的技术含量不高的初级产品，到研发制造新型的富有高技术高附加值的产品，这叫转型。深圳从改革开放前的渔村变成今天的大都市，经历了几个不同阶段，每个阶段分为几个层次，只有不断提升层级后，才能从农业转为工业，再转为现代服务业。一个人也是如此，学习的升级（从小学到大学），转型到工作，工作的升级（从员工到管理者）转型到业余生活。

关于调整产业结构。结构其实就是一个体系内点、线、面、体的比例问题，包括形态的层级一级形态的比例。层级上，一个体系内，形态之间不能太多样化，形态越均衡灵活越稳定。比如一个公司内，下属几个事业部、职能部门，这些部门之间都是同样的形态，可以是不同的层级。如果一个公司有几个闲散人，这些人只是一个个点，就很难跟面或者体一级的形态发生互动。比例上，不能有的形态太大或太小，包括实力、贡献、灵活度等。比如中国的产业结构调整包括产业结构合理化（比例）和高级化（层级）两个方面。产业结构合理化是指各产业之间相互协调，有较强的产业结构转换能力和良好的适应性，能适应市场需求变化，并带来最佳效益的产业结构，具体表现为产业之间的数量比例关系、经济技术联系和相互作用关系趋向协调平衡的过程；产业结构高级化，又称为产业结构升级。是指产业结构系统从较低级形式向较高级形式的转化过程。产业结构的高级化一般遵循产业结构演变规律，由低级到高级演进。

如表 11.2 所列的时代对比表，它是对几种经济形态的描述，从点到体，不断升级，价值不断增大。其实，在个人、社区等领域，个人、家庭、社区、群体等也是同样的升级关系。群体时代已经到

来,立体形态伴随而至,成功必须是体系化的成功,才能在时间上
持续、空间上延续。但失败却可以是点、线方面的失败,正所谓"一
着不慎、满盘皆输"。所以,如何构建一个健全、强大的群体,是现
在这个状态下要重点考虑的事情。不仅要求专于细节的雕琢,更
要求精于宏观构建。

第二节　六形变化

《道德经》第十二章:五色令人目盲,五音令人耳聋,五味令人
口爽。以及《孙子兵法》第五章:凡战者,以正合,以奇胜。故善出
奇者,无穷如天地,不竭如江海。终而复始,日月是也。死而更生,
四时是也。声不过五,五声之变,不可胜听也;色不过五,五色之
变,不可胜观也;味不过五,五味之变,不可胜尝也。战势不过奇
正,奇正之变,不可胜穷也。奇正相生,如循环之无端,孰能穷
之哉!

点(字)、线、面、体、系六种形态的重叠、对换、交叉同样够产
生诸多变化。用来体现万千事物的形态、变化,并记录每一个过
程。这种演变在横向层面是同位阶的连接,在纵向上是跨位阶的
挂接。同位阶的连接通过量变且按照一定的逻辑顺序来达到质
变,跨位阶的挂接可以迅速完成形态的升级构建或解体。

点(字)、线、面、体、系每种形态都有两种成型模式:一种是其
本位形态,用于定位;另一种是借位形态,即其他形态被视为某一
形态,用于变化。如点的本位形态是"点"点;"点"线就是点被视为
具有线的功能的形态,这是一种借位。借位分为两种方式:一为借
阴位,也称缩位或短位;一为借阳位,也称括位或长位。前者是小
作大用(实做虚用),后者是大作小用(虚做实用)。如"面"线为借
阳位,"线"面为借阴位。

$$\frac{五}{1 \to \infty}$$

第十四章　利生无象无形

　　《道德经》:"道生一、一生二、二生三、三生万物"。《中庸》:"天命之谓性,率性之谓道,修道之谓教"。天性为天道,天命为人道,率性即趋利避害,修道即追求和合共生。所以,我们从人性、人道、修道——利入手,展开利的两种形态、利的五象六形,然后解构与聚合成无穷无尽的世界。从一到无穷。为了利,我们千方百计、千辛万苦、千山万水、千锤百炼,不啻居心叵测、不择手段、唯利是图,甚至无恶不作、罪大恶极、穷凶极恶、恶贯满盈。反观之亦如是,纷繁复杂与千变万化背后都是遵从趋利避害这一道。从无穷到一,缘来缘去,也是为了生存、发展这一"利"。

　　所谓一即一切,一切即一。点到宇,宇归点。利,于个体是生理需求、手里需求、腰里需求、脑里需求、心理需求;于群体是个体的满足与群体的繁衍。因为利,我们才可以区分群体;因为利,我们才可以区分朋友;因为利,我们才可以探索世界。我们甚至去定义时间、空间与人间。用各种标签去区分彼此,白富美与穷矮矬、精英与屌丝,目的都是为了在交易的过程中获得多一些的利益。群体在趋利避害的时空交替中经历元亨利贞的循环,经过错综复杂的变换,显出吉凶悔吝的利与害。

　　本书从利入手,解构利之形态、形体,揭示在一个移动互联网时代背景下,个体的分群合群,群体的解构聚合在逐利过程中的现象与形变。论证"天下熙熙,皆为利来;天下攘攘,皆为利往"。世间所有的格言、警句,法律法规,家规家法,公序良俗无不是在干一件事:按照现存的方式获取最大化利益,然后从哪里来到哪里去。这种获利的手段就是交换——买卖。人与人之间就是如此。每个人都是生而来卖的。

在趋利避害的过程中,利好与利差的两种形态变化是不稳定的,中间呈现五象与六形,彼此经过错综复杂的组合,产生万千气象。这个世界就完成了原点解构到状态、形体再回复到原点的全过程循环。万物生长靠能量,能量来自利益驱动。无论是处在时空维度里的哪一层阶,追求五种需求里的哪一种,我们本身也无意识地成为了利的一种。我们所有的价值观、方法论统统围绕这个中心出发。我们不是在这里重复这一人性。我们要展示在满足这一人性的过程中,人是如何自处与他处,如何对待自己与他人,如何言行一致,如何对待这个世界。我们的民族一直以来就以崇尚英雄服从英雄而存续至今。我们是一不经意就陷入一种盲从与迷失,毫不犹豫就选择了一种背叛与服从。我们善于成为别人的俘虏,乐于听从别人得号令,精于献媚与奉承。面对一个变化的世界,我们其实并没有变得如世界变化那么彻底。有太多的呼喊、号召、命令、希望让我们失去自己。似乎每个人都在急于表达自己,急于成功,都想去跟这个世界谈谈,都如此害怕孤单与寂寞。

在一个人类主导的世界,万物皆有人性。人性之中,趋利避害为天性。所以,围绕这一个核心,象与形的变化也是与时俱进的。所谓大音希声、大象无形。在快速变化发展的世界,象形本身也会有自己的变化。我们已经从形体的低层阶逐渐演变到高层阶,然后就是不断的循环与覆盖。就像地球于我们是一个大到无形的载体,但放到太阳系、银河系就是一个小点。随着人类对更加宏观的天体的研究,我们对于形体会有新的认知。与此同时,随着我们对于粒子、夸克等更小形体的研究,我们也会从形态上对于形体有更深入的认知。那么,我们所定义的五象、六形就会发生变化。它甚至是无象无形。

越喧嚣越寂寞，越繁华越孤单，越富有越贫穷。如何去面对这个个体弱化、群体混杂的时代。有人教我们"三观"，有人教我们致富，有人教我们学习，有人教我们去爱，有人教我们烹饪，有人教我们健身，有人教我们走路，有人教我们带孩子，有人教我们一切，包括做爱和吃饭、睡觉。他们一方面说我们的孩子输在起跑线，把我们的孩子当作标准化产品去切割；鄙视我们说我们不孝，不给老人送礼和给予时间；恐吓说我们有各种病，然后他们兜售各种药。他们的药，不仅治标而且治本。所以，我们冷静下来想想，每个人为何这么选择，这么表现，这么行为。一部分是因为他们愚蠢，一部分是因为他们懒惰。而，这背后都是我们自己的问题。我们不懂自己，不懂如何去懂自己，不懂这个世界的暗黑与冷。继续感悟时间、空间与人间的关系。探寻无数个我如何搞成一个我，以及我如何搞回成无数个我，如何做好万分之一个我。

本书提供一种认识论。认识自己，才能认识世界。看到世界的立体感人性的象与形，就可以看见自己。不畏浮云遮望眼，只缘身在此山中。认识到我是无数个我搞成的一个我。为每一个我找到风水场景，从体系上成就我，也就成就了这个世界。在一个个体心智不成熟群体意识不发达的社会，通过先成就他人再成就自己，满足他人再满足自己，严于律己、宽以待人是一种常见的行之有效的做法。因为，利用人性之恶来成就自身之善，其实是人间大恶。在人与人的交易关系之中，公平是唯一的准则。这种公平性允许跨时间、跨空间和跨人间地以支付、兑现、清算方式体现。

后　记

　　2005 年来杭州创业至今有十一年时间。有幸认识了一些贵人，如周宏仁老师，楼跃刚田华夫妇，王渊龙大哥，乜标院长等良师益友。结交了一些朋友。如果没有创业，就不会经历人生起伏，就不会静下来去思考所处的这个世界。创业六年经历的挫折让人沉静下来思考。因此，有了本书，这或许是这十年最大的收获。渐渐地，从形体入手，再到群，然后群体合一，推导出利益。后来职业低潮期开始读《易经》《道德经》《孙子兵法》等，融合起来形成一个整体，就是这本书。对于世界有了初步整体的看法，对人有了一个更加精准的判断方法。从 2011 年开始，陆续有了一些概念。后来从事了分析师的工作，参与了杭州市多个规划的组织、撰写，有了更宏观一些的方法论。现在所从事的风险投资工作，从另一个维度看产业、看移动互联网，终于勉强将技术、产业、资本结合起来。形体部分是最先开始构思和完成的，后来补充了群，两者合一形成群体。全书成于 2015 年，后来经过三次修改终成此版。但由于个人阅历、知识量、时间，尤其是整体的布局谋篇、行文措辞上能力不足，难免出现一些逻辑上的矛盾、漏洞。

　　现在，互联网＋以及"两创"大潮下，全民沸腾。尤其是选择做投资这一行当之后，特别不习惯静下来。因为不经意就会在俗世与我世之间探寻我是谁，为了谁，依靠谁，如何自处与他处。越喧嚣也就越孤单，越热闹也就越寂寞。移动互联网时代，人与人之间的沟通从体系的沟通从现实走向虚拟，人与自己的对话却从虚拟回归现实。移动互联网本质上就是以智力为代表的无形脑力对于有形体力的冲击。脑力作为一种磁场力具有穿透、跨越力量,属于第四维度以外的物质,他们能够瞬间对有形形体进行反复的解构聚合,从而在时空穿越上予以体现。超能力的物质一定是多维度的,也是不束缚于形体的,具有不可破坏性。但多维度的形体要被常人感知必须降解维度。如同把高深的专业概念解释成司空见惯的物体一样。当移动互联网、大数据以及云计算真正构建起场景的时候,脑力的时代才真正到来,人类认知世界以及认知自我才真正开始。我即宇宙。

当然,任何一种方式方法都有其特定的适用范围,也有自身的缺陷。本模型适用于宏观更多一些,是一种认识论与方法论,如何应用还取决于其他的因素。本书很大的缺陷在于,无法对具体的概念做一一重新定义,也未曾说明如何使用。采用的一些故事、案例、新闻只为读者能近似明白概念之意。希望今后能够在模式上有更多更细致的分析,尤其是实战性的分析。再者,本书对《易经》承接较多,对于一些生僻的词、卦等需要读者有一定的《易经》基础。本书在结构上还有很大的优化冗余,在细节上的打磨空间,包括措辞的通俗、用词的准确、逻辑等上面均有不足之处。

再就是,技术的进步推动了个性化时代的到来,但由于群体的个体已经被碎片化分割,因此对群体的跨时空聚合尤为必要。比如杜甫很忙,全球各地的粉丝不约而同地声援某个事件等。越是个性化的背后一定是群体的影子。所以,本书取了物体的六形之体,与人的群之概念,合为"群体"。希望在探究个体时,从群体入手;找寻局部时,以体系为对象。看清本质,理解所处的世界,存在的就是瞬时合理的。跨过时空界限,不合理就出现了。另外,重要的是,世界已经融合在一起,要改变世界,不是那么容易。当一个物体成为体系的时候,让它更加美好的难度着实很大,但要破坏它却非常容易。

　　在思考这本书的构架时,总会问及自己三个问题。我是谁? 我从哪里来? 我到哪里去? 后来慢慢有了一个答案。分别是,明确我面对的是谁才能知道我是谁;我为了谁才知道我从哪里来? 我依靠谁才知道我到哪里去。并且我与对面的"谁"是阴阳对应关系。至此,已经有很多释然。我们把世界及周围的环境看清楚,是为了让自己更美好,之后才能让世界更美好。如果你都不了解你所在的体系,如何评判它,如何改变它。所以,年轻人,不要急于改变世界,更不要改变自己。人不需要跟别人比,也不需要跟过去的自己比。认识到最全面的自己并且找到合适的时间空间与对象,将这些完美呈现,这样的人生才是完整的人生。完整不是去改变缺点,放大优点。而是给无数个我中的每一个我找到合适的场景,让它绽放。

　　进入哪个群体并不是由你决定的,你能决定的是无论在何时何地,守住自己的位置。永远以自己为圆心,构建一个属于自己的体系。让这个体系能够嵌入到更高更强的体系里。具备有化整为零的能力,同时具备聚点成体的智慧,这种智慧属于思维层面。真正的强大不是永远轻而易举地做赢得一切的主角,而是需要你强大时就强大,需要你支持别人强大时你就甘心做配角的胸怀。

　　该书的一,是一个核心原则,无穷是象数理、形体以及他们的组合无穷,但背后还是一个"利"。正如《三体》所言,人类的暗黑森林法则就是为利益而存在。由于文明的升级,利益的内涵与外延得以扩大,斗争方式从野蛮残忍到文明。从零和游戏到多赢共存。但一旦环境变化,如供需失调、规则破坏、自然灾害,一夜之间人类就会回到原始社会。此时,就是从 0 到 1,生存是 1,中间不需要各种花里胡哨的装饰,直接就是暗地里开抢,明火执仗地干起来。

　　本书写的是一个成长故事。从本书写的是一个分析、判断过程的故事。从现象到本质,从本质到现象,最终实现双向解释,彼此证明。这不是一个容易的过程。《易经》里很多东西都是虚写的,宽泛、代指,所以覆盖面广,不像本书具化。这也是我本人的个人看法,毕竟阅历、领悟力、知识都还不够,无法做到足够宽、足够大、足够长。

最后,非常感谢 K 妈和小 K。有你们,世界才完整。

随　笔

附文1:人生只求一个字,当!

立冬之后就是小雪,大江南北都会面临一场雨雪的降临。有的人叫好,有的人抱怨。尤其是江南的细雨还伴随着雪花。堵在路上的大人,在微信上各种叫苦;耍在雪地里的孩子,有各种欢乐。

好雨知时节,当春乃发生。什么是好?

其实在这句诗里,已经给出了答案。"当春乃发生,随风潜入夜,润物细无声"。一个当字,好雨,不早不晚,不大不小,不多不少、不猛不急。在春天、在夜晚,随风,是潜入夜后润物细无声。

人活一生,拼打一世,不过是为了此生值得,求的是值当。终了之时,回顾一生,能如同保尔·柯察金一样说:"一个人的生命应当这样度过:当他回首往事的时候不会因虚度年华而悔恨,也不会因碌碌无为而羞愧!"简而言之,就是此生值当。正如抗战片里的我军战士一样豪气万丈:老子杀了四个小鬼子,值了。

人们经济拮据之时,会去当铺当有价值的东西。当,就是一种价值的交换,当铺也成为交换的场所。人生也一样,老天爷给了人短暂一生,人拿什么去交换这个几十年。有的人值当,有的人不值当。尽管不少人平日并不知道,自己是否值当,但在临别的那一刻,自己会跟自己的灵魂对话,从眼神里可以看出一切。值当的,死而无憾;不值当的,死不瞑目。

除了真实的历史与现实外,无力无助的人们更喜欢假设。汉乐府民歌《上邪》:"山无陵,江水为竭,冬雷震震,夏雨雪,天地合,乃敢与君绝。"大意是,当山无陵,水为涸……,所以,无论是真实,还是虚幻,当,都是人一生中始终追求的一个目标抑或是一种退一步的假设后再衡量当与不当的手法。

还有就是,在博弈里,常有的一句话是,上当了。上当的人自然不利,得利的自然是博弈的另一方。因为在恰当的时间、恰当的地点,针对博弈方设计了有利于自己的节奏,按照自己的标准与流程在推进事情,实行价值的生产、交换与分配。孙膑安排田忌的赛马节奏,最终赢了齐王。

对于"当",我们认为,应该是当时、当位、当事人都对上了,才算是当。就是时间、空间、人间的三位一体。正如"大"一样,大师,一定是德高、艺馨、造福于人三者合一;大河,一定是河很宽,很深,很长;大数据,一定是数据存量很大,数据关联度高,数据增量很大。至于大官、大款、大腕,都只是一个维度的概念,要么是官职高,要么钱很多,要么名气大。所以"自古纨绔少伟男"与"富不过三代"。并且这三大有很多是民众摒弃的对象。

要此生值当,须在当时当位做好当事人。

很多人常说的一句话,活在当下。当,就是当时。搁到过去,就是历史的此时;放到现在,就是当下,就是恰当的时间。在时间维度下,当包括顺应形势,准点,恰到好处地踩着节奏。比如开会不说会后乱说。开会就是当时,错过了再说,就意味着不对,自然也就无利。常言道,子欲养而亲不待,树欲静而风不止。错过了恰当的行孝时间,就不对了。飞机8点关仓起飞,你晚一分钟都不行。高考迟到15分钟,跳楼也不让你进。人生最美的是彼此遇见,遗憾是相互错过,尤其是那种擦肩而过。这种桥段不知道让多少银幕前的人扼腕顿足。

另外,当时,是时间轴的一个重要维度。脱离了这个时间环境的维度,一切也会不对了。比如历史书上争论的,岳飞是不是民族英雄，对毛泽东的评价问题等等。不能脱离时间环境去评价一个人或一件事。否则，就是事后诸葛亮，事前猪一样。

为了重点强调某事，我们习惯说，在事发当天……，分析案情，会还原当时的现场等。当时，是一个重要的关键时刻。

跟当时一样，当地（等于当位，地方与位置就是空间位置的概念）也同等重要。常言道，做人要安分守己，办事要妥当，分寸要适当，考虑到所处场景等。什么身份，什么职位都说什么话，办什么事。在其位谋其职，到什么山唱什么歌。

《易经》里讲阴爻位与阳爻位。当位就是阴爻该居二、四、六位，阳爻该处一、三、五位，否则就不当位，就不吉。曹操挟天子以令诸侯，民众认为就是不当；美国把持联合国与国际组织，其他人认为就是不当；擅离职守与狗拿耗子，在本分的人看来也是不当。

当然，分寸感也是当位的范畴。《登徒子好色赋》里宋玉曰："东家之子，增之一分则太长，减之一分则太短。"所以，不越位、不缺位就是当位，就会美之至极，美不胜收。

在智慧城市建设过程中，属地化一直是我们坚持的第一原则，特色一定是项目的最大亮点。当前基于位置的服务，各种地图大战、打车软件、烧钱游戏等等，都是如此。合适的，必须能落地，接地气。合适就是最好。相反的例子，法律上有防卫过当，说的就是过犹不及。

当位，就是一夫当关万夫莫开。

在时空维度之内，就是主体与客体，主要是当事人。好与坏，也都是针对当事人而言，旁人的言说都是浮云。不是揣度圣意的无法无天，就是越俎代庖的无理无知。当事人的感悟、体会才是终极评价标准。日常说的要换位思考，就是要站在当事人的角度、心态去考虑问题，达到一个彼此的利益分配平衡。当事人处在时空维度下，必须在恰当的时间、恰当的地点行为，这一行为符合彼此的利益，追求共赢，按照事情的节奏，才能一路顺风顺水，处处如鱼得水。所以,好的,就是有利于觉得好的一方;真正的好是大家都好,真正的利就是共赢。

人活明白了,一切也就简单了。知道取舍、懂得进退、拿好分寸,在当时当地扮演好当事人,这一生就"当"了。

附文2:人生最美是互不相欠

"人生若只如初见,何事秋风悲画扇。"这不过是一厢情愿;"等闲变却故人心,却道故人心易变"。这才是骨干现实。母亲总说人情来了,砸锅卖铁。人生最怕是亏欠。

如若相恋,必定相欠。走到一起的人必定有某种缘由。都说夫妻是前世的冤家,女儿是爸爸前世的情人,儿子是父母前世的债主。生命中出现的彼此必定有某种情缘,必定是彼此生命里注定要出现的东西。因为,《易》曰:"天地之大德曰生"。老天爷只负责万事万物的生死轮回。惩罚一个人,有很多种方式。最大的惩罚是让一个人去亏欠别人。武侠情节里的侠道中人会因为要还一个人的人情甚至豁出性命也在所不惜。杀身成仁之际,以性命守义。两不亏欠,方能死得其所、死得瞑目。

如若相欠,必定相见。任何出现在生命里的人都是必定会出现的人,任何出现过一次的人必定会再次出现,直到彼此有所感知,有所行为。人海茫茫,500次的回眸才换来一次的擦肩而过;百年修得同船渡,千年修得共枕眠。所以,佛家说,对身边的人好一点。每一个你见到的人都是前世今生你所亏欠的或亏欠你的人。此生的相见,就是为了还人情。

人生最美是互不相欠。我们有很多溢美之词去歌颂母亲、英雄、恩人、领袖、导师。为什么?因为我们欠他们的人情或情债。父母生儿育女,决不是为了让孩子觉得自己多么辛苦、多么伟大。让孩子觉得自己恩情无边的父母不是好父母,因为他们让子女觉得自己亏欠了他们。有一天所谓"树欲静而风不止，子欲养而亲不在"的痛心与遗憾，会伴随子女一生。好的父母不应该让子女如此度过余生。

对于英雄也是如此。所谓能力越大责任越大。他们负责拯救世界，比如佐罗、郭静、杨过等等。他们成为很多人的恩人、贵人，让被他们帮助过的人感恩戴德，树碑立传。这也是一种亏欠。让别人内心永远地感激和怀念。这种亏欠太重。那些"立言立功立德"之人，如果是故意让别人记住自己，希望名垂青史，希望被人树碑立传的话，这样的人就是大恶人。一个大善人不应该在他生前或死后还去折腾任何一个人，死了就死了。所以，对于"三立"我是有保留意见的。

对于领袖、导师也是如此。他们改变了一个时代、一个国家，帮助了成千上万的人，却帮助不了他们自己。拯救不了他们的家庭、他们的爱人、他们的孩子，甚至他们自己。一个连他自己都亏欠的人，比如亏欠他的健康，亏欠他内心真实的追求，亏欠他的家人。即便他拯救了全世界又能怎样？何况他让这些人内心觉得亏欠他的帮助、他的付出。但凡让一个人心生歉疚的人都不是一个善意的人。因为，心意、执念之牢远非其他禁锢可比。

一个连自己、连最亲的人都亏欠的人不是一个善意的人和真诚的人。一个让别人觉得心生歉疚的人同样不是一个善意的人。那些思想界、理论界、政治界等三教九流的牛人们，他们开创了一个个历史，让现存的人们缅怀和敬仰、膜拜，我也不认为他们是善意的。因为他们垄断了后人们的心智、禁锢了他们的思维。让子孙成为他们思想的囚徒，让子孙在他们思想的庇护下无法前进、不知进取。

真正的人际关系应该是互不亏欠。不要刻意去让别人觉得欠你什么，也不要去欠别人什么。人生不能承受之重是亏欠。既不欠自己，也不能欠别人，更不能让别人觉得亏欠自己。做一个让人觉得轻松的人,一个可以忘却的人,一个生则来往、死则死去的人,就是一个大善人。

有很多人利用人性的弱点、恶性等去达到自己的目的。比如利用别人的虚伪、贪婪、怯懦或者自私、盲目等等,比如买卖中的优惠,赠送。让别人觉得站了便宜,让人亏欠自己。苹果1斤8元,非要抹零或者多送一点;买肉的还给你免费搭点猪油。这些在现实生活中还是倍受推崇,美其名曰是和气生财,生财有道。其实它违背了人与人之间的交往原则,公平。人与人的关系是交易关系。交易追求公平,不欠也不相欠。但我们的现实生活里,提倡的是"吃亏就是福"。所谓的吃亏,就是自己让利给别人,然后别人总会给自己回报,甚至更大的回报。这就不是公平交易。

附文3:社群的联合与群体的组合

这是一个"万万想不到"的时代。互联网为各种新奇特概念提供了绝好风水场景。众包、众筹、O2O、社群,在这里猪能飞翔,煎饼能成为MBA案例,性用品是门光鲜的大生意。当社群,粉丝、去中心化、移动、本地化等的兴起,让渴望自由的自由人狂欢不已。

比如说,自由人的自由联合,听起来就超爆。

自由人,是一群想聚合就聚合,想散开就散开的社群。身份自由,聚散自由,联合自由。不存在想聚而聚不了,想散散不开的情况。在这移动互联网的时代,永远在线,随时断线。要么冒泡,要么傻帽。无论对于情感、还是工作、还是其他,天边飘来三个字:任我行。如同,春暖花开之时,马赛马拉国家公园的动物们发情起来,自由交配,然后,自由离开。

社群概念是什么?百度百科:一般,社会学家与地理学家所指的社群(community),广义而言是指在某些边界线、地区或领域内发生作用的一切社会关系。它可以指实际的地理区域或是在某区域内发生的社会关系,或指存在于较抽象的、思想上的关系。社,地主也。《春秋传》:共工之子位社神。《周礼》:二五家为社,各树其土所宜之木。《说文》先秦时初指土地神,亦指祭祀土地神的场所,后代逐渐演变为地方基层组织或民间团体。三人为众,三兽为群。社群更多的是草根的聚合。社群经济当前如此活跃,主要是基于人的社会性在网络时代得以还原。

从天上的"鸟模式"回归地上的"兽模式",是我们互联网的第二阶段。但 SOLOMO 模式没有体现社群最本质的特征,就是特群精神或社群情感。我们看到有基于社群概念打造的暂时成功模式,如小米、逻辑思维,还有用力在爬起的锤子科技,以及各种自媒体们。

他们用去"中心化"的手段来解决了体系臃肿迟缓的问题,包括自己的组织体系,以及粉丝群的组织体系。大佬们直接站台与粉丝互动,直接穿透掉组织内部的层级,他们与粉丝在产品功能、体验、认知等进行对话,然后快速迭代,迅速升级,为粉丝造他们自己的产品,让粉丝参与设计、参与制造、参与改良,这就是社群经济的玩法。在去中心化的同时,打造一个新的更强大的中心。这就是,领袖与英雄极!同时,将客户端简化到极致,包括渠道、伙伴、用户,让他们无法联合,一盘散沙。这样,一个中心点就完全能够掌控一群人。

锤子科技、逻辑思维等都是如此。

当自由人的自由组合进行到一定程度,当粉丝群的数量以及竞品的手段趋于同质化时,社群已经失去了支撑作用。如同没有骨架的巨型软体物种。不再有速度、准度、亲和度。他们逐渐转型到群体模式。目前流行的微商,通过各种招 V 来推动分销体系的建立,本质上就是一种买卖人头的方式。于是,他们自觉不自觉地成为契约人的如约组合。乔布斯、马云、腾讯等都是如此,一旦帝国庞大,就需要有体系有规矩。如阿里的转型,从联合草根到依托高富帅。

附文 4：契约人的如约组合

先说一下群。《说文》："群，辈也。从羊，君声。"又说："辈，若军发车，百辆为一辈。从车，非声。"因此，群，乃指人群，人的集合。所以有三五成群之称，群众之谓。在网络时代新添不少网络词汇，如 QQ 群，微博群、微信群等更加让群这个字流行起来。企业在架构组织结构时，也以群来区分，如腾讯架构调整，分为六大事业群，阿里分为七大事业群。MBA 们学习过霍桑实验，梅奥接手之后的实验，探索了人的社会性。人群的社会性超越经济性成为第一性被正式接受。所以，群其实就是社会的，社群本身是一个概念，一个对象。

那么，群的特征是什么？比较普遍的解释是，多、集合。群众，君子群而不党等。但群的本质还是没有说清楚。群的本质是体系。群是体的形式，体是群的核心。

何为体？百度百科：1.人、动物的全身；2.身体的一部分；3.事物的本身或全部；4.物质存在的状态或形状；5.文章或书法的样式、风格；6.事物的格局、规矩；7.亲身经验、领悟设身处地为人着想；8.与"用"相对等等。

中国人有句老话叫，不成体统。有了人群，才要有体统。一个人就不能以体统来形容。鲁滨逊漂流在荒岛，他是裸奔还是搞人兽恋，都不能说有体统问题。一个人在自家卧室，穿什么甚至穿不传都无所谓，但你不能光着屁股上街去，那是要流氓。参加聚会得穿礼服，工作期间得穿工作服；学生穿学生服，军人警察穿制服。说话也一样，凡事讲究得体。你不能对谁都吐露心声，不分场合地大喊大叫，不分时间地任性自我。所谓上得厅堂、下得厨房、上得了床，就是这个道理。

体，就是格局、规矩，配之以的样式、形态、风格等等。在不同时分、空分、人分情况下，言行一致，举止得当。这就是体。这就是，體。没有骨架，不成体。没有规矩，不成方圆。方或圆就是体的外在。结构与层级就是体的内涵。得体之人，必是守规矩之人、守位之人、尊契约之人。规矩，是天时、地利、人和之理，是自然之法则与人情之伦理。

那么，群体是什么，群体就是人群的结构与规矩。所谓有人的地方就有江湖，有江湖的地方就有规矩。有老大、老二、老三和小弟们，有明星、经纪人和粉丝、狗仔队，有至亲、有密友、熟人、点头之交、素昧平生等等。于是，群体就是一个自成系统的人的组合。按照一定的契约、理念、目标、文化、认知、情感等组合而成，分工明确，有流程与约定需要遵守，协同合作，有底限。有了这些，就会产生社群情感与社群精神。有群体就有领袖与群成员。无论网络如何发展，人际关系如何演变。群，从羊君声，都不会改变。也就是说，一群人一定会细分出领袖与群众。有了分工，就有维系分工的利益生产、分配机制。这就是契约人的如约组合。当要完成一个更大目标时，自由人的自由组合就应该向契约人的如约组合演进。这也是小米们的难题。将设计、体验交由专业的粉丝或者团队，与这些团队建立契约合作。如同苹果一样。

从"鸟模式"到"爬模式"的变化，并不能产生持久生产力。这也是当下 O2O、互联网金融等艰难发展的原因。互联网的第三阶段——"水模式"，也就是两栖模式，能上天，能入地，能下水，才是自由人的自由联合。

从自由人的自由联合到契约人的如约组合，我们走了一条与西方相反的道路。现在还是要补走一遍。最后当所有的人都在骨子里是契约人时，最终的模式，还将是自由人的自由联合，是大同的世界。真正印证了，在通往幸福的路上，没有捷径可走。体系的最高境界跟佛的一样，是酒肉穿肠过，佛祖心中留。格局、规矩、契约融入血液成为习惯。走到哪里，都能够走得通、都能自由地自由联合。

在移动互联网时代，自媒体井喷式爆发，每个个体都在集群，实时在线，随时断线。这样也给群体带来了困惑。

附文 5：我是无数个我搞成的一个我

……

我是把无数的黑夜摁进一个黎明去睡你

我是无数个我奔跑成一个我去睡你

……

——余秀华《穿过大半个中国去睡你》

余秀华是懂哲学的。不要小看一个农妇的情商，更不要怀疑一个女人的情怀，即便她有点脑瘫，可哪又怎样。孙膑膑刑之后、司马迁宫刑之后、贝多芬耳聋之后照样成为大家。

其实，世间但凡有大智慧的，都是大白菜式的东西，就像农夫解释婚姻与爱情一样："今天和她睡了，明天还想和她睡，这就是爱情！今天和她睡了，明天不得不和她睡，这就是婚姻"。在我看来，无数个我所搞成的一个我，真正洞悉了我的本质，用多个维度的我所搞成的一个立体、无缝、无处可逃的、无法切割的我。它遵循了人类认识世界、改造世界的方法论——分。

关于我的论述，最经典的是弗洛伊德的"三我论"：本我、自我、超我。前者是原始的、本能的、渴望无限的、立即得到满足的、不受约束的，后者是理性的、社会的、受约束的、需求有限的、交易有成本的，在中间的是两者搞在一起的，时而本我，时而超我，时而自我。

还是荀子说过，人与兽的区别在于：人能群而兽不能，人能群因为人能分而兽不能分；人能分因为人有义而兽没有义。大致理解就是，人能合作也能独处，能整合也能拆分，分分合合都是"人法地、地法天、天法道、道法自然"。从盘古开天以来，但凡有所成就的人，要么是在分上下足了功夫，比如发明了一个印刷术、指南针、发现了万有引力或者相对论等等；要么在合上做足了文章，比如秦始皇统一六国。历史嘛，不过就是分分合合而已，亦加虚虚实实罢了。你嘛、我嘛，也是如此。

　　所以，当余秀华写出这首诗时，我是感动的。甚至，这种说法比"三我"论更加形象和逼真。无数个我奔跑成一个我，鲜明、生动、呼之欲出，无数个我有本我、自我、超我，甚至三者的混合体，并且包括但不限于此，不局限于时空对象，没有边界、毫无范围、不指向对象，紧接着是睡和被睡，这又是一种本我的体现。但"三我"体现不了这样的意境与情怀，因为颗粒度太大，显得粗糙与别扭、蛮横与无礼，跟人之本能的性爱美相去甚远。

　　在本书里，我一贯坚持的就是，时间、空间、人间的人类主观划分论，谁的划分更加靠谱，得到更多的认可，谁就是创始人、谁就是鼻祖，如酒祖杜康、匠祖鲁班、剃头匠吕洞宾、茶祖陆羽、道祖老子等等，是他们填补着人类世界的一个个空白，他们分出了一个个美丽新世界。在认知自然的过程中，人类思想的天空还有太多的暗黑，需要更多的星星去照亮。这些古圣先贤就是一颗一颗星星。所以，创始人是值得尊敬的。

　　那么，无数个我是什么样的我。以时间维度、空间维度展开，幼时的、成年的，白天的、晚上的，独处的、群体里的，处于底层的、高层的，失势的或得势的，健康的、疾病的无数个我。你看不到我的全部，因为你看到的全部也是我的局部；我没有全部，因为你所谓的全部都存在于过去。

　　处在一个飞速变化的互联网时代，我已经被拆分切割成无数个我，有阳光的积极面，有阴暗的消极面，有弱项、有强项，有优势、有劣势。我会根据对象、根据场合、根据目的来变形，把一个我分拆成无数个我,而每一个我都不是真正的我。偶尔,你看到我的消极面,你不能说我就是个负能量的人;有时,你不理解我,你不能说我是一个不可理喻的人;有时候,我勃然大怒,你不能说我性格暴躁;有时候,我和善好客,你不能说我人缘人品好;有时候,我滔滔不绝,你不能说我口才好;有时候,我只想做一个安静的男人,你不能跟卢梭一样说"沉思默想的人是一种堕落的动物"。

当然,无数个我怎么搞成一个我,就要看时空对象了。余秀华用一个"摁"、"奔跑",搞在这里就具化成了这 2 个词,跟后面的"睡"无缝搭配。搞,意为"做、弄、办、干……",无数个动作 X 成一个搞字,跟无数个我搞成一个我对应,可以是组合、可以是拼凑、可以是串联或并联、可以是很多分分合合的 N 种描述。

所以,你分不清楚,你看到的只是我的片段,只是过去的我,或者预想的某个未来的我。而,我不是这些无数个我,我是无数个我搞成的一个我。所以,我很简单,也很复杂。苏格拉底说,认识你自己。社会学之父奥古斯特·孔德说,要认识你自己,去认识历史吧!而,我不仅仅有历史,更有未来。

可是,如果有无数个我都是那么的任性、无聊、粗暴、自私、心狠手辣、贪得无厌,没了羞耻、是非、怜悯、礼让之心,没了责任感,没了契约精神与担当,没有温度,那么我就是这样的我,无数个我都是我,就活该是每个人所认为的那个我。古希腊哲学家普罗塔哥拉:"人是万物的尺度,是存在的事物存在的尺度,也是不存在的事物不存在的尺度。"所以,我是谁,谁是我?我曾经对这个问题给出过答案。我是谁,跟我从哪里来,到哪里去结合在一起,必须一起回答才可以有答案。而回答这三个问题,需要结合阴阳原理,从对立面去找答案。那就是我面对谁,为了谁,依靠谁。将一个点的问题,用对立统一的方式,给出一个体系的答案。这就是我的答案。

如果搞不清楚,就活在当下吧。认真对待每一个我,不要用任何一个我来代替我,不要有选择性地理解我,不要用有色眼镜看待我。不再以偏概全,以貌取人,刻舟求剑,不再以个人利好来衡量我的品性(不以于己的利益论人,不以一时的得失论势)。重要的是,我自己也要这么认为,这么认识,这么行为。

附文 6：什么是真正的把对地事情做对

言必称管理的人都有一句口头禅,把对的事情做对。管理者做对的事情,执行者把事情做对,而领导者则是把握两者的统一,让团队把对的事情做对。

何谓对的事情? 管理学界也有自己的一套理论,他们将事情分为重要且紧急、重要不紧急,紧急不重要,不重要不紧急。现行理论上所谓对的事情就是遵守上面的顺序,将事情分个轻重缓急,分配资源,逐一解决。因为人不可能在同一时间踏入同一条河流,一个人不能同时干东又干西。

何谓把事情做对? 管理学界也有自己的一套说法,就是书本上的管理定义。计划、组织、协调(有说是领导、有说是创新)、控制。

可是继续追问一下,什么叫重要,什么叫紧急,什么叫计划,什么叫组织,什么叫协调、什么叫控制……? 或许我们还需要继续下定义下去,如果一个概念用 3 个以上的概念来解释,就表示概念有问题,都是隔靴搔痒。

最本质的东西就是最常见的东西。

现实中为"对的事情与把事情做对"的定义到这一层其实远远不够,因为这些都没有触及最本质的概念。什么叫本质的东西? 比如,我们认为应该跟广告里的广告词一样,用了多芬沐浴露的皮肤跟去壳的鸡蛋白一样嫩滑,用了高露洁的牙齿跟雪一样白;跟小说里描绘的一样:白富美的她有一副瓜子脸蛋,眼如点漆,樱桃小嘴,红萝卜的胳膊,白萝卜的腿,花芯芯的脸蛋、红透透的嘴。上下打量一下:只见那女子大约二十四五岁年纪,身形苗条,皮肤如雪,脑后露出一头瀑布般的秀发,但见吟吟笑,比那花都俏;真是万花丛中衬一人,一笑倾人城,再笑倾人国。真正有羞花闭月之貌,沉鱼落雁之姿。

想必这样的描述才能让你心头一热,一个活脱脱的女神立在你面前。因为你熟悉鸡蛋白、雪、瓜子、樱桃、红萝卜、白萝卜、卷珠帘、瀑布式秀发,更知道倾人城与倾人国,也知道花月与鱼雁是什么东东。这时我们才知道原来女神美得如此具体、如此深刻、如此可触摸。用最时髦的话就是,可感知的才是存在的。

那么,什么才是对的事情?

对,一个属性为方向性的词,属地性极强,是空间概念。比如门当户对,面对,对面,对头,对口,对流,对半,对酒当歌,对待,对应等等。对的事,就是顺着方向、对上方向、两者能合二为一、落地生根的事。方向从来都是一个空间概念。比如到什么山唱什么歌,入乡随俗,上得厅堂、下得厨房,接地气、有气势等,都是"对"的事。

那么空间又是一个什么概念?就是一个相对有明确边界的地理范围,空间边界与有形的宽度、高度、长度;一个房间、一座山、一个城市、一个盒子、一个教室等等。

其实,所谓做对的事情,无非是选择一个有源、有根、有基础、能接地气的对象。它能够自我生存与繁衍生息。对与错,其实从来都不是人做出来的,都是人选择出来的。选择的东西跟你本身的资历、能力、需求结合得上,就对了;否则,就错了。每个人所拥有的都是他最好的拥有,现在的结果就是最好的结果。这里,好=对。讲究的是匹配,是阴阳合体。一个农民+一头毛驴是一幅画,一个农民+一辆奔驰可能是一个事故。

你上了一所对(对口)的大学,进了一家对(对应)的公司,碰到一个对（对头）的上司，这是选择的结果，而不是你创造或者发明的结果。你只是在众多之中找到了一个匹配。众多的选择成就了一连串的事情，有的对，有的错。因为你的选择有的匹配你的情况，有的不匹配；你的选择之间有的吻合，有的不吻合。比如你交了一个不错的女朋友，可人家老妈要求有房子才肯嫁女儿；刚毕业的你选择了一个工资不错的公司，可是很快你受不了每天 2 小时的上下班旅程等等。

同样，什么才是把事情做对？

把事情做对，就是在这个选择的空间内，将事情的结构排列好，按照时间顺序与空间层次排出一个一个具体的事情，将单一的零散的元素组合成一个具有现实生活中存在的模型。厨师在盘子里用食材摆出各种花鸟鱼虫的形状，画家在画布上画出各种景色人物，企业家在市场上推出一个个卓越的产品或提供一个个人性的服务，清洁工将一条条街清扫干净，这些都是把事情做对，都是在时间与空间的维度下，按照时间的纵向顺序与空间的结构层次进行排列组合出来一个整体。聚点成线，以线成面，面面成体，体体为系，这样一个具体的对象就成型了，且极为贴近现实世界里的对象。胸有成竹而不是画虎类犬。

画家能够将笔下的每一个颜色与光影掌握得恰如其分，音乐家将手下的音符拿捏得恰到好处，文学大师的作品每一个字、每一句话、每一段内容都逻辑严谨，环环相扣。而不是那种遭人狗血的什么体"天上的云，白啊白，真他妈白，白死了……"，而是"君在长江头，我在长江尾，日夜思君不见君，共饮长江水"。后一句明显的高端大气上档次。因为结构、气势都不是一个层次。

所以，把事情做对，就是让组成事情的每一个元素在该到的时间，该落的空间有顺序地进行编排，这就是节奏（这词现在特火，比如说这是要……的节奏）。要做到这点就必须遵守：不谋万世者不足以谋一时，不谋全局者不足以谋一域的古训。讲究个体与整体的关系,掌握主动与被动的分寸,具有嵌入外体系与整合为自体系的能力。碳之所以是碳,钻石之所以是钻石就是因为后者做到了把碳原子排列对。美国海豹突击队、三角洲部队之所以强大,利比亚前总体卡扎菲的军队之所以不堪一击就是因为前者有严谨的组织,而后者没有。

所以,用一句流行的话就是,在恰当的时间、恰当的地点跟恰当的对象发生恰当的关系,使得最后的结果贴近现实的世界,具有价值。

那么怎么样让管理可以感知?

感知必须使你要表达的对象感觉到、体会到。这也是一个双向的方向性概念。不能自说自话,自娱自乐,要注意到听众、对象的需求,接受方式、愿意共享与交换的代价等。

企业文化、理念、目标等都需要广大成员的参与,所谓共建共享方能群策群力,这是一个群体时代,任何行为都不是单方面行为,因为方向都不是单一的,有东必有西,有南必有北,有上必有下,有高必有低。从群体的角度、立体的维度去共享与交换,才能被感知。才能够顺应方向,对上节奏,接上地气,产生势能。

附文 7:时间管理是个伪命题

适逢岁末年初,有很多人在回忆,有很多人在感叹,有很多人在憧憬。不分阶层、不分年龄、不分性别,没有国籍、没有身份、没有约定,几乎所有的人都很忙。结果就是,我们的时间更加的、远远的不够用。时间管理在年底的微博、微信、论坛群里又成为回热点。我们捋一下都有哪些叹息、埋怨、愤怒、无奈:

与我们叹息、埋怨、愤怒、无奈的不同的是,我们浪费很多时间在讨论时间不够用,我们花费很多时间去企图控制时间。无论是《卓有成效的管理者》还是《高效人士的 7 个习惯》,都试图去解开为什么时间如此难搞？平日里，我们在别人面前表现出更加的繁忙，有时候这甚至超越了繁忙本身，近乎一种故意的炫耀。"亲，还好吗？""哎呀，忙死了，好了，回聊啊"。忙，似乎更成为一种有价值的标签。印证有的二货广告词说，你有多忙，就有多强。似乎空闲成为一种被边缘化或无能的表现。

看着群里的小伙伴三更半夜还在发帖子，看着早上一个个睡眼惺忪的同事，再看看自己，不禁自问这么多年来，我们对于时间管理的认识，真的对了吗？

首先，时间是什么？

本书作为一个探索世界本源与生活本质的小空间，旨在与累死累活的大家探讨要有一个乐事乐活的心态与活法。这个小空间一直在探讨时间、空间、人与物的关系链。从时空对应关系来看，时间就是空间的过程与轨迹，空间是时间的载体与范围。其实，时间应该分为时与间。时是物质运动变化的过程与轨迹，物质运动会带来位移，物质变化会带来形变。年、季、月、周、天都是时的间隔，是人为划分的一种时的片段与间隙。

一只幼鸟跟随族群从北方的西伯利亚飞到南方的长江流域过冬花了 1 个月时间，这个位移与形变的过程就是 1 个月。从北到南，从小到大的过程就是被以用时"时的间隔"的方式记录下来了。从动态中定格一个静态来观察与分析。而这个族群世世代代都这么飞来飞去，已经经历了几千万年，这就是时。所以，时间是物质运动的节奏，时是物质的过程与轨迹，节奏是这一过程与轨迹被有机地切片之后，我们得以通过个体分析群体；节奏被整合之后，我们得以通过群体了解个体。通过长城的石头、敦煌的岩壁你可以触摸这些杰作所跨越的时间轨迹，以及这些杰作是古人如何一块石头一块石头累计出来，工匠一凿一凿开垦出来的过程。时间与空间的关系，都体现在物质身上，体现在人、花、草甚至一座大山、一条河流身上。

时间管理,管理的是什么?

时间是物质位移与形变的节奏。在很多的科幻片里,时间被切成很多的窗口,可以通往过去和未来。它们每隔 100 年或者更多年,就会打开一个窗口。在过去、现在与未来之间展示一个间隙,让你可以穿越。科学家说这个世界有 36 个维度,我们没有理由拒信,时间间隙的不存在。无论是《未来警察》的穿越时间还是《哈利·波特》里穿透空间,都说明人类不能因为没搞明白就不能认为它不存在。

既然,时间是物质变化的节奏。于是,一个人从牙牙学语到豆蔻童年,到风华正茂,到年富力强,到老当益壮。我们以十年为一个间隙,所谓二十弱冠,三十而立,四十不惑,五十知天命,六十花甲。人的一生变化里,我们管理了自己什么? 我们只是按照古训或者计划去要求自己。这个阶段,我该干什么并且要干完、干得漂亮,否则少壮不努力,老大徒伤悲。一步错步步错,正如扣错的纽扣一样,无法重来。于是,按照成长、求学、工作、家庭、老去的节奏终了一生。那么时间管理,管理的其实是物质变化中的不同对象的节奏。二十岁该干什么,三十岁该干什么,四十岁该干什么,给每个阶段都摆好位置,留好间隙。

时间管理的本质是什么?

时间管理,其实是一个不存在的说法。因为时间不可管理。在经典的管理学理论上,管理是计划、组织、控制与协调。时间不可组织、不可控制、不可协调。要管理的只是将在一个人为截定的时段内,将相关目标对象的位置与顺序排列好以形成有机的形体。

所以,时间管理的本质是对物质本身的空间管理,包括纵向上将物质的结构顺序与空间顺序在恰当的时间落下并保证时间刚刚好，以及横向上处理好这一过程与空间周边物质运动过程的平衡协同。这一点在上一篇"什么才是真正地把对的事情做对"里有讲解。"对"解决的是结构顺序与空间顺序，时间解决的是这些东西的间隙，并且保证整个事情在时段内顺利完成。人家上班了，你还在睡觉；人家要睡觉了，你才开始兴奋。这就不是一个正常的节奏。

我们要求的时间管理，它的表现形式为目标管理。举个例子，某 MBA 学院联合会周五下午要开一个会议，讨论 2014 年度预算问题，时长 2 小时，参加对象是各一级部门主管及班委代表。秘书处所认为的时间管理，是在现有的概念下，也就是说要在 2 小时内，能够就预算有一个初步的结果。所以，他们规定每个部门的发言时间，每个部门之间的衔接，不管某一个议题是否达成一致或有一个可以继续的结果。他们这样干，形式上是控制在 2 小时内，但管理的是时间吗？不是，管理的其实是参加会议的人，这些人在推进自己的事情，由于不同的人的态度、能力、准备不同，所以不同议题、不同部门的时长不同，所以，主持人管理的不是时间。管理的是节奏，是横向与纵向的平衡。

总结起来，时间管理管理的其实是有效时间内个体适应群体的节奏，而这种节奏是在规定的时段内，个体配置资源的空间结构与顺序。时间管理必须在把对的事情做对的基础上才有意义。否则，时段控制得再好，一点意义都没有。

如何进行时间的"管理"？

既然已经约定俗成，那么就只能入乡随俗。我们还是沿用时间管理的叫法。要明确时间管理的对象、方法、影响因素，确定整体的结构，整体内各部门的边界与间隙，为此必须要在成员之间形成良好的人际关系与沟通氛围，拟定合理的会议机制与沟通程序，确保事物之间的协同。

这里有两个需要强调一下,一是关于会议,德鲁克说,会议是组织缺陷的一种补充。从泰勒的科学管理以来,管理就一直是以控制为核心的理论,也是最普遍的实践。垂直架构是最强的控制手段,而全球化时代跨部门跨层级的合作由原来的非常态变成常态,于是在不改变既有组织架构下,会议成为一种最常用的方式。

一是关于沟通。沟通是管理者最必须要具有的能力,尤其是卓有成效的管理者,他们必须在彼此需求、彼此风格、彼此利益上达成一致。情感上的认可能够大幅度提升沟通的效率。沟通所依赖的工具极大地提升了沟通的效率、降低了沟通的成本,但是我们也逐渐忽视了我们本身才是最大的最有效的沟通工具,微笑、眼神、拍拍肩膀、搂一下腰、摸一下头这些都是杀手级的沟通工具,让彼此更加亲近。并且沟通=有条件的共享+有偿的交换。

另外,提及一下关于管理者对于时间的管理的重要性,因为作为管理者,不管是什么职位,总有很多时间不可避免地被浪费;职位越高,组织对他的时间要求越大;管理者需要相当整块的时间进行思考;人际关系和工作关系的协调要浪费时间;组织规模越大,管理者可掌握的时间越少。所以,管理者必须先搞清楚时间管理的本质,处理好事情的节奏,运用好各种沟通工具,在制度建设、文化建设、利益分配等各个方面营造好氛围。

硬币必有两面。为了认知需要,我们将时切片,如同将一个圆切片成矩形一样。可当切得过度之后,这个时代的节奏就快了。于是人们用更加碎片化的间隙来要求自己,我们将时切分成世纪、时代、年、月、周、日,这还不够,我们开始加码更加细密的间隙,于是小时、刻、分钟、秒、毫秒……好了,诸位,我们现在活在天的世界里,因为我们不知道明天会怎样,当我们的节奏成为秒时,我们已经把自己逼上了绝路。

附文 8：科技是什么？

这是一个大变革时代，也是一个技术变革和技术推动社会、自然变革的时代。科技变革改变了人类的生存与生活方式，带来人与人、人与自然、物与物关系的变化。每一次科技的进步都会重构人类的关系。所以有兜售情怀的，有玩粉丝经济的，有去中心化去中介化的，有了各种思维，并且都能赚钱。他们将商业模式放在了团队之前，因为高手在民间，互联网的众包、众筹等让智力汇聚。

凯文·凯利有本书叫《科技想要什么》，探讨的是技术对于人类的作用。他甚至认为，技术是在植物、动物、原生生物、真菌、原细菌、真细菌之后的第七生命体。科技是什么？为了定义这个概念，他提出了技术元素的概念，认为技术是一个大系统。它包括了人类所有发明、语言和文化，是一种同自然一样强大的力量。或许他是对的。因为语言有的出生后就死了。从生到死就是生命，两点之间就是命的长度。

科技是什么？跟物质世界的碳、铁、氧、钙一样所组成的现实物理世界一样，它就是意识世界、虚拟世界里的理论、工具、规律的大集合，是世界的另一面。是人类集体的意识、理念、认知、技能的总和之后被规范化、条理化的符合自然规律的方法论与世界观体系。回头看看邓小平的话，科技是第一生产力似乎不无道理。科技的更新是站在群体与历史的维度来覆盖空间。所以，科技无国界，但科技有时界，也有人界。因为电力科技与信息科技不一样，科学家掌握的与扫地工掌握的不一样。

我认可科技是有生命的，这种体现以人的意识的方式呈现，散落在各地的图书馆、研究室、大学以及数据中心里。物质与意识的聚合才是完美的世界。当科技进步到一定程度，人类对于物质世界的重构才有了理论、工具。

　　那么生命体是什么？有机生命体是一个个活生生的自我生长的个体，如猫、狗，如细菌。有机体无论是个体还是种群，都是给人一种生机勃勃的迹象。种群通过个体来彰显存在，个体通过种群得以延续。但无机体是否有生命？按照生物学的意义来算，是没有的。因为，它们不能自己生长。但从一个长时间的维度来看，一块岩石历经万年风霜雪雨的风化侵蚀之后，面目全非，甚至化为乌有成为泥沙消失在远方。一座宫殿历经千百年，从金碧辉煌到腐朽破落，这个过程就是该宫殿的生命历程。或者，所有的砂子最终会粘合成石头与砖块，重新建造起宫殿。尽管这个过程是一个被动的过程，但也再现了宫殿的重生，可能不是同一座宫殿。如同哺乳类动物的幼崽也需要被照料直至具有自我生长的能力。至于，我们现在讲的产品生命周期，企业生命周期，但凡有起、承、峰、转、合的起点到终点循环都是有生命的。科技也是如此，只是它似乎没有终点，貌似也找不到起点。因为人类还在继续繁衍和进步，也由于人类的起源至今未被界定清晰。

　　但如果有一天，科技自己会生长，自己有意志，超出人类的意念和控制，那么科技就成为一个有机生命体。这也是众人热议的话题，如果有一天机器人或者程序统治了世界，人类该怎么办？回头看看科技，科技作为另一种生命体，一直伴随人类在发展，体现了人类对于自然的改造。我们以前的教科书认为工具进步是生产力的体现，甚至是人区别其他物种的标志。如动物不会制造和使用工具，但人会。现在的发现，动物也会制造和使用工具。所以，工具不再承担这项标志性责任。那么究竟是什么体现了人类的进步和人类区别于其他物种？

　　我们发现，这就是时间。时被切成更多的细分，体现了人类区别于其他物种，也体现了人类的进步。在远古时代，人类经历了宙、代、纪、世、期、时，到现在继续细分成年、月、日、小时、分、秒、毫秒、微秒、纳秒、皮秒、飞秒、渺秒。以前在狩猎时代，男人们外出狩猎可能几十年回不来；农耕时代，日出而作、日落而息；工业时代，实行流水线，精细化管理；到了信息时代，实现了跨时空的运作。同样一件事情，以前的效率远远低于现在。所以，人类对时间的切分体现了人类的进步。而支撑时间切分的背后就是科技，或者说科技的飞速发展体现在效率上面，而不是工具上面。工具只是实现效率的手段，手段永远不是本体。而动物永远是他们祖先的样子。

在此前的文章里，探讨过人类对时的切分过于细颗粒度之后的后果，就是人类将自己逼上绝路。因为过于细密的时隙让人类无法脱离工具，就像那些手机控、微信控一样。人类越来越依赖群体以及工具的后果就是，个体能力的弱化并最终影响到群体能力的衰退。响应上文的内容，如果人类无法控制科技，那么也就意味着人类无法在量化时间，人类所依赖的价值交换体系将不复存在，因为现在的价值体系是以时间来衡量的。

那么，人类与科技的关系究竟怎样？正如业界存在的疑问，究竟是把数据给程序还是相反？抑或说是把产品推给业务，还是让业务兜售产品。按照邓论，科技终归是人类的一种能力，属于寄居在人类之中的。

好吧，如果是这样，那么科技是以人类的存在为前提。如果是，那么科技就不会控制人类，以往的所有担心都是多余的。科技呈现的生命体是人的生命体的一个映射。如果科技的生命力能够脱离人类同样存在，那么就不是杞人忧天。如果机器人统治世界，背后同样是科技的力量，通过程序运作数据来驱动，甚至实现有机无机的混合机体。但会学习的机器人出现，让我们逐渐改变这种观点。

我们从另一个主体来看，作为一个有机生命体，人类与曾经统治地球的其他所有物种一样，会起会落。最终的地球将是能够适应生存的物种统治。或者是有机无机混合体，或者是无机体。但有机体统治地球的时代很可能逐渐趋于弱化。那么,科技一旦成为具有自我生长,自我迭代的生命体,它最终将不以人类的存在为前提。所以,最终人类跟其他所有生物一样充当科技的宿主。而科技,就是一种万物自运行的无形无象变形体。

人类利用科技改造自然,在此过程中,科技顺势成为一种强大的体系,甚至智能化与生命化,它的进化体现在人类对时间的量化。是否人类的进化也如同科技的进化一般,还是说人类充当了科技的宿主,人类有限,科技无限。谷歌的人工智能团队开发的"阿尔法围棋"已经打败了欧洲围棋冠军,与世界冠军之战也即将打响。本可预见的未来,科技将以更快速度影响人类,无人机、无人驾驶汽车等将重构人与自然,那时人类是否会变本加厉地掠夺自然,还是会回归与自然的和谐,一切取决于人对自己的进化。

科技的生命,终将夺走人类的性命。但愿不是杞人忧天,但如果人类过于依赖科技与工具,迟早会丢了性命。

附文 9:量化世界,是福是祸?

从工业时代进入到信息时代,从线性模式、链条模式来到了一个体系模式。我们习惯的麻将思维,盯上家防下家,后向挤前向压。眼睛总是看着前后两个方向,前后都是对手,少给点上家,多削点下家。可,体系时代,如何去爱。要量化世界,是福是祸?

我们碰到了难题

《红楼梦》里的刘姥姥从乡下进到大观园里时一下子就懵了。以前点线状的生活作息方式养成了固有的线性思维方式,如同棋盘里的车一样,直来直去惯了。而大观园里的一切,新鲜、空旷、精彩纷呈,一下子没了轨道、没有路标,你知道这种无力无助的感觉,如同幼时蹒跚学步时父母突然松开他们扶着你的手一样。这种状态就是我们现在面临的状态。传统领域的升级转型与新技术领域的量化，都面临这样的情况。

我们从工业时代进入到信息时代，从所有的线性模式、链条理论来到了一个立体的体系时代。千百年来我们习惯了麻将思维，盯上家防下家，后向挤前向压。眼睛总是看着前后两个方向，他们都是对手，少给点上家，从下家那里多拿点。所以，当来到一个全新的时代，我们却没有理论与工具，但我们内心的渴望，量化这个世界，要一切尽在掌握。这就是难受之所在。

量化这个世界，是人类改造这个世界的前提。我们开发出数学、物理、天文、地理、化学等各种学科，约定好各种理论如热胀冷缩、万有引力、相对论，规定好各种计量工具，米、千克、分秒、焦耳、夸克等等。这是一套工业时代的体系。完全有别于农业时代，农业时代只需要尺、长、斤两、担即可。

混沌时代需要思想家

我认为我们终于意识到自己来到了一个错综复杂的路口。摆在我们面前的是一个越来越混沌的世界。因为信息技术已经重构出了一个新的世界。而这个世界里的元素不是用现实世界的标准、计量方式可以行得通的。所以比特币这样的新型交换介质才会出现。在虚拟与现实之间，我们还有太多的未来需要去探索。

很多人表达了未来竞争是人才竞争，是北大、清华、浙大与斯坦福等之间的竞争。这是一个触及本质的命题。未来是一个除了人才缺乏之外其他一切都会剩余的时代。因为资源的相互替代与资源的最大化利用成为可能，比如新型能源代替旧式能源，机器人代替更多。更多绿色低碳节能的应用出现，让物质资源相对会显得比工业时代那种耗费更加耗费得慢一些。

而对于当今的中国 IT 界，最缺的还不是操作层面的人才，也不缺企业家,缺的是思想家、预言家。缺的是类似 K. K. 尼古拉斯·尼葛洛庞帝这样的前瞻思想家,能够给业界指出一个方向。因为当一辆车的速度越来越快时,方向就更加重要。我们所处的时代就是这样的一个越来越快的时代。重视方向一则因为掉头的成本很大,二则因为时间已经没有多少可以冗余的间隙。

我们现在的 IT 界最要命的是需要自己的思想家。他超出政治家、企业家,在最产业顶端与前沿指导众人。现在,这样的角色基本由企业家在扮演,如任正非。但远远不够,一则太少,二则企业家自身的立场局限。

焉知福祸

东方的思维里,中庸、和谐、体系的思维定势千年依旧。西方的世界,精确、标准化、流程化也成为定势。但人类最终要走向一个利用西方理论实现东方理想的境地。但,我们在这个过程中,已经本末倒置,忘记了无论用何种工具、何种方式都是为了实现自然和谐、天人合一。量化这个世界的目的是让人类自己过得更好,以人为本,满足人类不断膨胀的欲望。新近国家发改委对反垄断的处罚引发的连串反应,其中就有国家对中国提出不正当竞争,理由是加班加点干活属于不正当竞争。欧美国家的人习惯了工作与生活分开,而我们没有这个概念。当量化走入到死胡同,在指定的时间指定的空间用指定的流程完成目标时,谁对谁错还真说不清楚。有的人天生拖沓,有的人就喜欢晚上思考。

信息化技术尤其是互联网的飞速发展,让人类可以重构现实的世界,在一个手机上就能操控世界已经不是天方夜谭。如果量化的目的是为了让人类控制世界,或者满足人类一己之私。量化是危险的。如果量化是为了精确感知,提前布置,预设,实现自我管理,自我服务,是可行的,跟当下流行的可穿戴设备一样。

尽管,我们享受着信息技术带来的种种便利。但,我们依旧怀念现实世界里的各种真实，走进自然里，感受天地巍峨，山河壮丽。如果量化的目的是让人类更好地与其他物种和谐共处，更好地维护地球和宇宙环境，量化是有价值的。

附文10：我们本来一无所有，现在却拥有全世界

有一首老歌，《一无所有》成就了一代摇滚巨星崔健。其中的一句歌词：是否我，真的一无所有。

不用问，是的，我们，本来就一无所有。赤条条来，赤条条去。反正，没有人能活着离开这个世界，从皇帝老子到乞丐强盗，从女神到娼妇，从男神到恶棍。一切皆如"如水中之月，空里之风，万法皆无，一无所有。"

可是现在，轮到我们拥有了全世界，在从猿到人的惊人转变之后。不幸的是，作为一个统治物种，我们彻底颠覆了食物链法则。更不幸的担心是，人与猿是否会交替统治这个世界，跟《人猿星球》与《猩球崛起》一样。

老虎、棒子、鸡，即便简化的游戏也遵循了五行相生相克的大道。没有克星的物种是可怕的，就连"我为鱼肉"的亚洲淡水鱼在美国都能够肆无忌惮。想必它们的结果会是，上演美国人民与中国人民再次联手的"人为刀俎"。可是，每一轮地球的霸主，从奥陶纪的海洋无脊椎动物，泥盆纪的"鱼类时代"；二叠纪的三叶虫；三叠纪的裸子植物；三叠纪、侏罗纪、白垩纪的恐龙和现在的人类。霸主们从来没有好的结局，尤其是层级越高的霸主。不存在和平退位，只有全部灭亡。

食肉动物吃食草动物，食草动物吃植物，植物吸收水分养分，水分养分来自自然的循环与食肉动物的分解，这就是循环，是天道。山清水秀、鸟语花香的世界里，有一套行之有效的自然法则，按照层级循环，相生相克。

可,到我们时,貌似失效了。因为,无论是多么生猛的动物,多么柔弱的植物,昆虫甚至细菌等都会被拿来为我们所吃所用所谋杀,"产业链,好产品"。跨界跨级跨位全部通吃,以至于每分钟都有物种在灭亡。

有一个广告很逆天,"取自全球,健康全家"。地球,在我们脚下如同走泥丸一样滑稽,我们为了"更高、更快、更好",真正地将"以人为本"变成了"以我为本",而所谓的生态系统不过是为我所用而已。遍布全球的航空、航海、铁路、公路网络,是将世界变得更美好,还是更糟糕?

拥有了全世界,就一定能糟蹋全世界吗?有一个微信段子说的是,一个中国土豪在德国吃饭,结果很浪费。一根筋的德国佬批评说:你有钱买下这些食物,可你无权浪费他们。

亿万富豪们的一掷千金被解读成各种版本,但"取之有道"的财产就不一定能够"用之有道"。我不认为,每一个个体应该拥有超过其他个体很多的东西,包括财富、地位、名誉等等。即便,这个个体富有天赋、勤劳简朴、辛苦奋斗而成为了一代英雄,可这又如何?不过,在财富获取的过程中,我们还没有去科学评估,这种获取的前提、手段、程序等是否真的科学、真的合理、合情。在倡导"一部分人先富,然后带动另一部分人后富,实现共同富裕"的当下,我们的政府、社会为了做大做强经济,有意无意地给这些成功的人提供了太多的有失公允的支持。在这里,机会并不是均等的。当很多人在成功之后说,感谢时代,很幸运,感谢团队之后,他们却没有去感谢所有用户,包括对手,合作伙伴。他们成功所产生的原罪甚至一生都无法消除,尤其是对于自然界的破坏。一将功成万骨枯,竞争的结果不过是将其他人的应得汇聚到成功者这里,变成他们的应得。然后,他们也理所当然地这么认为。

所以,当我们作为统治物种,拥有了全世界之后,我们该怎么办?我们自己就是自己的克星。战争、谋杀、毒品、疾病等就是一部分人来克制另一部分人的。这就是我们说的,出来混,迟早是要还的。还真正对应了"阴在阳之内,不在阳之对"。

尽管在成熟的西方社会,他们有各种制约,财富会以其他方式回到社会,包括高额税收、捐赠、慈善等等,彰显了他们"取之有道,用之有道"。但也同样在经历了野蛮生长之后,并且在人类当下,并不占主流。

拥有的太多,反而就不珍惜。在利益的获取、传递、分配上,光讲"君子爱财、取之有道"是不够的,还要讲"君子有财,用之有道"。进入人类社会的 4.0 版本后,点状的定义已经不足以界定群体的行为,必须用体系的角度来重新定义。从点的农业社会,到线的工业社会,到面的信息社会再到体的网络社会。我们应该重新定义古老的概念和标准。

拥有了全世界,又能怎样。或许,我们根本就没有真正拥有过,甚至包括我们自己也不曾存在!想想这一切,我们有什么好得瑟的!

附文 11:互联网企业的"罪"与互联网用户的"恶"

双 11 的刷屏让人想一个问题,互联网让人性更美好了吗?互联网+让中国的产业形态更合理了吗?

营销界有句话叫不是让你的东西便宜,而是让用户觉得占了便宜。老话也说,吃亏是福。背后的本质都是一样的,让利给别人,让别人觉得占了便宜,让别人觉得自己很精明。微信上不是有句话广为流传么,真正的修行就是让周围的人都舒服。让人舒服不过两条路,其一是比别人低很多,如"丑文化"大行其道,那些笑星基本走这条路;其二是比别人高很多,如炮制的"虚幻美",让人沉醉其中,想入非非。明星、网红、大 V 等都是这条路。

　　所以,前不久当打车软件被司机推崇备至之后迅速调转枪头去反抗曾经的救世主,戏剧性反转的背后是这样的一个事实,利用人性之恶发家的互联网商家培育不了忠诚的用户。所以,用户与商家的分分合合,搞不清楚是谁先利用了谁、谁先背叛了谁。那么,资本、企业与用户之间形不成石头、剪刀、布的游戏。资本拿企业当猪,企业拿用户当羊,用户拿资本没辙。用户给企业做融资时的用户基数,然后企业上市了,结果资本与企业套现走了。

　　现实世界里的各种东西都会被互联网放大、屏蔽或者扭曲。回头看看互联网领域的那些手法如免费、低价、补贴等,还有那些热词如痛点、傻瓜式等等,已经将现实营销的手段玩到极致。就像那些街边小店玩"跳楼价"之类一样。归纳起来就是企业充分利用人性的弱点、人性的性恶面,比如贪婪、虚伪、懒惰、不劳而获……某款APP能够以低价甚至免单方式一下子占领市场;一款APP单凭约就能捕获数亿用户;排名第一第二的大公司互黑……这些所有奇迹的背后遵循一个道理,利用人性的弱点,对用户如此,对竞争对手同样如此。无论是名不见经传的小公司还是已经称霸江湖的巨头。跟金庸小说里的一样,往往名门正派更加的居心叵测与欺行霸市。

　　互联网企业之间在明面上比的就是谁更低价、谁更便宜、谁让用户更有面子,让用户躺着乐、偷着笑,不拿白不拿。结果就是某款理财产品的年化收益率低另一款产品哪怕零点一个点,一夜之间都会损失成千上万的用户。没底线、没节操地让用户的弱点不受节制地放大。从这个角度看,目前市场上成功的互联网企业都是有"罪"的。O2O商家动不动就爆出员工火拼,网络电台时不时被"黑",电商巨头你一拳我一脚。他们从来没拿用户当回事,也没拿投资人当回事,更不用说合作伙伴。其实,投资人和用户也一样。彼此都没拿对方当回事。

　　用《周易》的天地人关系来看,人与人之间是交易关系,交易的第一原则是公平。在生意买卖上就是公平。在保证质量的前提下,半斤就是半斤,八两就是八两。把八两当半斤,把成本 100 元的东西以 60 元销售然后给零售商然后补贴的做法,都违反了公平。所谓的羊毛出在猪身上让狗去买单的技巧,也是如此,最终还是三体合一。我的朋友中有不少遭遇这样的情况,低于成本价去倾销,然后去原厂要补贴。违反了人际交往第一原则的生意不是好生意,以利用人性之恶发家的生意都不是好生意,建立在利用性恶基础上的企业都是有罪的。那些烧钱后贵到不能倒的巨头,除了合并成一个更大的病人不会有什么。

所以,互联网让生活更美好的同时,真的让人性更美好了吗?在互联网之前,传统的营销圣经也同样是这样的几把招式。当下的互联网只是放大、放大、再放大而已,扭曲、扭曲、再扭曲罢了。互联网快速打造品牌与英雄,它也能更快速地摧毁它打造的一切。当互联网连接一切时,用户并不是比以前更加聪明。随便一个大V、网红挥一挥衣袖就能卷起千万粉丝用户。

互联网的开放、分享、降维、去中心化等特点催生出来的那些模式,并没有被用来正向地激励人性的正面。渴求成功、努力向上、勤奋、节俭、公平交易、尊重产权、尊重原创等大都被掩盖了。当有一天互联网企业走到死胡同的时候,发现自己培养了一大群的"恶"用户,烧投资人的钱,让用户开心。然后呢?当有一天他们企图从良,从山沟越过山丘的时候,发现竟无人等候。久而久之,用户用脚来选择,正如"水能载舟也能覆舟"一样。

互联网江湖,是一个更加势利、更加暗黑、更加刁诡的江湖。门派林立,刀光剑影。看着身边一拨一拨人奋不顾身地扎进"大众创新、万众创业"的大潮中,看到每天都有打不完的口水仗和没完没了的撕扯,也是够了。这背后的源头就是,这些企业开启了用户的人性恶的那面多米诺骨牌。要停止这一切,只有等到所有人都喊出来:我们停止作恶,要学习正能量的奥义。企业要提供真正的物美价廉的商品和服务，从生态系统去改良产供销的关系，让彼此良性发展。如果企业之间的形体、收益、品牌差异过大，那就不是一个良性的生态。在我们这个市场，有很多的巨头之所以崛起除了企业团队的努力之外，各种政策的倾斜、用户的支持、伙伴的合作以及对手的贡献都是不可忽略的。所以，让这样一个成功的企业独享胜利是一种不公平，更大的不公平在于他们凭借自己近乎垄断的优势攫取更大的利益。

我们以对待人性的态度为分界点，至少在 2020 年前，中国的互联网领域都会是利用人性之恶的模式。当边际收益越来越低的那天，中国的互联网从业者真正从发挥人性之善去切入，去激发人内在的正向能量时，中国互联网才真正站立起来。才能培育出一批有文化的互联网用户，才会产生真正顶级的 VC，才会形成良性的循环，以及一套自生长机制。这个时候，我们才好意思说，我们弯道超车美国。

图书在版编目（CIP）数据

1→∞/老 K 著.—上海：上海三联书店,2016.
ISBN 978-7-5426-5541-7

Ⅰ.① 1… Ⅱ.①老… Ⅲ.①互联网络—伦理学
—研究 Ⅳ.①B82-057

中国版本图书馆 CIP 数据核字(2016)第 064331 号

1→∞

著　　者　老　K

责任编辑　钱震华

装帧设计　魏　来

出版发行　上海三联书店
　　　　　(201199)中国上海市都市路 4855 号
　　　　　http://www.sjpc1932.com
　　　　　E-mail:shsanlian@yahoo.com.cn

印　　刷　上海昌鑫龙印务有限公司

版　　次　2016 年 6 月第 1 版

印　　次　2016 年 6 月第 1 次印刷

开　　本　640×960　1/16

字　　数　330 千字

印　　张　26.25

书　　号　ISBN 978-7-5426-5541-7/B・476

定　　价　58.00 元